马克思诞辰200周年纪念文库
The 200th Anniversary Books for Karl Marx

T.W.阿多诺否定美学探奥：
从灾难反思入手

刘阳军 | 著

中央编译出版社
Central Compilation & Translation Press

图书在版编目（CIP）数据

T.W.阿多诺否定美学探奥：从灾难反思入手／刘阳军著.
—北京：中央编译出版社，2019.4
ISBN 978-7-5117-3653-6

Ⅰ.①T…
Ⅱ.①刘…
Ⅲ.①阿多诺（Adorno，Theodor Wiesengrund 1903-1969）
—美学思想—研究
Ⅳ.①B83-095.16②B516.59

中国版本图书馆CIP数据核字（2018）第277421号

T.W.阿多诺否定美学探奥：从灾难反思入手

出 版 人：葛海彦
责任编辑：李易明
责任印制：刘 慧
出版发行：中央编译出版社
地　　址：北京西城区车公庄大街乙5号鸿儒大厦B座（100044）
电　　话：（010）52612345（总编室）　　（010）52612339（编辑室）
　　　　　（010）52612316（发行部）　　（010）52612346（馆配部）
传　　真：（010）66515838
经　　销：全国新华书店
印　　刷：三河市华东印刷有限公司
开　　本：710毫米×1000毫米　1/16
字　　数：246千字
印　　张：15.5
版　　次：2019年4月第1版
印　　次：2019年4月第1次印刷
定　　价：85.00元

网　　址：www.cctphome.com　　邮　箱：cctp@cctphome.com
新浪微博：@中央编译出版社　　　微　信：中央编译出版社（ID: cctphome）
淘宝店铺：中央编译出版社直销店（http://shop108367160.taobao.com）（010）55626985

本社常年法律顾问：北京市吴栾赵阎律师事务所律师　闫军　梁勤
凡有印装质量问题，本社负责调换，电话：（010）55626985

序　言

这部研究阿多诺的著作给我印象最深的是，有较强的创新意识和创新追求。

这首先体现在本作著述的视域和思路上。《T. W. 阿多诺否定美学探奥》以蕴含固有危险性或破坏性的现代性历史展开过程为运思语境，切入阿多诺自诩为"哥白尼革命"的"否定辩证法"，提出艺术、审美与灾难的关系问题，即灾难对艺术、审美的冲击以及艺术和审美对灾难的应对这一核心议题，由此搭建整体框架，展开全部论述，这在以往国内外同类研究中并不多见，集中反映了作者在理论视域和思路上自觉地追求创新。作者指出，阿多诺从反启蒙、反现代性和反资本主义这一根本立场出发，把西方近现代哲学美学的整个形而上学传统判定为理性的"进步拜物教"、制造灾难的启蒙和资本主义思想体系的附庸，要求新哲学美学务必与这种传统决裂，并且以此来推进这种思想体系霸权的终结。仅此，可管窥阿多诺思考艺术和审美与人类灾难复杂关系的艰巨性。这无疑彰显了该书作者较为开阔的审视视域以及独到的阐释思路。

其次，本作在理论思想和观点上多有创新。如对阿多诺关于旧哲学美学的现代形而上学传统的批判，作者从"概念拜物教"批判、"意识内在性"批判等方面进行深入剖析，概括出艺术的真理性本质和"救赎"功能等。作者对现代性灾难中艺术和审美应当何去何从这一基础性问题展开了多维度、多层次的深入思考和探索，如指出"自然美"可能需要重新赋形和赋义，因为人们面对的天然状态的"自然"业已转换为"后自然"，而且人类也在逐步迈向"后人类"，体现出较强的创新意识。同时，难能可贵的是，作者对阿多诺美学思想的关键性成就和局限做了较为深入、辩证的分析和富有新意的评价。

再次，作者在资料搜集以及方法上也有创新。作者重视第一手资料的收集，包括一些国内尚未翻译的英语、德语资料。例如，收集相关的英语博士论文（全文）就有近50篇，德文文献也有30余篇（本）。这表明作者对国外阿多诺研究前沿和动态的了解较多。对包括港、澳、台地区在内的国内阿多诺文献资料，作者更是做了客观而较全面的掌握。这些工作使本作在材料上比较丰富、翔实。与此同时，在方法上也有创新之处。在坚持马克思主义唯物辩证法基础上，除了理论形态与文化形态相结合、历史与审美相统一等方法外，积极吸纳和融合"星丛—力场""拯救现象法""实践辩证法""悲剧—生存论"等一些独特方法，旨在如实地揭橥和展现阿多诺美学的内在精神特质和复杂纹理。

总的说来，我觉得这是一部具有较强思想性、较高学术水平的著作，对于阿多诺哲学、美学思想的研究有一定的启示和推进作用。

是为序。

朱立元
复旦大学文科资深教授、中文系博士生导师
2018年9月5日

目录

导论：灾难未曾在艺术中留下过痕迹? ·················· 1
　一、阿多诺美学研究现状：回顾与检讨 ·················· 2
　二、从灾难反思入手领会和把握阿多诺美学 ·················· 20
　三、章节安排说明 ·················· 25

第一章　思想基础：灾难的在场与"哥白尼的革命" ·················· 27
　一、灾难概念：哲学和美学的底限伦理 ·················· 28
　二、"否定的历史哲学"：启蒙批判与资本主义批判 ·················· 33
　三、"否定的辩证法"：认识论乌托邦与存在论的突围 ·················· 52
　四、"恐怖与苦难时代"：文化哲学或历史哲学的美学 ·················· 82

第二章　路向调转："概念拜物教"与"概念的仿作" ·················· 92
　一、"本原哲学"批判与"形而上学美学的消亡" ·················· 94
　二、康德与黑格尔："注重概念"与"注重艺术对象" ·················· 103
　三、克尔凯郭尔："哲学个人人格至上论"与生存神话 ·················· 113
　四、"概念的觉醒"："仿作理性"、现实性与未来性 ·················· 121

第三章　核心旨趣："真理性"与"艺术—哲学" ·················· 127
　一、"艺术真谛"：灾难的显现与"否定性本质" ·················· 128

二、形式与内容：否定性缠绕与形式革命 …………………… 155
三、"主体—客体"："主体和客体彼此渗透的星丛" ………… 181

第四章 "文化工业专制主义"批判：生产经验与消费经验 ……… 198
一、启蒙批判："思想的历史"与"进步拜物教" ……………… 199
二、资本主义批判："资本神话"与商品审美批判 …………… 208

余论：灾难的引入与美学的革命性 ……………………………… 222

主要参考文献 ……………………………………………………… 227

后　记 ……………………………………………………………… 239

导论：灾难未曾在艺术中留下过痕迹？

法兰克福学派是20世纪以批判理论而享誉世界的著名流派。这一流派群星璀璨，阿多诺（Theodor Wiesengrund Adorno）就是其中被马丁·杰（Martin E. Jay）誉为"法兰克福学派的宗师"，而又饱受争议的批判理论家，在哲学、美学、文学、音乐、伦理学等多个领域成就卓著。这一方面说明阿多诺天赋卓绝、视界开阔、涉猎广泛，但同时因其著述的晦涩、艰深、瓦解性等特质，无异于又筑起了一座座相互复杂缠绕又凸显为碎片化外观的思想迷宫。这在某种程度上掣肘了那种竭力从中寻求一以贯之的像"确定性""同一性"以及"体系性"这般的尝试，给人们进入并探究其思想迷宫制造了形形色色的诱惑、麻烦或障碍，尽管"仍然能够从散漫叙述中发现理论的系统性"①。阿多诺思想之真容或奥秘，由此而被埋藏于某种神秘禁区之中。难怪法兰克福学派研究名家马丁·杰把阿多诺抨击海德格尔（Martin Heidegger）的名言"把自己置于禁忌之中，以致使得任何对他的理解同时就是对他的曲解"②套在阿多诺自己头上。就此而言，阿多诺的思想仍然可能存在诸多值得进一步挖掘和拓展的疑点、难点、盲点或死角等。

德国著名哲学家布莱希特（Bertolt Brecht）的名言最关本质地契合了阿多诺哲学、美学之精神特质，即"不要从久远的美好东西出发，而要从新近的坏东西入手"③。我们尝试通过灾难反思来透视和把握阿多诺美学，以期通

---

① ［德］Thorsten Benkel：《毫无保留服从预期和思想的艺术作品——阿多诺与美学的矛盾》，载《现代哲学》，2009年第1期。
② ［美］马丁·杰：《法兰克福学派的宗师——阿道尔诺》，胡湘译，湖南人民出版社1988年版，第2页。
③ Benjamin, "Conversations with Brecht", *New Left Reviews*, 1973, I/77, January-Febrary.

达并揭橥其美学的深层奥秘，挖掘并激活其中蕴藏的可能空间或方向，以深化和拓展对阿多诺哲学、美学思想的认识和理解，由此为形塑一个更为真确、生动而丰满的阿多诺思想肖像添砖加瓦。下面，我们将着重从阿多诺美学研究状况检省、研究基本思路以及设计框架及其意义等方面展开这一课题。

一、阿多诺美学研究现状：回顾与检讨

我们在下面将采取的做法是：对阿多诺美学研究状况进行总体回顾和扼要评估，重心放在围绕艺术、审美与灾难之关系问题而展开的耙梳上。下面，按照国内和国外两部分对业已取得的阿多诺美学研究成果进行有所侧重地梳理和检讨，企图由此透视我们可以进一步施展的可能空间。

（一）国内阿多诺美学研究现状

20世纪80年代到90年代，国内阿多诺美学研究总体上还是偏于冷清，实际上阿多诺整个学术思想研究也才艰难起步。[①] 21世纪以来，受到阿多诺的知名度和重要性日渐凸显、新文献资料不断引介、学术环境日趋宽松、研究者外语水平提升以及思想观念的更新等因素的共同影响和作用，阿多诺美学研究日趋活跃，并取得了一大批值得称道的研究成果。下面将首先就以中国大陆和台湾地区为重点的国内阿多诺美学研究状况做一个整体概述，同时兼及阿多诺哲学、社会批判理论等研究状况，尝试从宏观上把脉国内学术动向和趋势，并为研究问题的引出提供支撑性背景。特别地，鉴于过往研究因种种缘由对台湾文献状况多有忽略，同时法兰克福学派在台湾地区的接受史不容小觑[②]，下面将着力加强台湾地区相关文献状况的梳理。

在21世纪之前，阿多诺在中国大陆和台湾地区学界多以美学家为人所

---

① 张一兵：《阿多尔诺：永远的思想星丛》，见何萍、吴昕炜：《法兰克福学派与美国马克思主义》，人民出版社2014年版，第15页。

② 曾庆豹：《批判理论的效果历史——法兰克福学派在中国台湾的接受史》，见［德］阿梅龙、狄安涅等：《法兰克福学派在中国》，社会科学文献出版社2011年版，第38页。

知,关于阿多诺思想的研究多聚焦其美学上。① 在台湾,这个时期已经出现了不少与阿多诺美学相关的研究生学位论文以及期刊文章。譬如,张绍乾的《阿多诺的音乐哲学研究》、林耀堂的《阿多诺的"物化"观》、龚宜君的《文化的操弄与救赎——以大众文化的研究为主题》等学位论文②,同时有徐颂仁的《阿多诺论音乐的异端》、陈瑞文的《工具理性与实验理性:阿多诺的美学纲领》和《艺术批评的向度:阿多诺的美学架构》等专文见诸报刊。③ 而在关联性研究专著方面,有曾庆豹的《上帝、关系与言说——迈向后自由的批判神学》、洪翠娥的《霍克海默与阿多诺对"文化工业"的批判》、黄瑞祺的《批判理论与现代社会学》等。④ 其中《上帝、关系与言说》一书耗时七年完成,由批判神学角度论及了与阿多诺美学思想深切缠绕的"启蒙批判""否定的辩证法"等基础性构件;洪翠娥则集中探讨"文化工业"批判,其中涉及艺术和文化的塑形问题。与此同时,国外阿多诺美学、社会学等研究成果的译介也相继出现,譬如马克·杰木乃兹(Marc Jimenez)的《阿多诺:艺术、意识形态与美学理论》、巴托莫尔(Tom Bottomore)的《法兰克福学派》等。⑤ 特别值得注意的是,已经有文献初步显示出把阿多诺美学、社会批判理论等,同台湾地区艺术实践和美育实践相结合的新倾向,在此不再赘举。而到了21世纪之后,阿多诺美学研究明显地热闹了不少,在音乐、美育、文学以及打通艺术和审美与"启蒙辩证法""否定辩证法"的关系等方面都获得了深化和拓展。

首先,从论文来看,不论学位论文还是期刊论文,都呈现出数量上的显

---

① 张一兵:《无调式的辩证想象》,生活·读书·新知三联书店2001年版,"引言"部分第3页。
② 分别为政治大学1996年硕士论文、辅仁大学1995年硕士论文、东海大学1987年硕士论文。
③ 分别载台湾地区的《艺术评论》1996年第7期、《艺术观点》1999年第4期、《炎黄艺术》1996年总第74期等期刊。
④ 曾庆豹:《上帝、关系与言说——迈向后自由的批判神学》,五南图书出版有限公司2000年版;洪翠娥:《霍克海默与阿多诺对"文化工业"的批判》,唐山出版社1988年版;黄瑞祺:《批判理论与现代社会学》(增订版),巨流图书公司1990年版。
⑤ [法]马克·杰木乃兹:《阿多诺:艺术、意识形态与美学理论》,乐栋等译,远流出版事业股份有限公司1991年版;[英]巴托莫尔:《法兰克福学派》,廖仁义译,桂冠图书股份有限公司1998年版。

著上升，仅从"台湾博硕士论文知识加值系统""华艺台湾学术文献数据库"统计结果就可确证这一点。统计结果也从侧面反映了台湾地区阿多诺研究状况。统计情况如下：

"台湾博硕士论文知识加值系统"：以"阿多诺""阿多尔诺""阿道尔诺""Adorno""启蒙辩证法"以及"否定辩证法"为关键词检索发现，标题中含有这些关键词的学位论文达到 17 篇，而且全是美学论文。譬如，杨忠斌的《阿多诺的美学及其美育意涵》、龚义昭的《否定之路——尼采、马库色、阿多诺到傅科：关于一种等待美学的创作伦理与自我技术》等。① 如果对这些关键词不加限制性地搜索，相关性结果达 800 多篇，这说明除美学外，阿多诺其他思想也获得了援用和研究。

"华艺台湾学术文献数据库"：以相通关键词和方法搜索，题目中含有这些关键词的学位论文为 3 篇，含有这些关键词的期刊论文为 12 篇（大量期刊授权已经过期而无法检索），以上文献全部为美学文献。如果对这些关键词不加限制地搜索，相关性结果为 200 余篇。

根据上述数据库、台湾大学图书馆、台湾师范大学图书馆、台南艺术大学图书馆等搜索结果分析，陈瑞文、黄圣哲、何乏笔、杨忠斌、洪翠娥等，都是阿多诺美学思想研究的代表性学者。仅 2001 年至 2003 年，陈瑞文和黄圣哲就发表了十余篇阿多诺美学研究的文章。譬如，陈瑞文的《阿多诺的艺术真理趋向》、黄圣哲的《美的物质性——论阿多诺的艺术作品理论》等。②

其次，从研究专著来看，代表性人物当是陈瑞文，世纪以来就有《美学革命与当代症候评述》《阿多诺美学论：评论、模拟与非同一性》《阿多诺美学论：双重的作品政治》等专著面世。③ 此外，还有《贝多芬：阿多诺的音

---

① 分别为"国立"台湾师范大学 2002 年博士学位论文、台南艺术大学 2009 年博士学位论文。

② 陈瑞文：《阿多诺的艺术真理趋向》，载《高雄师大学报》，2002 年第 13 期；黄圣哲《美的物质性》，载《台湾师大学报：人文与社会类》，2002 年第 47（1）期。

③ 陈瑞文：《美学革命与当代症候评述》，台北市立美术馆 2002 年版；《阿多诺美学论》，远足文化事业有限公司 2004 年版；《阿多诺美学论：双重的作品政治》，五南图书出版股份有限公司 2010 年版。

乐哲学》①等原著中译本相继出版。总体来看,台湾地区阿多诺美学研究从20世纪80年代直至今天,研究现状的核心倾向和特点可以概括为以下几点:一是在范围上由美学到音乐、文学以及美育衍射到政治、道德等,深度上已经由美学文本细读、概念勘探、功能阐释等,延伸到与"启蒙辩证法""否定辩证法"等内在互动关系的分析,还涉及共时和历时的美学比较研究。二是在议题上不再拘泥于阿多诺美学的真理性问题、谜语特质问题以及文化工业批判问题等现成议题,而是创造性挖掘其美学思想中所蕴藏的,以及与当下经验现实世界密切关联的新议题,譬如美学的后现代性问题、悲剧—生存美学问题等。三是在应用上,阿多诺美学思想也作为视角或方法而被应用于小说研究、绘画分析等。譬如,章厚明的《现代主义文学中的否定性》②就是以阿多诺的否定美学作为解读乔伊斯的小说《尤利西斯》的理论武器。特别是人类生活的苦难或否定性现实与阿多诺美学的关系问题在台湾地区学术界业已获得关注,譬如陈瑞文、龚义昭以及洪翠娥等就论及了这一点。

再来看一看中国大陆的研究状况。21世纪以前的大陆地区,阿多诺美学研究基本上比较平淡,但也有亮点。仅由"中国知网"的统计结果便可以管窥这一平淡状况。统计情况如下:

> 以"阿多诺美学""阿多尔诺美学""阿道尔诺美学"为关键词搜索,标题中含有这些关键词的文章总共有6篇,最早为章国锋的《"否定的美学"与美学的否定》(1989年);按照同样办法,把上述关键词中"美学"换成"艺术""音乐""文学"以及"文化"进行搜索,结果有5篇(去除重复发表篇目),最早一篇为王才勇的《阿多诺音乐美学思想述略》(1986年);而以更为宽泛的"阿多诺""阿道尔诺""阿多尔诺"以及"Adorno"为关键词,搜索结果总共有55篇(其中与前面统计结果有重叠),最早为赵鑫珊的《法兰克福学派主要代表人物——阿多诺》(1978年);以"否定辩证法"和"启蒙辩证法"为关

---

① [德]阿多诺:《贝多芬:阿多诺的音乐哲学》,彭淮栋译,台湾联经出版事业股份有限公司2009年版。
② 章厚明:《现代主义文学中的否定性》,台湾大学硕士论文,2014年。

键词搜索，符合条件的仅2篇。

当然，这只是不完全统计数据。亮点聚焦于翻译文献、研究专著方面。这一时期代表性翻译文献，除了我们熟知的《启蒙辩证法》（1990年）、《否定辩证法》（1993年）、《美学理论》（1998年）等原著译本，以及马丁·杰的《法兰克福学派的宗师——阿道尔诺》（1988年）和《法兰克福学派史》（1991年）等之外，还有安德森（Perry Anderson）的《当代西方马克思主义》（1989年），阿格尔（Ben Anger）的《西方马克思主义概论》（1991年）以及伊格尔顿（Terry Eagleton）的《美学意识形态》（1997年）、理查德·沃林的（Richard Wolin）《文化批评的观念》（2000年）等涉及阿多诺美学的重要著作。特别需要指出的是，以别索诺夫（Б. Н. Бессонов）的《在"新马克思主义"旗帜下的反马克思主义》[①]为代表的苏联学界对阿多诺的"唯心主义"批判，马丁·杰的《法兰克福学派的宗师——阿道尔诺》中后现代主义解读以及哈贝马斯对阿多诺"浪漫主义"、"唯心主义"[②] 批判等，对其时大陆地区学界阿多诺思想研究起到了不可忽视的、潜移默化的形塑和导引作用。上海社科院哲学研究所外国哲学研究室编的《法兰克福学派论著选辑》（1998年）、董学文等编的《现代美学新维度——"西方马克思主义"美学论文精选》（1990年）、陈学明等编的《社会水泥——阿多诺、马尔库塞、本杰明论大众文化》（1998年）等[③]选译或节译了阿多诺文学批评、音乐批评、听众类型批评等相关内容。当然在《外国美学》《中国音乐学》《国外社会科学》《哲学译丛》等杂志上，也有阿多诺美学的零散篇什[④]。在研究著作方面，大陆地区这个时期鲜见专门研究阿多诺美学的著作，不过一些法兰克福学派研究以及"西方马克思主义"或"新马克思主义"研究对此有所涉及。譬如，朱立元主编的《法兰克福学派美学思想论稿》（1997年）、

---

① ［苏］别索诺夫：《"新马克思主义"旗帜下的反马克思主义》，德礼译，中国人民大学出版社1983年版。
② 转引自徐崇温：《"西方马克思主义"》，天津人民出版社1982年版，第365、368页。
③ 还有伍蠡甫和胡经之主编的《西方文艺理论选编》（1987年）、陆梅林等译的《西方马克思主义美学》（1988年）等选译或节译了阿多诺艺术和审美思想的篇什。
④ 譬如，《外国美学》1988年第3、9辑刊载了顾连理译的《〈现代音乐哲学〉序和导论》、王小婴译的《电视和大众文化模式》等。

周宪的《20世纪西方美学》(1999年)、冯宪光的《"西方马克思主义"美学研究》(1997年)、王才勇的《现代审美哲学新探索——法兰克福学派美学述评》(1990年)等①,辟专章或专节论述。21世纪以前,大陆地区阿多诺美学研究呈现出值得注意的两个倾向。一是在当时由诸种新旧、中外话语和观念共同构筑的特定境域中,阿多诺哲学和美学被当作"浪漫主义"和"唯心主义"而加以否定和批判。譬如批判阿多诺辩证法实质上是"唯心主义的主观辩证法"②,认定其思想充斥"怀旧复古、浪漫悲观"③等。其思想中马克思主义特质和合理要素遭到弱化、虚化和否定。二是已经出现了关于阿多诺哲学和美学如何应对"现代性苦难"这一问题的尝试性研究。

21世纪之后,阿多诺美学研究在国内大陆呈现出比较活跃的景象。不论论文还是著作,相比于21世纪前,都呈现出了较快增长。首先看论文方面。以"中国知网"为基础数据库,统计情况如下:

> 以"阿多诺美学""阿多尔诺美学""阿道尔诺美学"为关键词搜索,标题中含有以上关键词的文章总共有44篇;按照同样办法,把上述关键词中"美学"换成"艺术""音乐""文学"以及"文化"进行搜索,这样的文章总共有77篇;而以更为宽泛的"阿多诺""阿道尔诺""阿多尔诺"以及"Adorno"为关键词,结果为676篇(其中与前面统计有重叠);以"否定辩证法"和"启蒙辩证法"为关键词搜索,结果为123篇(其中与前面统计有重叠)。需要说明的是,题目中含有"阿多诺""阿道尔诺""阿多尔诺"关键词的硕博论文达到惊人的83篇,而且过半数为近六年来取得的成果。特别是博士论文达17篇,8篇为2010年以来获得的成果。

---

① 还有杨小滨的《否定的美学——法兰克福学派的文艺理论和文化批评》(1999年)、马驰的《"新马克思主义"文论》(1998年)、于润祥的《现代西方音乐哲学导论》(2000年)、江天骥主编的《法兰克福学派》(1981年)、徐崇温的《法兰克福学派述评》(1982年)以及欧力同、张伟的《法兰克福学派研究》(1990年)、翁寒松的《从时代的产儿到时代的弃儿——法兰克福学派述评》(1986年)等。
② 李忠尚:《"新马克思主义"析要》,中国人民大学出版社1987年版,第188页。
③ 徐友渔:《西方马克思主义在中国》,载《读书》,1998年第1期。

如果考虑到未入库论文等实际状况，这个数据可能还要更高。特别是其中阿多诺美学的否定性根基及其与灾难性现实之间的关系问题获得了进一步关注①。就译著、研究专著来看，21 世纪以来与阿多诺美学相关联的国外研究著作不断被译介进来，如阿多诺传记方面就有施威蓬豪依塞尔（Gerhard Schweppenhauser）的《阿多诺》、细见和之的《阿多诺》、洛伦茨·耶格尔（Iorenz Jager）的《阿多诺》等，还有阿多诺思想研究的译著，如弗雷德里克·杰姆逊（Fredric Jameson）的《晚期马克思主义：阿多诺，或辩证法的韧性》、维尔默（Albrecht Wellmer）的《论现代和后现代的辩证法》、哈贝马斯（Jürgen Habermas）的《现代性的哲学话语》、罗尔夫·魏格豪斯（Rolf Wiggershaus）的《法兰克福学派》、瓦尔特·布什（Emil Walter-Busch）的《法兰克福学派》以及罗斯·威尔逊（Ross Wilson）的《导读阿多诺》等。它们从辩证法批判、理性批判、马克思主义、政治批判、道德哲学等角度涉入阿多诺美学思想，为其时学界阿多诺美学研究提供了新文献、新视域。

就阿多诺美学的研究专著而言，多为在博士论文基础上修改、增删、扩展而出版的著作。譬如，陈刚的《穿越现代性的苦难》、孙斌的《守护夜空的星座》、赵勇的《整合与颠覆》、李弢的《非总体的星丛》、张静静的《艺术·真理·审美乌托邦》以及凌海衡的《交往自由与现代艺术》、孙利军的《作为真理性内容的艺术作品》等②。就这些著述而言，大致说来呈现出如下倾向：一是从方法上看，注重运用文本解读、概念诠释、历史与审美相统一、跨学科（如哲学—美学）等方法，注重方法交叉和融合。孙斌的《守护夜空的星座》就是一例。二是值得注意的是，其中不少研究者意识到并出现了企图把握阿多诺穿越和揭破现代性所蕴藏的破坏性奥秘的思想线索或路径，而且初步把灾难反思与阿多诺美学的塑形过程关联起来。此外，还有赵海峰的《阿多诺的"否定的辩证法"研究》、陈胜云的《否定的现代性》、李进书的《审美现代性与文化现代性》等，切实地涉及了其美学中一些基础性问题，如否定性哲学根基和现代性境域等。

---

① 比如，孙斌的《守护夜空的星座》（2004 年）、陈胜云的《否定的现代性》（2004 年）等。
② 还有陈波的《真理与批判》（2011 年）、杨丽婷的《虚无主义的审美救赎：阿多诺的启示》（2015 年）等。

前面的国内学术回顾，关键在于为我们构建起学术史层面的整体样貌和支撑性背景。下面将在前面回顾的基础上以艺术与灾难的关系问题为主线，扼要地清理和检讨国内阿多诺美学研究中与此紧密关联的诸种代表性成果状况，以特别地凸显这一问题线索的可能探索方向以及进一步拓展的空间。

首先，就台湾地区来看，已经涌现出了企图由灾难反思来把握阿多诺哲学和美学的尝试性研究。龚义昭的《否定之路——尼采、马库色、阿多诺到傅科：关于一种等待美学的创作伦理与自我技术》堪称这方面的重要成果。此文试图从"否定"入手展开由尼采到福柯的所谓"等待美学"之旅。更确切说来，该文企图凭靠由本雅明那里借用的唯物史观庇护下的"忧郁辩证法"，或者径直说是"灾难辩证法"作为幽深的通道，触及和捕捉"自我分裂和宰制化""启蒙辩证法""文化总体批判""否定美学""真理游戏""销魂实验"等的现代性奥秘。[①] 由此打通由尼采，经过阿多诺，直至福柯的"否定之路"，这在以阿多诺为支点而实现了上联尼采、向下靠拢和链接福柯的同时，遮蔽、悬置和遗漏了阿多诺美学中至关本质的革新性要素和环节。特别是"否定辩证法"的认识论和存在论之革新性意蕴，以及"否定美学"马克思主义特质和旨趣等，在这里遭到了漠视。除此以外，曾庆豹、陈瑞文等[②]人也对此做出了不同程度的探讨。曾庆豹的《班雅明、阿多诺论批判与拯救》一文指出，在"弥赛亚"思想影响下批判理论把"苦难与正义问题"纠缠在一起，阿多诺把"对幸福的渴望"视为绝望，如此否定思想的贯彻不可避免地导向"审美的神秘主义"。进一步推断认为，"所谓的批判理论事实上就是拯救理论"，特别是"通过对拯救的坚持和信仰来实践他们的批判"[③]。这一观点是极其深刻的。不过，由于其神学立场导致的唯物史观彻底缺席，"苦难"哲学根基的晦暗性以及对"苦难"引致的哲学裂变等多有疏忽，而判定阿多诺陷入了听天由命的"哲学艺术化状态"，或者说偏向神学的"审美的神秘主义"状态，显然与阿多诺哲学和美学的历史定向、使命和核心旨趣等相抵牾甚至悖逆。阿多诺美学最关本质的规定与如下这般历史诉

---

① 龚义昭：《否定之路——尼采、马库色、阿多诺到傅科：关于一种等待美学的创作伦理与自我技术》，台南艺术大学2009年博士论文，论文提要部分第1页。

② 当然，洪翠娥、黄瑞祺等人，也有涉及这方面的一些研究，在此不再赘述。

③ 曾庆豹：《班雅明、阿多诺论批判与拯救》，载《哲学与文化》，2001年第12期。

求相缠绕：对灾难的忠实积累和承受以及不折不扣地展露、揭破、刺透和反思灾难，而非廉价地、预先地、天真地，甚至掩耳盗铃式地挪用和透支乌托邦及其前景和意义。陈瑞文的《阿多诺美学论：双重的作品政治》《美学革命与当代症候评述》等，由"批判语言""当代艺术症候"入手切入阿多诺美学，对灾难反思与审美、艺术语言关系问题也有涉及。在上述著作中，陈瑞文提出了一个尚未充分展开的基础性问题，即阿多诺"艺术认识论"问题，某种意义上反映了阿多诺打通艺术与哲学的互补性关系，并且以艺术改造和反哺哲学的深刻企图，根本上关联到阿多诺诊断和应对"持续性灾难的现时代"这一核心思想任务。还需要注意的是，《美学革命与当代症候评述》在"美学革命"意义上展开西方当代艺术症候诊断和批判，映射了西方当代艺术和审美因应灾难性现实处境的革新性变动和发展趋势。把西方美学历程用"自治性美学""政治性美学"以及"反政治性美学"（以审美回归为主的美学）等三个转折来标识，而把阿多诺美学视为以革新性的"哲学预设""前卫艺术之真理内涵"以及批判的"政治立场"等融贯在一起的"政治性美学"，即具有"颠覆意味的艺术认识论"[①]。特别具有启发性的是陈瑞文关于"前卫艺术特质"的总结：一是传达内容不仅关涉痛苦经验，而且以拒绝社会虚构之方式呈现世界的痛苦状况；二是追求不和谐、残酷、恶心、混乱以及悲惨和苦难显示出的真理性；三是不仅具有记录功效，而且能够诊断出社会潜伏的思想运动以及历史暗示等[②]。由哲学根基性革新意义上看，阿多诺就是这场"美学革命"历史进程中关键性的美学家，虽然"美学革命"在这里还关涉到杜威基于自诩的"哥白尼革命"[③] 哲学而建立起来的"实用主义美学"等。

其次，就大陆地区而言，艺术和审美与灾难关系问题的探讨已经取得了

[①] 参见陈瑞文：《美学革命与当代症候评述》，台北市立美术馆2002年版，第10—23页。

[②] 陈瑞文：《法兰克福学派的美学主轴：阿多诺美学的批判思想初探》，载《美育》1997年第8期。

[③] 关于杜威"哥白尼革命"，请参见刘放桐：《杜威在西方哲学上的"哥白尼式的革命"——与康德和马克思的比较》（《河北学刊》2014年第3期），《再论杜威在哲学上的"哥白尼式的革命"》（《学术月刊》2015年第5期），《对哲学上的革命变更和现代转型的认识》（《江海学刊》2003年第5期）等。但阿多诺也在《否定的辩证法》《主体与客体》等著述中提出过"哥白尼革命"。

一些研究进展,但尚未发现专门性研究成果。其中代表性成果当属陈刚的《穿越现代性的苦难》、孙斌的《守护夜空的星座》以及陈旭东的《奥斯维辛创伤与否定的哲学》。首先来看陈刚的《穿越现代性的苦难》,该书主要聚焦于上编"阿多诺的文化艺术理论"部分。该书深刻指出,阿多诺是在20世纪灾难深重、总体性崩解时代境域中,并在灾难意识、理性精神等共同缠绕和交合下展开西方当代艺术和文化批判的。在这里,阿多诺艺术和文化批判折射了工具理性泛滥和资本奴役双重异化的现代社会现实状况,特别提示和触及了阿多诺对救赎和乌托邦既尖锐地否定和批判又保持不离不弃的本真坚守和追求姿态的思想奥秘。在上述意义上,该书把阿多诺称为既"充满了根本性的人类苦难意识",又"表达了彻底的理性主义意志"的哲学家①,这是极有见地的。就灾难与美学关系而言,该书最终落脚在"现代与后现代之间",对现代性的"两大基本支柱即资本和现代形而上学"及其"内在勾连和共谋关系"② 多有忽略和悬置,从而不能如其书名"穿越现代性的苦难"所标示的那样贯穿现代性所固有的根基性顽疾和危险,以及深达和窥破灾难反思与阿多诺否定美学之间错综复杂的深层密码。在《穿越现代性的苦难》中,通过灾难反思入手把握阿多诺否定美学的企图已经隐现,却并不十分明朗,整个论证重心并未聚焦于此。其次,来看孙斌的《守护夜空的星座》。哲学"以美学为契机和动力来进行自我改造和自我更新"这一古老思想传统,特别是近代以降哲学理性危机需要迫切地转向美学以自我拯救和超越,这一思想线索根本上关涉到阿多诺对自己所处时代问题和危机的应对和关切,因而构成了该书考察和探索阿多诺美学的关键性背景。③ 特别值得注意的是,该书隐藏着一个深刻意图,即竭力在启蒙和资本主义等共同铸造的"失去夜空的时代"——"充满莫名其妙的恐怖与苦难的时代"④,领会和把握处于复杂星丛中的阿多诺否定美学何以是否定的,何以能够切入、关照人类生活苦难,也即哲学和美学何以能自由、完整捕捉和显现"失去夜空的时

---

① 陈刚:《穿越现代性苦难》,中国工人出版社2002年版,引言部分第2页。
② 吴晓明:《论马克思对现代性的双重批判》,载《学术月刊》,2006年第2期。
③ 参见孙斌:《守护夜空的星座》,复旦大学出版社2004年版,摘要部分第1页、导论部分第2—3页。
④ [德]阿多诺:《美学理论》,王柯平译,四川人民出版社1998年版,第33页。

代"。这一点最关本质地联结到阿多诺哲学和美学的前进方向、历史使命和理论旨趣等,在其思想性见长的后续著作《审美与救赎》①中这一点也未获得充分关注和展开。最后,来看陈旭东的《奥斯维辛创伤与否定的哲学》。该著述竭力以奥斯维辛这一灾难为引爆点,试图把奥斯维辛反思与"否定风格的哲学",即"否定辩证法"关联起来,并揭示出"奥斯维辛反思"与"概念拜物教"批判一样是贯穿"否定辩证法"的重要线索②,此判定是极富深意的。尤其是该文竭力挖掘和揭示奥斯维辛对阿多诺哲学和美学所引致的深层裂变和形塑,转向"身体唯物主义"和"彻底否定的哲学",而且判定任何天真烂漫的"神义论"注定失效③,艺术和审美也面临同一性霸权渗透及其带来的诸种困境。"否定的哲学"的要务在于不折不扣"守住灾难的记忆,守住否定的思想义务",并由此来保持和把握"非同一性希望"之可能。在这里,我们注意到该著述在灾难反思与艺术和审美的关系问题上已经有实质性涉及,对我们开展阿多诺美学研究具有较大助益。不过,由于其论述重心并不在这里,因此仍然有诸多待解的重要基础性问题,如"否定辩证法"的革命性④、"否定美学"的历史定向等。此外,还有陈胜云的《否定的现代性》、高宣扬的《福柯的生存美学》等也有论及。譬如高宣扬把阿多诺美学称为"悲剧—生存美学"⑤,也有一定启示意义。

总之,综观国内阿多诺美学研究状况,关于灾难反思与阿多诺美学关系问题已经有一些探讨,但尚未见到专门性、系统性研究,还有大量的重要问题有待解决和阐明,故值得进一步探究。

(二)国外阿多诺美学研究状况

这一部分,在竭力掌握多方资料基础上,我们将着重选取代表性强的研

---

① 参见孙斌:《审美与救赎:从德国浪漫派到 T. W. 阿多诺》,复旦大学出版社 2014 年版,导言部分。

② 参见陈旭东:《奥斯维辛创伤与否定的哲学》,复旦大学 2012 年博士学位论文,中文摘要部分第 1—2 页。

③ Levinas, "Useless suffering", *The Provocation of Levinas: Rethinking the Other*. London&New York: Routledge, 1998, p. 162.

④ 阿多诺明确自诩过"哥白尼的革命":[德] 阿多尔诺:《否定的辩证法》,张峰译,重庆出版社 1993 年版,序部分第 2 页;[德] 阿多尔诺:《主体与客体》,载于上海社会科学院哲学研究所外国哲学研究室编:《法兰克福学派论著选辑》上卷,商务印书馆 1998 年版,第 215 页。

⑤ 高宣扬:《福柯的生存美学》,中国人民大学出版社 2005 年版,第 370 页。

究成果展开扼要分析和检讨,由此管窥国外阿多诺美学研究状况及其趋势。

我们首先由下面几组数据来看一看国外阿多诺思想研究的一些动态和前沿状况,虽然这些数据难以反映国外阿多诺思想研究的全貌。下面以"Adorno"为关键词在"PQDT学位论文全文库""CALIS高校学位论文数据库""CALIS外文期刊网""万方数据库外文文献"进行搜索(除中文外),统计结果分别为:标题中含有这一关键词的文献分别为83篇、61篇(学位论文,学科限定在文学、哲学、历史、教育)、1000篇(根据统计,有效研究类文章500多篇)和5篇。以"Adorno sthetik""Adorno sthetisch""Adorno Kunst""Adorno Musik""Adorno Literatur""Adorno Aesthetic""Adorno Aesthetics""Adorno Art""Adorno Music""Adorno Literature"为关键词在上述数据库搜索,统计结果分别为:24篇、49篇(学位论文,学科限定在文学、哲学、历史、教育)、101篇和0篇。需要说明的是,这里的统计数据显然是不完全、不全面的。至于国外阿多诺美学研究的专著方面,将在随后论及,在此不再赘述。根据我们的阅读和整理,这些研究文献资料有以下几个特点。一是从数量和规模上看,英语文献占据多数,德语文献稍逊一些。这一总结可能并不一定符合德语学界阿多诺美学研究的真实状况,因为就我们目前掌握的文献状况看,21世纪以降阿多诺研究呈现出了一种活跃态势[①],如沃尔夫·蒂德曼的艺术理论著作《真空地带:阿多诺研究》(2007年)等。二是从主题或议题上看,多聚焦于审美、音乐、文学、历时和共时美学比较研究,以及与社会、文化、政治等的交叉研究。需要指出的是,把艺术、审美与西方现代文明危机境域关联起来,以思考和探求艺术和审美遭遇的灾难性冲击和挑战,特别是在如此冲击和挑战中艺术的形式构造、本质特性和历史使命等的回应性重塑,这业已成为阿多诺美学研究关注的不可忽视的倾向之一。三是从方法上看,出于对阿多诺"星丛"概念、"否定辩证法"等的领会和遵循,多采用交叉、复合、跨学科的方法,竭力在理路交错力场中捕捉阿多诺美学的真谛。之所以如此,根本在于阿多诺哲学和美学的现实性品

[①] 参见曹卫东:《法兰克福学派研究近况》,载《哲学动态》,2011年第1期;谢永康:《"天才"的出场——国外阿多尔诺哲学研究述评》,载《国外马克思主义研究报告2008》,人民出版社2008年版。

格使然，这要求概念和方法必须切入社会现实世界或者感性活动世界，不能囿于封闭逻辑世界和自足表象世界。这就不难理解，绝大多数国外阿多诺美学研究缘何多把美学问题沉淀于西方现代社会、政治、文化以及教育等复杂时代境域中，注重对其中幽暗的美学线索加以历史地勘察和追踪。

下面，我们将着力以灾难反思与阿多诺美学关系为主线的国外相关代表性成果展开扼要梳理和检讨，以凸显和昭示本课题企图筹划的前进方向和施展空间。我们在这里主要选择奥斯维辛反思与否定辩证法关系、灾难反思与艺术和审美关系等方面的代表性著述展开粗略分析和评估。

首先来看一下关于奥斯维辛反思与阿多诺"否定辩证法"研究。关于奥斯维辛的反思，这方面研究已经有很多文献资料了，即便仅就跟阿多诺哲学和美学相关联的研究文献而言，也不在少数。这里比较有代表性的当属J·M. 伯恩施坦（J. M. Bernstein）的《阿多诺：解魅与伦理学》、拉姆波特·佐德瓦特（Zuidervaart）的《阿多诺之后的社会哲学》以及施威蓬豪依塞尔的《奥斯维辛之后的伦理学》等。实际上，关于阿多诺"否定辩证法"研究，文献资料业已不少了。譬如，人们耳熟能详的就有苏珊·巴克－莫斯（Susan Buck-Morss）的《否定辩证法之起源：阿多诺、本雅明与法兰克福研究所》和布雷恩·奥康纳（Brian O'Conner）的《阿多诺否定辩证法：哲学与批判理性之可能》。[1] 这两本著作的共同点在于：一方面积极澄明阿多诺"否定辩证法"相对于西方现代形而上学哲学传统而言的本质突变性和革命性，另一方面也竭力挖掘阿多诺"否定辩证法"中蕴藏的应对现代文明危机和困境的潜能。再譬如爱雷克·欧博勒（Eric Oberle）的《阿多诺〈否定辩证法〉与德国哲学的重构》、德尼斯·罗伯特·雷德芒德（Dennis Robert Redmond）的《全球风暴：阿多诺〈否定辩证法〉》[2]，这两篇博士论文凸显了"否定辩

---

[1] Buck-Morss, *The Origin of Negative: Adorno, Walter Benjamin, and the Frankfurt Institute*, Free Press, 1977; O'Conner, *Adorno's Negative Dialectic: Philosophy and the Possibility of Critical Rationality*, MIT Press, 2004.

[2] Eric Oberle, "Theodor Adorno's Negative Dialectics and the Reconstruction of German Philosophy", Stanford University, 2005; Dennis Robert Redmond, "Global Storm: Theodor Adorno's Negative Dialectics", University of Oregon, 2000.

证法"蕴藏的革命性①，如此革命性很大程度上说来是由灾难反思的自由、完整出场和呈现而标识出来的。这对于我们领会和把握主要建于"否定辩证法"之上的阿多诺美学而言，无疑具有莫大助益。《阿多诺：解魅与伦理学》《阿多诺之后的社会哲学》以及《奥斯维辛之后的伦理学》②这三本著作，确实并非专门探讨奥斯维辛反思与"否定辩证法"的关系问题，但这一问题确实是这三本著作所关心的并且获得了一些重要阐发。因为伯恩施坦和佐德瓦特都辟专章对"奥斯维辛之后"和"奥斯维辛之后的形而上学"进行了探讨。虽然探讨重心是奥斯维辛对伦理学和社会哲学的颠覆性冲击，但不可否认的是由此折射、触及了"否定辩证法"根基处的革新变动以及其直面灾难性现实的潜能。而施威蓬豪依塞尔更是紧扣奥斯维辛反思来历史地揭示和把握阿多诺"否定道德哲学"，如此线索和思路可以说由根底上道出了阿多诺"否定辩证法"就是应"持续灾难的现时代"而生。唯有如此，阿多诺哲学和美学才可获得历史的、有效的澄明和把握。苏珊·莱曼（Suman Neiman）的《现代思想中的恶》、齐格蒙特·鲍曼（Zygmunt Bauman）的《现代性与大屠杀》等对奥斯维辛所标示的灾难与现代哲学乃至现代性历史进程的内在本质性联结的批判洞察和图绘，可以说与齐美尔和阿多诺存在某种意义上的契合或相通。特别需要说明的是，阿多诺"否定辩证法"绝不指向虚无主义、悲观主义以及犬儒主义等，更不意味着听天由命的神学美学拜物教和实践侏儒症，毋宁说不可避免地、甚至根深蒂固地蕴含着某种肯定性和现实性。总的看来，由灾难反思入手来把握阿多诺"否定辩证法"这一线索和思路，已经渐渐隐现出来，不过在既有研究成果中并未获得彻底而最关本质的明朗展开。

其次，我们来看一下关于灾难反思与阿多诺美学关系问题的研究。在这里，主要选择杰姆逊的《晚期马克思主义：阿多诺，或辩证法的韧性》、理

---

① 阿多诺《否定的辩证法》之"序"中自诩"哥白尼的革命"，但因"反革命""反进步""反暴力""反文明"，以及所谓唯心主义批判、精英主义批判等指责和误解，而陷于晦暗不彰之中。

② Bernstein, *Adorno*: *Disenchantment and Ethics*, Cambridge University Press, 2001; Zuidervaart, *Social Philosophy After T. W. Adorno*, Cambridge University Press, 2007; Schweppenh: user, *Ethik nach Auschwitz*: *Adorno's Negative Moralphlosophie*, Argumant-Verlag, 1993.

查德·沃林的《文化批评观念》、马克·摩根（Marcia Morgan）的《阿多诺对克尔凯郭尔作品解读中的审美－宗教关系及其对阿多诺美学理论的影响》、琉金逊的《迈向后现代美学：从康德到阿多诺的后启蒙话语批判》以及约什·柯亨（Josh Cohen）的《解释奥斯维辛：艺术宗教哲学》和阿尔布莱希特·维尔默（Albrecht Wellmer）的《现代与后现代》等具有代表性的著述加以检讨。根据杰姆逊《晚期马克思主义》导论所言，书旨在挖掘并重新联结阿多诺庞杂思想状况中的马克思主义动机、踪迹以及要素等，并且判定它是某种意义上的深化和推进，与此同时也毫不避讳阿多诺思想中的杂质、矛盾以及冲突等。① 克里斯托弗·卡特龙（Christopher Cutrone）的《阿多诺的马克思主义》② 从"未来性""理论—实践""主题（历史、心理、艺术）"等方面系统研究了阿多诺的马克思主义特质问题。不过，我们关注的重点是杰姆逊在如此的思想打捞和整理以及批判过程中，所深藏和伴随的对灾难与"否定辩证法"以及阿多诺美学关系问题的思考和探索。在灾难与"否定辩证法"的关系问题上，杰姆逊实际上是把"否定辩证法"置于西方现代性历史进程中加以测量和估价，特别是把它与现代形而上学、启蒙和资本主义历史地关联在一起。而这种关联不仅关涉到现代性历史进程的肯定性表象，更关涉到它否定性面相。杰姆逊道说的"邪恶的概念魔法"和"单子的生产性"就深刻地折射了这种固有的否定性面相。灾难反思深植于阿多诺"否定辩证法"的根基处，从一开始就被赋予认识论和存在论意义。"否定辩证法"不仅仅在"认识世界"，也旨在"改造世界"，尽管这一点绝非彻底而本质一贯的。在此基础上，杰姆逊探讨了灾难与阿多诺美学关系问题。这种关系最特别地体现为如下基本状况：艺术和文化在"持续灾难的现时代"所扮演的角色是"美好幻象"和乌托邦拜物教的制造者、助推者，而且灾难在艺术和文化中仍然未获得自由显现。杰姆逊提出"艺术的罪过"就此而言是恰当的。③ 与此同时，这就要求艺术和文化自身批判，特别是艺术和文化的救赎和重塑，即寻求直面灾难，并且承受和显现灾难的潜能。我们来看一下理查

---

① 参见［美］杰姆逊：《晚期马克思主义》，李永红译，南京大学出版社2008年版，导言部分第1—3页。
② Christopher Cutrone, *Adorno's Marxism*, The University of Chicago, 2013. p.61.
③ ［美］杰姆逊：《晚期马克思主义》，李永红译，南京大学出版社2008年版，第139页。

德·沃林的《文化批评观念》。该著述专辟第三章，即"仿真、乌托邦与和解：对阿多诺的《审美理论》的救赎性批判"；竭力挖掘并救赎阿多诺《审美理论》（即《美学理论》）中的"乌托邦主义"，而且更关键的是本质重要地揭示了现实灾难与艺术的微妙否定关系。沃林说：

> 在阿多诺的著作中，它是以装扮成某种'否定的神学'的样子出现的：那个乌托邦将是事物的目前状态的反面……艺术以一种崭新的出乎意料的形式表现了我们每天所耳濡目染和司空见惯的东西，并因此迫使我们去改正我们习以为常的思维方式和知觉方式。真正的艺术作品是所有思想自满和实证证明的大敌。阿多诺的如下主张从本质上说是正确的：艺术作品处于与事实之给定世界相对应的某种持续论战张力的状态中。真正艺术作品生来就是乌托邦的，因为它们既揭示了目前现实的贫乏和无聊，又试图为通往某个遥遥无期的将来指明一条道路。①

对此，阿多诺在1930年8月6日写给克拉考尔的信中，已经表达过对"拯救""和解"等"神学范畴"进行强调的深层忧虑。② 关于这一点，阿多诺自始至终都保持着高度警醒状态。沃林深刻指出，具体乌托邦前景的丧失表明了增强塑造性批判力量的强烈需要。而这一点与阿多诺美学的现实性指向和核心旨趣等密切相关。

马克·摩根撰写的博士论文③也深层涉及了灾难反思与阿多诺美学关系问题。马克·摩根从《克尔凯郭尔：审美对象的建构》中引出"审美—宗教"概念，并由此而探讨其对阿多诺美学理论的深层塑造意义。在这里，马克·摩根特别注意到了阿多诺对克尔凯郭尔美学批判中渗透的深重灾难意识及其对艺术和审美自身危险性的警惕，以至于阿多诺在检讨"救赎""和解""乌托邦"等概念时丝毫不敢松懈，即使在《美学理论》中也不例外。因为

---

① ［美］理查德·沃林：《文化批评观念》，张国清译，商务印书馆2000年版，第129页。
② 转引自［德］魏格豪斯：《法兰克福学派》上，上海人民出版社2010年版，第119页。
③ Marcia Morgan, "The Aesthetic-Religious Nexus in Theodor W. Adorno's Interpretation of the Works of Soren Kierkegaard and its Influence on Adorno's Aesthetic Theory", *The New School for Social Research*, 2002. p. 83—4.

在阿多诺看来,"彻底启蒙的世界"绝不缺少"白日梦",而匮乏的是对近在咫尺的灾难的敏锐感知、揭示和防御,以及对蕴藏着复杂性、非同一性等的"夜空"的守护。琉金逊立足于"后现代美学"对由康德到阿多诺的所谓"后启蒙话语批判"加以检讨。这篇博士论文与利奥塔、维尔默等人类似,试图把阿多诺打造成"后现代美学"的先驱。在此过程中,启蒙固有破坏性与艺术关系问题这一线索便被削弱甚至埋没了,因为凯扬-弗恩根本上是把阿多诺美学视为现实性匮乏的"观念论美学"。"灾难反思"在阿多诺思想中居于核心位置,由吉廉·罗斯(Gillian Rose)《忧郁的科学:阿多诺思想导论》[1] 可以管窥这一点。

最后,来看一看柯亨的《理解奥斯维辛:艺术、宗教、哲学》、维尔默的《现代与后现代》以及克里斯托弗·A. 封塔内拉(Christopher A. Fontanella)的《黑格尔、海德格尔和阿多诺作品中艺术真理意蕴》等。柯亨的《理解奥斯维辛:艺术宗教哲学》[2] 这本书探讨的一个核心问题就是在奥斯维辛所标示的持续性灾难境域中艺术与宗教关系问题,实质上就是灾难反思与救赎问题。在如此境域中,艺术和文化的首要使命是不折不扣贯穿、展示并防御奥斯维辛,以保卫个体和生命。墨西哥解放学派哲学家杜塞尔(Dussel)所言"批判必须由受难者的否定性着手"[3],恐怕奥秘就在这里。就此而论,在持续性的灾难和恐怖面前,唯一永恒性或绝对性问题可能就是直面和瞻望灾难和恐怖本身,而不是避重就轻地、甚至赤裸裸地从其中抽榨"肯定性意义",或者预先图绘或允诺遥不可及的"美好图景"以自慰。柯亨认为,在如此境况下,艺术被强加的绝对性命令可能就是直面奥斯维辛所象征的持续性灾难现实。艺术对灾难的关系,如阿多诺所言必须要由肯定关系转向否定关系,但并不表明艺术应当以牺牲和阉割给人们带来希望的维度为代价,根本要求灾难的应然显现,以及清除"肯定性"维度蕴藏的对灾难的冷漠潜能。维尔

---

[1] Gillian Rose, *The Melancholy Science: An Introduction to the Thought of Adorno*, London: The MacMillan Press, 1978. pp. 1—3.

[2] Josh Cohen, *Interrupting Auschwitz: Art, Religion, Philosophy*, New York and London: Continuum, 2005. p. 11.

[3] Dussel, *Towards an Unknown Marx: A Commentary on the Manuscripts of 1861–1863*, Edited by Fred Moseley, London: Routledge, 2001, p. px.

默《现代与后现代》企图把现代性灾难与阿多诺美学之间的关系竭力向"现代与后现代的辩证法"靠拢①,并且判定阿多诺旨在"现代性的审美拯救"。这在某种程度上脆弱地回击了哈贝马斯《现代性哲学话语》对阿多诺的"悲观主义""虚无主义"等责难,但与黛博拉·库克(Deborah Cook)的《阿多诺、哈贝马斯以及理性社会探索》的强力辩护相比显得有些保守。同时,灾难反思与阿多诺美学关系在维尔默这里,确切说来已经被朝着"和解"与"妥协"方向引导和形塑,在如此引导和形塑中灾难和恐怖存在遭到淡化和肢解的危险。维尔默显然对阿多诺现代性批判,即现代形而上学批判、启蒙批判和资本主义批判的决心和定向,产生了理解上的些许游移。克里斯托弗·A. 封塔内拉这篇博士论文②的核心议题是"艺术真理"问题,其前提是艺术是一种独特的认识活动。这一问题可转换为艺术如何显现作为灾难的"管控化的世界"或"同一化的世界"。在现代"交换社会"或"理性社会"境域中,"艺术真理"根本上就是通过艺术中积累、保存和全然呈现出来的灾难踪迹和破坏性经验:通过独异艺术形式及其记忆揭破现实的危险性、破败性面相,同时为可能的美好未来筹划提供某种支援性、反思性条件。

此外,施威蓬豪依塞尔的《阿多诺》、埃米尔·瓦尔特-布什(Emil Walter-Busch)的《法兰克福学派》、魏格豪斯(Rolf Wiggershaus)的《法兰克福学派》,以及 A. G. 维恩斯坦(Andrew G. Weinstein)的《阿多诺之后》、T. M. 尤里克(Tanja Mirjana Juric)的《伦理主体性的美学》、A. N. 泰森(Heather Anne Thiessen)的《弥赛亚之光》③ 等,也都从不同角度、不同程

---

① 参见 [德] 维尔默:《论现代与后现代的辩证法》,商务印书馆2003年版,中文版前言部分第1—2页。
② Christopher A. Fontanella, *On the Notion of Artistic Truth in the Work of Hegel, Heidegger, and Adorno*, The Temple University, 2005. pp. 43—44.
③ [德] 施威蓬豪依塞尔:《阿多诺》,鲁路译,中国人民大学出版社2008年版;[瑞士] 埃米尔·瓦尔特-布什:《法兰克福学派》,郭力译,社会科学文献出版社2014年版;[德] 魏格豪斯:《法兰克福学派》,孟登迎等译,上海人民出版社2010年版。Andrew G. Weinstein, *After Adorno: The Essayistic Impulse in Holocaust-Related Art*, New York University, 2006; Tanja Mirjana Juric, *The Aesthetics of Ethical Subjectivity: Ethics & Aesthetics in the Work of Immanuel Kant, Friedrich Nietzsche, and Theodor Adorno*, University of Toronto, 2005; Heather Anne Thiessen, *Messianic Light: Utopian Discourse in the Work of Theodor W. Adorno, Luce Irigaray and Giorgio Agamben*, University of Louisville, 2010. p. 132.

度涉及灾难反思与阿多诺美学关系问题,在此不再一一罗列和检讨。

综上所述,关于灾难反思与阿多诺美学关系问题的研究已经取得一些成果,但整体上尚处于初步探索阶段。艺术、审美与灾难的关系问题这一课题,仍然具有进一步考察和研究的价值、空间。

二、从灾难反思入手领会和把握阿多诺美学

在前面学术回顾和检讨的基础上,下面我们将从如下几个方面来扼要说明关于通过灾难反思入手领会和把握阿多诺美学的一些依据和思路。

第一,涉及通过灾难反思入手领会和把握阿多诺美学这种尝试的可能性问题。我们选取了阿多诺的五本著作为基础材料来分析。第一本是《克尔凯郭尔:审美对象的建构》。蒂利希(Paul Tillich)判定它蕴藏了阿多诺"未来哲学的发展路向",这种哲学之"真理存在于对每个历史时刻最细小的剖面的阐释之中"。霍克海默也认为它潜藏着"在诸多意义重大的方向上推进哲学的力量"。[①] 蒂利希所道说的"未来哲学",根本上要求直面并且"思入"社会现实,包括苦难和恐怖等。阿多诺正是基于这一点而对克尔凯郭尔美学展开批判和拯救。第二本是《启蒙辩证法》。理查德·沃林判定该著述传递了"否定的历史哲学"这一独特思想[②],这是霍克海默和阿多诺应对现代性灾难的新探索。更关键的是,马丁·杰认为阿多诺由哲学向美学"退却"至少是与这部著作同步进行的,而且判定为后来艺术、文化、心理等方面的研究奠定了重要基础。[③] 这里的微妙关联在于:阿多诺认为哲学难以有效应对"持续性灾难的时代"而需要本质的改造和革新,而艺术则恰恰蕴藏具有弥补、反哺哲学的巨大潜能。经过"否定的历史哲学",直至《否定辩证法》和《美学理论》,阿多诺应对西方现代文明危机的"否定哲学"和"否定美学"才基本成型。这一定意义上反映出灾难反思一直蕴藏在阿多诺

---

① 转引自 [德] 魏格豪斯:《法兰克福学派》,孟登迎等译,上海人民出版社2010年版,第119页。

② [美] 沃林:《文化批评的观念》,张国清译,商务印书馆2001年版,第108页。

③ 参见 [美] 马丁·杰:《阿多诺》,瞿铁鹏、张赛美译,中国社会科学出版社1992年版,第241、156页。

哲学根基中。第三本是《最低限度的道德》。施威蓬豪依塞尔认为该著述奠定了阿多诺整个思想的核心动机以及精神气质,即"瞻望恐怖""抗拒恐怖"以及否定地把握更美好世界之可能。① 特别是该著述提示了一种新的哲学和美学,即直面"毁灭性生活",保卫和重构否定性伦理的哲学与美学。某种意义上看,由"毁灭性生活反思"入手,历史地要求一种"历史哲学的美学"和"伦理学的美学"。魏格豪斯判定《新音乐的哲学》业已反映出一种指向"历史哲学的音乐美学传统"②,就体现了这种要求。第四本是《否定的辩证法》。"否定辩证法"由根本上看就是应对"持续性灾难的现时代"的哲学。在此基础上,阿多诺本质重要地强调了哲学家齐美尔的名言,即在哲学史上人们很少发现灾难的痕迹。③ 哲学的根本危机在于漠视灾难,而灾难的在场和引入标示了"否定辩证法"的革命性。因为,《否定的辩证法》最后一章"关于形而上学的沉思"即以奥斯维辛反思为核心内容,而且阿多诺判定这为作为"哥白尼的革命"的"否定辩证法"提供了"转动轴"。④ 有学者也讲,"关于形而上学的沉思"一章,构成了"否定辩证法"的根本基础,而非仅仅是它的一部分。⑤ 由此看来,"奥斯维辛反思"绝非《否定辩证法》的附带性、延伸性思考,而就是它的枢轴和基础。这是我们领会和把握阿多诺哲学、美学的核心所在。第五本是《美学理论》。阿多诺判定:"古时的真正野蛮行径(如奴隶制、种族灭绝、对整个人生的蔑视)自古代雅典时期以来一直未在艺术中留下任何痕迹。"⑥ 这说明,艺术与哲学一样惯于"遗忘"和"妄想",而对灾难性现实保持冷漠。阿多诺所称的"新妥协主义"⑦ 揭示了这一判断。艺术批判以及艺术激活和革新,其中最关本质的部分在于艺术与哲学的互动和互补,在于赋予艺术以反思性,从而发掘艺术

---

① [德] 施威蓬豪依塞尔:《阿多诺》,鲁路译,中国人民大学出版社 2008 年版,第 32、79 页。
② [德] 魏格豪斯:《法兰克福学派》下册,孟登迎等译,上海人民出版社 2010 年版,第 671 页。
③ [德] 阿多尔诺:《否定的辩证法》,张峰译,重庆出版社 1993 年版,第 150 页。
④ [德] 阿多尔诺:《否定的辩证法》,张峰译,重庆出版社 1993 年版,序言部分第 2 页。
⑤ 谢永康:《形而上学的批判与拯救》,江苏人民出版社 2008 年版,第 8 页。
⑥ [德] 阿多诺:《美学理论》,王柯平译,四川人民出版社 1998 年版,第 278 页。
⑦ 参见 [德] 阿多诺:《新音乐的哲学》,曹俊峰译,中央编译出版社 2017 年版,第 115—117 页。

穿透和展露灾难性现实的潜能。灾难反思对于艺术和审美意味着一种最关本质的变革。格雷特尔·阿多诺（Gretel Adorno）和罗尔夫·蒂尔德曼把弗里德利希·施莱格尔（Friedrich Schlegel）的名言"被称之为艺术哲学的东西经常是二缺一：或缺哲学，或缺艺术"作为阿多诺《美学理论》的题词①，其奥秘可能就蕴藏于此。

需要特别强调的是，灾难反思与某种"浪漫精神""幸福的预示"以及"自由的气息"等历史融合在一起，这种特质自20世纪20年代以后就弥漫、沉淀于阿多诺一切著作之中。诚如魏格豪斯所言：

> 阿多诺自1920年代以后的所有著作都表现出这一特性：他习惯于融苦痛与浪漫精神于一体；习惯于将艺术品的社会阐释和阐释社会结合起来，对社会的阐释恰恰以艺术品所包蕴的对幸福的预示为准绳；习惯于把能够清楚说出苦难而产生的快乐和受虐狂式否定快乐的可能所产生的痛苦结合起来；习惯于将大灾难理论与自由的、深奥的和热烈的气息结合起来。②

第二，涉及阿多诺哲学和美学的根本入手点。阿诺尔德·勋伯格（Arnold Schonberg）在《艺术教学中的问题》中说："音乐不应装饰和美化，它应该是真实的"，"艺术不是来源于可能，而是来源于必须。"这不仅证实了阿多诺所称音乐知识趋向颠覆亚里士多德"艺术源于可能"的诗学传统③，而且"真实"和"必须"的观点契合了阿多诺哲学和美学的根本入手点。套用我们开头援引的布莱希特名言，这一入手点与其说是"久远的美好东西"，毋宁说是"新近的坏东西"，即"持续性灾难的现时代"。阿多诺企图通过艺术与哲学的某种结合来记录、揭橥和思考充斥"颤栗""僵化""贫乏"的现实世界，以发出警示和求救信号、营建切实防御性条件（包括伦理关系）、

---

① 参见［德］阿多诺：《美学理论》，王柯平译，四川人民出版社1998年版，第610—611页。
② ［德］魏格豪斯：《法兰克福学派》下册，孟登迎等译，上海人民出版社2010年版，第674页。
③ ［德］阿多诺：《新音乐的哲学》，曹俊峰译，中央编译出版社2017年版，第153页。

挖掘展望自由和幸福世界的潜能，最终为通向某种可能的新型社会及其文明提供指示。阿多诺哲学和美学归根结底都是对西方现代文明困境的回应。这种充满持续性恐怖、苦难的现代文明危机，根本上就是启蒙和资本主义固有本质及特性的某种历史展开。总之，这种入手点变更所引致的思想尝试，本质地关乎其自身哲学和美学的革命性奥秘。

第三，涉及统领全文的思想原则和立场问题。我们试图坚持一种唯物史观的原则和立场，推进通过灾难反思入手领会和把握阿多诺美学这一课题。阿多诺作为西方马克思主义名家，在多个方面都坚持和贯彻了马克思主义，但同时这种坚持和贯彻又缺乏彻底性、本质一贯性以及内在巩固性。这一点跟理查德·沃林的《救赎美学》所批判的本雅明思想状况类似。[①] 与此同时，阿多诺思想内部的巨大张力和矛盾常常使人陷于无尽焦虑之中。鉴于此，坚持唯物史观旨在既充分揭示阿多诺美学的合理性成分，又对其限度、矛盾和缺陷加以揭破和检讨，以客观呈现阿多诺美学实际状况。

第四，涉及本书核心任务。本书着力解决一个核心问题，即："反思灾难"和"应对灾难"在阿多诺哲学和美学形成过程中扮演了何种角色并起何种作用，或者说在如此这般过程中处境如何，即到底处于何种位置以及具有什么意义。我们将立足西方现代文明境域，努力在阿多诺的思想迷宫或力场中把灾难反思与其美学思想相互影响、相互作用的复杂关系线索清理出来。这种线索可以粗略图绘如下：关注灾难的"否定的历史哲学"→灾难反思处于根基位置的"否定辩证法"→艺术与哲学的历史互通和互补→灾难反思自由显现的"否定美学"→以不打折扣的否定意识筹划和把握更美好世界之可能。这条线索或明或暗地贯穿了整个阿多诺美学思想。从总体上看，"反思灾难"和"应对灾难"问题在阿多诺哲学和美学中是根本问题、基础问题，由某种程度上反映了其美学的品格和定向。这项任务具有不可忽视的现实、学术意义，主要体现在如下两点。一是深刻映射了阿多诺应对现代性灾难的复杂思想历程。反思和应对现代性灾难，是阿多诺哲学和美学的迫切的共同任务。二是触及并揭示了阿多诺美学蕴藏的革命性奥秘。这特别地体现在：

---

① ［美］沃林：《瓦尔特·本雅明：救赎的美学》，吴勇立、张亮译，江苏人民出版社2008年版，第261页。

灾难自古雅典以降从未在艺术中留下任何踪迹,阿多诺这一具有文明史意义的判定,要求一种能实现灾难批判,增加"惊异感",预示美好可能的新美学的诞生,人与自然由此获得了双重拯救和解放的契机。① 由灾难反思切入,或许是通达阿多诺美学迷宫的可靠道路。

第五,涉及本研究的目的。我们通过灾难反思入手领会和把握阿多诺否定美学的目的究竟何在呢?由根本上说来,目的在于通过这一尝试管窥阿多诺美学的基本性质与意义。这里主要有两点:一方面企图揭示和把握阿多诺美学的前进方向、历史使命以及核心旨趣等;另一方面挖掘和阐发阿多诺美学的当代性潜能,即面向当代艺术和审美状况的有效解释力或生命力。阿多诺美学的基本性质与意义,某种意义上讲,由其哲学基础即"否定辩证法"可以反映出来。"否定辩证法"被阿多诺视为"哥白尼的革命",即指向一种颠覆主流哲学传统的新哲学:寻求哲学与艺术的某种结合,概念与经验的某种结合,"以概念反思为中介的完整的、未经删减的经验"。总之,谋求一种有效直面和切入像"总体世界""理性社会"危机的新哲学。这就要求阿多诺美学历史地迈向"生存论路向"。

再看看研究方法。基于通过灾难反思切入领会和把握阿多诺美学这一主导思路,以及盘根错节的阿多诺美学实际状况等,本课题采取如下研究方法:首先,理论形态与文化形态相结合。阿多诺美学不仅是理论形态的,也是文化形态或"经验形态"(阿多诺语)的。这要求我们既注重其理论形态研究,又从总体上坚持文化的发掘和阐明,由此透视其美学的复杂文化语境和理论品格。其次,美学与历史相统一。阿多诺否定美学及其关联性思考,因应西方现代文明语境而历史生成,因此需要历史地领会和把握其美学的内在动力根源、历史线索和逻辑结构以及整体面貌、理论路向、历史使命等复杂状况。再次,跨学科方法。阿多诺美学复杂地融合了哲学、艺术、伦理、政治、文化、心理等多个领域,采用跨学科方法才可真正开掘和揭橥其美学的深广、复杂问题和意蕴空间等。最后,批判地借鉴和吸收"拯救现象法"

---

① [德]马克斯·霍克海默、西奥多·阿道尔诺:《启蒙辩证法》,梁敬东、曹卫东译,上海人民出版社2003年版,第110页。在启蒙和文明世界里,人统治自然的力量日益强大,但与此同时不断增强的是"人同自然的异化"。

"星丛—力场"①"实践辩证法"等独特方法。"拯救现象法":阿多诺由亚里士多德借鉴而来,强调现象与真理的辩证法,本质上区别于零碎的哲学研究法。借鉴此方法,有助于洞悉和凸显阿多诺"论说文"式的艺术现象批判、文化现象批判等的深层机理。"星丛—力场"是阿多诺毕生致力于现代社会伦理危机批判和超克之应然方案的哲学和美学探索。借鉴此方法,有利于揭示阿多诺否定美学的内在丰富性和复杂性等。"实践辩证法"既历史地揭开阿多诺哲学和美学应对现代性灾难而生成的复杂伦理问题域和伦理定向及其当代意义,又不简约化、遮蔽其他可能维度及其意义空间等。

总之,我们竭力通过灾难反思入手领会和把握阿多诺否定美学,旨在揭示和展露其美学迷宫的革新性奥秘。

三、章节安排说明

下面扼要说明一下章节安排,以较清晰地呈现我们由灾难反思入手领会和把握阿多诺美学的主要设想和环节等。

章节安排如下。

导论:"灾难未曾在艺术中留下过痕迹?"。这部分包括文献梳理、课题研究说明等内容。一方面为由灾难反思切入阿多诺美学提供可行性论证,另一方面为展开和推进这一研究准备了一些条件,包括问题线索、拓展空间等,同时提供了诸多启发。

第一章:"思想基础:生存论路向与灾难的在场"。本章主要探讨阿多诺美学的思想基础问题。这一章的核心任务就是确立阿多诺美学的思想基础,即"灾难的在场"所引发的以"启蒙辩证法"和"否定的辩证法"为核心的思想革新。特别值得注意的是,哲学被视为"以概念反思为中介的完整的、未经删减的经验""对象的多样性自由涌现"等,某种意义上体现了阿多诺思想的现实品格和革新取向。在阿多诺所称"恐怖与苦难时代",其美学势必历史地走向"历史哲学的美学""文化哲学的美学"。

第二章:"路向调转:概念帝国主义批判与美学的现实性"。本章主要探

---

① 参见孙斌:《守护夜空的星座》,复旦大学出版社2004年版,第3—4页。

讨传统哲学美学批判问题。这一章的核心任务就是通过几个典型的传统哲学美学批判或者形而上学美学批判，旨在既揭破传统哲学美学的概念拜物教等问题，又指明美学现实性、开放性等的方向。这就要求"概念的觉醒"，调转概念工作方向，即由概念统治转向以客体世界为优先的"概念仿作"或"概念模仿"。

第三章："核心旨趣：'真理性'的凸显与艺术反哺哲学"。这一章的核心任务就是阐明在灾难反思视域下阿多诺美学的核心旨趣问题，或者说艺术和审美在灾难的深度冲击与挑战下的根本性变动和调整问题。特别需要指出，艺术"真理性本质"乃反思和应对现代性灾难的历史要求。

第四章："'文化工业专制主义'批判：生产经验与消费经验"。这一章的核心任务就是阐明艺术、审美与"文化工业"关系问题，为艺术应对灾难而发生的变革提供补充性说明。特别应当重视的是，阿多诺文化诗学对生产经验、消费经验等的批判、吸纳和消化问题，因为由启蒙批判与资本主义批判看，艺术和审美与生产经验和消费经验等构织的现代文化体系缠绕。同时，由此透视和把握阿多诺美学的人学关怀和文明关切。

余论："灾难的引入与美学的革命"。这一部分的核心任务就是延伸性思考由灾难的引入所引致的"美学革命"问题等。同时也论及一些困惑、疑点、难点以及新想法和展望等。

第一章　思想基础：灾难的在场与"哥白尼的革命"

"除了瞻望恐怖、抗拒恐怖，用不打折扣的否定意识牢牢把握更为美好事物的可能性，再无什么美景与慰藉可言了。"①《最低限度的道德》这一判定，被施威蓬豪依塞尔视作"为阿多诺所有理论著述与审美著述奠定基础的核心动机"。②这深层影响并形塑着阿多诺哲学和美学思想的前进方向、理论旨趣等，为我们领会和把握阿多诺哲学和美学提供了最关本质的思想启发。

阿多诺美学思想极其复杂，一个重要缘由就在于其有别于传统的复杂思想基础。③人们业已习惯把"否定的辩证法"思想视为这种美学的哲学基础，或更确切地说作为这种哲学基础的核心。"否定的辩证法"思想由根基处冲击和挑战了占据主宰地位的西方传统哲学，而且将触角伸到了遭受传统哲学家们怠慢和漠视的人类生活的阴暗地带，譬如卢卡奇所道说的"乱尸岗"。④

不过，我们探讨阿多诺美学的思想基础远不能局限于《否定的辩证法》。因为除了其思想基础本身的复杂性外，这种思想根系，在《启蒙辩证法》《最低限度的道德》等著述中已经悄然孕育。因此，我们将尝试以《启蒙辩证法》《否定的辩证法》为主，兼及《克尔凯郭尔：审美建构》《最低限度的道德》等著述，探寻这种思想踪迹，并企图在这种探寻中开掘出一条隐微

---

① Adorno, Theodor W., *Gesammelte Schriften*: *Bd 4*, Frankfurt am Main: Suhrkamp Verlag, 2003, S. 26.
② [德] 施威蓬豪依塞尔：《阿多诺》，鲁路译，中国人民大学出版社2008年版，第32页。
③ Thomas Huhn, "Adorno's Aesthetics of Illusion", *Journal of Aesthetics & Art Criticism*, 1985 (2), pp. 181—182.
④ 卢卡奇在《小说论》（1920年）、《历史与阶级意识》（1922年）等著述中批判了资本主义社会中"物化"现象。而对于僵化了的、传统思维难以触及的生活，卢卡奇称为"乱尸岗"。

但十分重要的，通向阿多诺美学根基处的线索。与此同时，试图刻画出这种思想线索与西方现代文明困境复杂纠缠的幽深轮廓。

一、灾难概念：哲学和美学的底限伦理

通过灾难反思入手领会和把握阿多诺美学这一尝试，首要工作就是扼要阐明灾难概念、"否定辩证法"以及否定美学三者之间的关系。这本质重要地构成了本课题得以顺利展开的关键性支点。

总的判断是：对阿多诺而言，灾难概念是一个涵盖性概念，归根结底乃人类文明的一种内生的、必然的产物。

诚如魏格豪斯所示，阿多诺撕裂般的言说中最大限度地集聚了人类灾难和希望。[①] 我们尝试遵从阿多诺格言即"眼前的玻璃碎片是最好的放大镜"[②]，从阿多诺那些蕴含重要关切和意义的"玻璃碎片"中捕捉和呈现灾难概念的多重面相。灾难概念涉及社会学、历史学以及伦理学等多个领域，往往盘根错节、相互缠绕。在这里，我们不打算对灾难概念作全面考察和论析，而是选取几个代表性思想文献加以提炼性概述。

这里以《启蒙辩证法》《最低限度的道德》《否定的辩证法》以及《美学理论》为主要文本来考察灾难概念。首先，从社会和历史角度看，灾难概念就是指人类文明，特别是现代文明固有的缺陷和困境，更确切说指向现代性展开过程中的相互缠绕和共谋的启蒙神话和资本主义神话。[③] 灾难概念指向启蒙神话，核心在于征服和支配自然的理性神话："文明意味着社会对抗自然的胜利，意味着把一切都变成纯粹的自然。"即"自我保存（或自我持有）理性"的泛滥和统治，这种理性包括并体现在技术理性主义、科学知识万能论、人类中心主义、文明进步主义等方面，这业已成为人类现代社会的一种常态。《启蒙辩证法》开篇道明了这一奥秘："就进步思想的最一般意义

---

① ［德］魏格豪斯：《法兰克福学派》下册，孟登迎等译，上海人民出版社2010年版，第675页。
② 转引自［美］马丁·杰：《法兰克福学派的宗师》，胡湘译，湖南人民出版社1988年版，第2页。
③ 参见张亮：《"崩溃的逻辑"的历史建构》，江苏人民出版社2012年版，第187页。

而言，启蒙的根本目标就是要使人们摆脱恐惧，树立自主。但是，被彻底启蒙的世界却笼罩在一片因胜利而招致的灾难之中。启蒙的纲领是要唤醒世界，祛除神话，并用知识代替幻想。"① 实际上，霍克海默和阿多诺所要解决的核心问题，就是何以在彻底启蒙的世界里人类不但未能进入幸福、自主、美好状态，反而因恐惧和神话的祛除、自主和光明世界的确立以及知识的胜利，深陷灾难状态？其次，灾难概念指向资本主义神话，包括生产神话、资本—权力神话以及等价交换原则绝对支配性等特质。阿多诺所说的"交换社会""理性社会"以及"文化工业专制主义"等概念，深刻地揭示出资本主义与启蒙深度共生、共荣关系现状。这一方面指向宰制化、装置化、整合化的"政治世界"，或者说个体性泯灭的世界。② 在如此世界里，人类势必陷入顾虑重重、精神孱弱、齐同均一、思想不孕以及麻木冷漠的状态。另一方面，更深层地预示资本主义与启蒙共同支撑下的现代社会形态发展进程，呈现出一种阿多诺《论进步》所说的"进步拜物教"（fetishism of progress）③ 趋势。

《最低限度的道德》副标题就是"反思毁灭的生活"，并且判定"毁灭的生活"实质就是道德理性彻底匮乏的生活，即"自然支配的生活"。《否定的辩证法》最后一章也把奥斯维辛灾难所展示的"绝对一体化的生活"判定为"错误的生活方式"。④ 需要补充说明的是，灾难概念也指向"彻底社会化""全面沉沦"的西方现代集权或后集权世界。在这里，交换原则神话化、个体原则虚无主义化或抽象主义化、"客观倾向和客观力量"等极度膨胀和弥漫。总之，从社会、历史以及伦理看，灾难概念绝非指向自然灾害，而是指向人类社会灾难，包括"疾病"的文明和文明的"疾病"。阿多诺说得好："灾难在于一些注定使人类无能和冷漠的关系，但这些关系是可以被人类行动改变的。因此，灾难主要不在于人类和向人类显示这些关系的知识。与总

---

① ［德］马克斯·霍克海默、西奥多·阿道尔诺：《启蒙辩证法》，渠敬东、曹卫东译，上海人民出版社2003年版，第209页。

② Morton, "Toward a Politics of Darkness: Individuality and Its Politics in Adorno's Aesthetics", *Political Theory*, 1997 (1), pp. 57–58. 该文由政治层面触及了西方现代文明的阴暗面相。

③ Adorno, "Progress", *Can one live After Auschwitz? A Philosophical Reader*, New York: Stanford University Press, 2003. p. 130.

④ ［德］阿多尔诺：《否定的辩证法》，张峰译，重庆出版社1993年版，第364页。

的灾难的可能性相对照，物化是一种副现象，甚至和物化相结合的异化、即与之相应的主观意识状况也是如此。"① 再如，《启蒙辩证法》断言启蒙就是极权主义幕后元凶，《美学理论》所讲"奴隶制、对整个人生的蔑视"等，也折射了灾难概念的历史意蕴。

从哲学上看，灾难概念指向现代形而上学神话，更确切地说就是同一性哲学神话。它与启蒙和资本主义发展进程历史地契合在一起。哲学上的灾难概念与"数学入侵""数学神话"紧密关联。《启蒙辩证法》多次指出这一关联蕴藏的巨大危险，哲学家怀特海（Alfred North Whitehead）也深刻提示了这一点：

> 欧洲哲学的兴起在很大程度上是由数学发展为一门抽象的普遍性科学所造成的。但是，在哲学后来的发展中，哲学方法一直深受这种数学样板之害。数学的主要方法是演绎法，哲学的主要方法是描述性的概括法。在数学的影响下，演绎法被强加给哲学，作为其标准方法……②

按照《否定的辩证法》说法，形而上学被历史以极其世俗、极其衰败的范畴实践化和统治化，"自然与历史成为可相互通约"的了，而"纯粹同一性的哲学原理就是死亡"。③ "奥斯维辛沉思"提出了一个具有历史意义的终极问题："或者选择死亡，或者抛弃同一性思想"④。"死亡"的现实，即特殊性、非同一性以及异质性等遭到抹杀和碾压。而这种碾压力量就是"同一性思想"，"死亡"即"同一性灾难"。在这里，灾难概念意味着"概念统治"，哲学对"死亡现实"的傲慢和漠视以及无能。难怪阿多诺援引格奥尔格·齐美尔（Georg Simmel）名言指出，在哲学史上很少发现人类苦难的痕迹。从美学上看，灾难概念指向艺术乌托邦神话。这种肯定性乌托邦神

---

① ［德］阿多尔诺：《否定的辩证法》，张峰译，重庆出版社1993年版，第188—189页。
② ［英］怀特海：《过程与实在》，杨富斌译，中国城市出版社2003年版，第17页。
③ 参见［德］阿多尔诺：《否定的辩证法》，张峰译，重庆出版社1993年版，第360—361、362页。
④ 贺来：《奥斯维辛与现代哲学》，载《天津社会科学》，2004年第4期。

话——"肯定的契机与自然的支配作用相联结"①,致使艺术对现代社会否定方面不是揭破和反思,而是攫取和剥夺以及遮蔽。《最低限度的道德》所说"肯定性乌托邦的破坏性"②与此本质契合。由此看来,自古雅典以降野蛮行径一直未在艺术中留下任何踪迹,阿多诺这一判定不仅预示严肃乌托邦批判,而且具有深刻的美学史意义。总之,在阿多诺这里,灾难概念作为涵盖性概念,当是上述意蕴的缠绕和纠结。

在阿多诺思想文献中,多见野蛮、恶、颓废等概念。需要强调的是,这些概念在我们所掌握的阿多诺著述中鲜见严格、明确界定,几乎都是跨领域征用哲学、心理以及道德和神学等领域中的概念。某种意义上,这说明了阿多诺蕴藏无数"迷障"和"禁忌"的"论说文"思想风格,任何试图轻而易举、清晰无误、一以贯之领会和把握阿多诺思想中诸概念的努力注定要遭受巨大挫折。③野蛮概念蕴含了种族压制、社会操控化等启蒙阴暗面相,而且旨在强调"文化他者不仅是他者"④。恶概念多指现代性展开过程中的"理性恶",常常与奥斯维辛反思关联在一起。而指向"极端恶"或"根本恶"与奥斯维辛所示独裁理性或绝对一体化联结。⑤关于颓废概念,乃德语世界中的典型概念,《启蒙辩证法》《否定辩证法》以及《美学理论》等均涉及。特别是"颓废"概念在19世纪伦理、艺术和审美等领域中出现频次较高。譬如在尼采(Friedrich Wilhelm Nietzsche)《权力意志》中指向道德沦丧、精神萎靡,甚至把现代文明都视为人类颓废过程。再譬如,亚瑟·西蒙斯(Arthur Symons)、安纳托尔·巴茹(Antol Basu)、德西雷·尼萨尔(Desire Nisall)等则以文学形式图绘了"颓废"概念的版图。由精神特质看,阿多诺颓废概念与尼采颓废概念有几分契合,但阿多诺更注重现代社会的总体

---

① [德]阿多诺:《美学理论》,王柯平译,四川人民出版社1998年版,第277页。
② Adorno, Theodor W., *Gesammelte Schriften*: Bd 4, Frankfurt am Main: Suhrkamp Verlag, 2003, S. 176.
③ Edgar, Andrew, "An Introduction to Adorno's Aesthetics", *The British Journal of Aesthetics*, 1990 (1), p. 46.
④ 参见[德]施威蓬豪依塞尔:《阿多诺》,鲁路译,中国人民大学出版社2008年版,第211页注释[9]。
⑤ 参见 Neiman, Suman, *Evil in Modern Thought*, Princeton University Press, 2002; Bernstein, Richard J. *Radical Evil*, Polity Press, 2002. pp. 1—2.

精神倾向。野蛮、恶、颓废等概念与灾难概念本质缠绕。

下面扼要谈一谈灾难概念与否定概念的关系。否定概念是阿多诺思想的关键性概念，其核心枢轴在于"特定的否定"或者"确定的否定"，在此基础上确立的标志性观点，即把哲学革新性地视为一种以概念反思为中介的不折不扣、不加删减的经验。"特定的否定"出自黑格尔①，在阿多诺看来："黑格尔通过'确定的否定性'这一概念，揭示出了把启蒙运动与所谓实证主义倒退区别开来的因素。当然，黑格尔把整个否定过程的意识结果，即体系与历史中的总体性最终化作一种绝对的做法，既违反了禁律，又使自身陷入了神话学。"② 在阿多诺这里，"特定的否定"概念既是作为对深处重重危机境域中的人和自然的"最后拯救机制"，同时体现了应对西方现代文明困境的关键性思想出发点。现代文明困境的思想根源源于《否定的辩证法》所说的"普遍性魔法"，而且这已经根深蒂固地蕴藏并体现于现代形而上学、启蒙和资本主义相互影响和作用的历史进程之中，在"后奥斯维辛时代"已经转换为深根于现实的"绝对客观性"或者"绝对统一性""现实过剩"。特别需要强调的是，"特定的否定"既最关本质地关涉"客体优先性"这一认识论乌托邦，最关本质地转向美学以应对"否定性现实"，而且也通向存在论层面的"对象化的活动"或者"感性活动"，这是由"非同一性"不彻底地标识和昭示出来的。还需要注意，"否定辩证法"中的"特定的否定"思想，绝不仅意味着"理论批判"，更紧要指向"实践批判"，即蕴藏着特殊拯救性和解放性旨趣的"否定"。③ 在这里，"特定的否定"特别历史地凸显和展露了特殊性、非同一性、绝望者以及受难者等，但同时揭示出对总体性及其泛滥的原则性批判：不是拒绝总体性，毋宁说是更好地筹划总体性。阿

---

① 参见赵海峰：《阿多诺"否定的辩证法"研究》，黑龙江人民出版社2003年版，第16—21页；谢永康：《形而上学的批判与拯救》，江苏人民出版社2008年版，第121—125页。这里，总结了黑格尔否定观。

② [德] 马克斯·霍克海默、西奥多·阿道尔诺：《启蒙辩证法》，梁敬东、曹卫东译，上海人民出版社2003年版，第21页。

③ 参见吴友军：《批判的人学——对阿多诺〈否定的辩证法〉的本质理解》，吉林大学2004年博士论文。该文由生存论视角解读了阿多诺《否定的辩证法》，试图揭示阿多诺"否定辩证法"的深层"人学意蕴"，而且由此进一步提出了"批判的人学"，我们认为这实质上就是指向人自身的解放问题。

多诺说得好："只有关怀可能之物、更美好之物，才能把握既存之物。①"
"否定之否定"仍然是否定，表明阿多诺对现代性灾难不折不扣、原则性地揭破和批判，由此"否定辩证法"根本上就是对恐怖和苦难深重的现代社会现实状况的历史回应。难怪有学者判定，《否定的辩证法》引起了思想上的"全球风暴"②。

总之，灾难概念作为涵盖性概念，缺乏明确界定，边界较为模糊。总体上，与自然灾害、偶发性祸端等存在本质差异，可判定为一种"人造物"，乃人类文明，尤其是西方现代文明的内在、必然产物。不折不扣地关注和因应现代文明困境，映射了阿多诺哲学和美学的底限伦理。由此看，艺术和审美与充满恐怖和苦难的现代世界关系问题，无疑构成了阿多诺最为关切的美学问题。

二、"否定的历史哲学"：启蒙批判与资本主义批判

《启蒙辩证法》呈现出一种最关本质地强调对否定性现实进行关注和反思的思想，即"否定的历史哲学"③，被马丁·杰视为阿多诺心理研究、文化研究、美学研究等的重要基础④。"不要从久远的美好事物出发，而要从新近的坏东西入手"⑤，布莱希特的这一论断可以说是"否定的历史哲学"的一个注解。在这里，我们将从否定性反思入手，尝试深入启蒙那幽远而神秘的根底处，探明其与西方现代艺术、文化以及生活等复杂关系状况。

（一）启蒙之奥秘：神话与"探寻理性的原史"

据霍布斯鲍姆（Eric Hobsbawm）《野蛮主义：使用者指南》所言，1914

---

① Adorno, Theodor W., *Gesammelte Schriften*: Bd 20.2, Frankfurt am Main: Suhrkamp Verlag, 2003, S.601.

② 参见 Dennis Robert Redmond, "*Global Storm*: Theodor Adorno's Negative Dialectics" [D], University of Oregon, 2000, p.34.

③ 参见［美］沃林：《文化批评的观念》，张国清译，商务印书馆2001年版，第108页。关于这一点，德国学者哈尔哈特·施威蓬豪依塞尔认为，《启蒙辩证法》受到本雅明"否定性历史哲学"的重要影响。譬如《论历史的概念》中审视历史的灾难性观点。

④ ［美］马丁·杰：《阿多诺》，翟铁鹏、张赛美译，张晓明校，中国社会科学出版社1992年版，第156页。

⑤ Benjamin, "Conversations with Brecht", *New Left Reviews*, 1973, I/77, January-Febrary.

年第一次世界大战的第一声枪响宣告了"野蛮战争"对"文明战争"（civilized warfare）的全面取代，或者说"文明战争"之实质乃"野蛮战争"。而随着第二次世界大战的爆发，几乎整个欧洲随即陷入了战争和奥斯维辛所制造的野蛮与恐怖中，战争已经由政治、经济、文化信仰等层面的利益冲突与争夺，蜕变成了精心编制的、纯粹的、赤裸裸的屠杀和灭绝行动。在人类文明的核心地带以及启蒙运动的诞生地，这样的战争缘何得以可能并堂而皇之地上演？霍布斯鲍姆一针见血地指出，"现代野蛮主义"即是"启蒙的逆转"，不仅如此，更糟糕的情况是"现代野蛮主义"的日常生活化倾向，即不人道和不可宽容的事物似乎构成了人们生活的一种常态。① 这在某种意义上提示，"野蛮战争"向"文明战争"的回转，即体面的、精致的、不见血的"野蛮战争"，但战争的对手方已变成全体人类自身与统治制度、秩序以及技术网络体系等。这一点在《启蒙辩证法》中也有深刻提示，即"理性的持有者与理性自身之间"的对抗与对立，因为理性以追求"概念等级结构""同一性体系"以及"统一科学秩序"等为嗜好，而这必然反过来对人类自身形成一种掣肘和宰制。② 正是在此意义上，"文化工业专制主义""进步拜物教"以及马克思说的"商品拜物教"等才有了堂而皇之的可乘之机。仅由此来看，霍布斯鲍姆的反思深入并触及了西方现代文明的启蒙内核，因而是极其深刻的。

相比于霍布斯鲍姆，阿多诺的反思或许来得更深远、更厚重。《启蒙辩证法》不仅追溯到了启蒙与资本主义，而且将启蒙的绝对核心即理性精神向前推到了"神话时代"。难怪日本哲学史家细见和之说，这是在"探寻理性的原史"③。《启蒙辩证法》何以要"探寻理性的原史"，以及这样做的意义又何在？

很显然，对于阿多诺而言，像霍布斯鲍姆那样宣布这种现代性灾难是启蒙反转使然，并不是对这种灾难的真正的破解。在阿多诺看来，一个重要而

---

① 参见 [英] 霍布斯邦:《论历史》，黄煜文译，麦田出版社 2002 年版，第 421、429 页。
② 参见 [德] 马克斯·霍克海默、西奥多·阿道尔诺:《启蒙辩证法》，梁敬东、曹卫东译，上海人民出版社 2003 年版，第 90、92 页。
③ [日] 细见和之:《阿多诺：非同一性哲学》，李浩原、谢海静译，河北教育出版社 2001 年版，第 99 页。

有效的线索应当是追溯"理性的原史",看看理性这种东西的"原史"状况是不是理性本身及其历史就蕴藏着这样一股破坏性邪能,或者说局限性、缺陷性?

面对人类何以在业已高度文明时代却陷入了新的野蛮状态这一沉重问题,阿多诺沿着尼采启示的道路,追溯到了荷马史诗中"神话与理性劳动的交叠"这一原型。在神话与理性的复杂交叠中,尤其是理性凭借其合理性力量对神话的祛除和摧毁中①,人们得以窥见荷马史诗中蕴含的启蒙奥秘。这种奥秘,本质上如尼采所认识到的那样,既有"自主精神的普遍运动",也有"破坏生命的'虚无主义'的力量"②。《奥德赛》刻画了如此情状:既表现奥德修斯面对和战胜自然以及"自然神"时的自主性智慧,又深刻揭示出为"自我保存"而对自然施行支配的"狡计"、"内在自然"的压抑以及在此基础上展开的"暴力杀戮"。在这里,我们似乎可以嗅到"现代野蛮主义"的腥味③。不过,像阿多诺警告的,牢记和反思灾难的目的是不让灾难重演一样,追溯到《奥德赛》的目的在于更好地对导向这种合理化和灾难性的理性自身及其展开过程进行批判,以使这种理性处在一种自我节制与自我批判状态中。但是,更糟糕的事实是,在启蒙演进和发展过程中,理性的自主性和建设性维度得到日益巩固和强化,并被推到了自我顶礼膜拜的登峰造极的地步。而与此同时,理性的节制和批判维度遭到搁置和漠视,导致其滑入破坏性与虚无性之中,最终被乔装打扮起来而转换成一种肯定性意识形态。如此一来,人们不仅对这种破坏性和虚无性毫无提防或防御,而且还为这种破坏性和虚无性提供正当性庇护,从而使其得以逃脱人类的审判和囚禁。正因如此,以至于奥斯维辛突然降临,宣告与"自主精神的普遍运动"彻底决裂时,人们虽然感到极其恐惧,但似乎显得捉襟见肘、束手无策。需要指出,与理性的破坏性和虚无性扭结的意识形态就是对"压制一切生命"之"盲目

---

① Staci Lynn Von Boeckmann, *The Life and Work of Gretel Karplus/Adorno: Her Contributions to Frankfurt School Theory*, University of Oklahoma, 2004, pp. 256—257.

② [德] 马克斯·霍克海默、西奥多·阿道尔诺:《启蒙辩证法》,梁敬东、曹卫东译,上海人民出版社2003年版,第45页。

③ [日] 细见和之:《阿多诺:非同一性哲学》,李浩原、谢海静译,河北教育出版社2001年版,第110页。

生活"的无批判的颂扬。① 这一点在号称民主政权的美国"文化工业"上面表现得淋漓尽致。难怪习惯了民主生活的人们似乎对此并不感到震惊和意外。

据阿多诺所言，启蒙与神话关联极其复杂、深切缠绕②，而绝非像说明、解释那样趋于简约化地相互生成和相互对举。这二者的核心关联，或可用哲学史家细见和之的精辟概括来表述，即"神话已经是启蒙"与"启蒙退化为神话"。仅由此来看，这一方面揭示出"由启蒙所带来的神话恐惧与神话本身同出一辙"③，另一方面也凸显了夹杂着破坏性和虚无性的理性同一性神话，而这一点被法西斯主义、极权主义以及"文化工业专制主义"等挪用并在"进步"名义下被改头换面，而得以在人类历史上不断上演、招摇撞骗。这就历史地要求人类自身在哲学思想和文化观念上构筑起一道道坚实的崭新防火墙，而不是固执而保守地依靠已经千疮百孔、麻痹迟钝的传统哲学思想和观念，从而达至对如此灾难性、空洞性、僵化性现实的内在透视和批判。

斯宾诺莎说："保存自我（又译为'自我持存'或'自我保存'）的努力乃是德性的首先的唯一的基础。"④ 所谓"保存自我"，实质上就是以支配自然为基础和目的，当然这里"自然"包括人自身的自然（即"内在自然"），由此而确立相对于自然的"自我"或主体。斯宾诺莎的这一论断被霍克海默和阿多诺判定"包含了整个西方文明的真正原则"⑤。即是说，从思想观念上看，"自我保存的努力"构成了几千年来西方哲学思想的始源根基、核心动力、根本使命和原则以及前进的基本定向。譬如，神话意义上"自然"的踪迹被彻底祛除，宣告了"自我"与肉体、灵魂等由此而走向分裂和

---

① ［德］马克斯·霍克海默、西奥多·阿道尔诺：《启蒙辩证法》，渠敬东、曹卫东译，上海人民出版社 2003 年版，第 45 页。
② 据哈尔哈特·施威蓬豪依塞尔在《阿多诺》中判断，理性与神话的交织关系来源于克拉考尔《大众的装饰》："从理性一方面看待大众的装饰，则大众的装饰显示为包裹在抽象外衣中的神话式膜拜。"
③ ［德］马克斯·霍克海默、西奥多·阿道尔诺：《启蒙辩证法》，渠敬东、曹卫东译，上海人民出版社 2003 年版，第 26 页。
④ ［荷］斯宾诺莎：《伦理学》，贺麟译，商务印书馆 1983 年版，第 186 页。
⑤ ［德］马克斯·霍克海默、西奥多·阿道尔诺：《启蒙辩证法》，渠敬东、曹卫东译，上海人民出版社 2003 年版，第 26 页。

对抗①，而"自我保存"则逐渐上升并构成了西方哲学思想演进的基本底色和线索。而从社会历史和现实来看，"自我保存的努力"是贯通由古希腊到西方现代文明的整个探索和发展进程的枢轴，根本上历史地促成与形塑了西方文明的基本轮廓和样貌。如霍克海默和阿多诺所言，根据"启蒙运动"的绝对命令——任何人都要按照"自我保存"的方式合理地、精致地、直接地安排自身的生活，如此才是自主的、进步的、有意义的。而需要特别警惕的是，这种生活的巨大代价，即人与自然、人与人、人与自身之间鲜活而复杂的关系的枯竭甚至崩溃，以及冒着堕入和倒退回前文明时代的危险。

"神话已经是启蒙"。问题是：既然神话业已是启蒙，那么法西斯主义的"作为民族故乡的神话世界"②何以还会上演呢？这里或许揭示了如下两种状况。一方面神话本就是一种古老的支配自然的方式，通过神话人类获得了一种原始主体性地位。就此而言，神话无疑是一种"自我保存的努力"的古老方式。这里面蕴藏着击溃神话自身或反神话的"规范理性"的要素。另一方面，神话或史诗极为称颂的"原始权力本身已经代表着启蒙运动的一个阶段"③，而且通过如此这般的"赤裸裸的权力"阐发而揭示出神话或史诗的统治属性或意识形态属性。如此，神话中实际上已经包含着绝对统治的邪恶、狡诈、欺骗等因素了。与此同时，据尼采判断，启蒙就是在进步名义下的彻头彻尾的"欺骗"和"大众自我愚弄"。至此，"作为民族故乡的神话世界"之所以还有存在空间，或许其症结在于统治的邪恶、狡诈、欺骗与民族复兴运动已经内在地攸关在一起，这种邪恶、狡诈及欺骗通过文化或民族法西斯主义达到了登峰造极的地步，但法西斯主义却反把这顶罪恶的帽子扣在了启蒙运动的头上。④

"神话已经是启蒙"论断有两点值得注意：一是人类文明不仅源于神话，

---

① George Cavalletto, *The Role of the Psyche in Social Analysis: An Examination of Texts by Sigmund Freud, Max Weber, Theodor Adorno & Norbert Elias*, The City University of New York, 2003, p.301.

② [日]细见和之：《阿多诺：非同一性哲学》，李浩原、谢海静译，河北教育出版社2001年版，第107页。

③ [德]马克斯·霍克海默、西奥多·阿道尔诺：《启蒙辩证法》，渠敬东、曹卫东译，上海人民出版社2003年版，第46页。

④ [德]马克斯·霍克海默、西奥多·阿道尔诺：《启蒙辩证法》，渠敬东、曹卫东译，上海人民出版社2003年版，第47页。

而且本身就是一个巨大的神话，启蒙乃这一神话的重要一环；二是神话是一种特殊的启蒙，或者说启蒙的一种形式。这警示我们，西方当代资本主义文明境域中的"文化工业神话""同一性艺术神话"等，实质上就是凭靠其启蒙面孔而得以顺利"闯入"人们的日常生活，并成为像鸦片一样的"慰藉品"。另一方面，神话支配自然的方式，并不是凭借纯粹概念和逻辑，而是杂糅的、混沌、神秘的方式。或许正是因为这种神秘莫测的恐惧性，或难以把握的不确定性以及对主体的肢解，神话又是启蒙必须祛除的。这种祛除既体现了启蒙与神话的暧昧关系，又显示了启蒙理性对神话的恐惧。而同时，这种"神话恐惧"本身由于已经溢出启蒙之外而又映射出与神话本身的如出一辙的一面。

"启蒙退化为神话"，此论断由此显示出特别的文明史意义。《启蒙辩证法》开篇就判定：已经彻底启蒙的世界却陷入了因胜利而招致的灾难中。这已经明确地揭示，启蒙的胜利似乎并没有如我们所愿那样带给人类世界以光明、和谐、进步，反而倒退回了它决然否定和誓死摆脱的黑暗、野蛮和蒙昧中。或许诚如霍克海默和阿多诺所强调，启蒙与神话关系可能并非如我们所设想的那样泾渭分明，毋宁说是犬牙交错。而之所以如此，根本上讲是启蒙理性与资本主义共同作用的结果。建立在自我保存理性（reason of self-preservation）基础上的启蒙理性，必然要求出于自身的目标和允诺考虑，彻底遮蔽和疯狂抹除神话的踪迹。而颇具反讽意味的是，恰恰是这种彻底性和疯狂性却折射了启蒙理性的自我欺骗性和虚无性，以及启蒙与神话的某种幽微关联。正是因为这一点，人们对于启蒙及其允诺向来是深信不疑，由此被彻底遮蔽和封存了的"启蒙与神话之关系"也得以在人们毫无防备的情况下运作和发酵。更为悲剧的是，人类就是生活在如此这般的启蒙世界中却不自知。另一方面，启蒙还通过鼓吹、助推并巩固"理性崇拜"或"理性独裁"的方式而与神话照面，在这里理性本身就是一切，一切只为理性自身服务。即是说，启蒙除了将人们导向理性的生活或有序的生活等方面外，也可能同时引致"理性神话"或"理性霸权"。这里揭示并凸显了启蒙的理性同一性原则和力量。如此一来，启蒙的纲领、目标和允诺蜕变为"同一性尺度"，而不再是人类生活意义和价值自身的真实反映和正当设定，启蒙由此变为对异质性、差异性、多样性等的抹平和铲除。由于启蒙与资本主义历史纠缠在一起,这一切都显得自然天成。如《启蒙辩证法》所强调,"理性"不单单是原则和概念,也展开为社会现实。20世纪的两次世界大战、核武器、冷战等如约而至,人们似乎仍然相信只是人类社会发展进程中的小插曲或偶然。不仅如此,艺术和文化同质化、庸俗化,乃至整个"娱乐工业体系"的泛滥[①]等,也被视为进步名义下的常态。或许其真正根源就在启蒙与资本主义共同构织的现代社会综合体。

还需要补充的是,"彻底启蒙的世界"在发展过程中,由于理性精神滑向工具理性宰制和理性专制主义,逐渐脱离开人类生活意义和价值这一基底和方向,不再寻求人的总体的救赎和解放,而转向奋力追求这一总体内部的各个部分的进步:物质财富的增加,技术革命,征服自然手段的更新,组织和管理的优化、提升等。尤其在艺术和文化方面,已经呈现出极致技术化、物质化、碎片化以及享乐化等倾向和趋势。人们不再追求艺术和文化对人的整体的筹划、完善及提升,而偏执追逐感官上、物欲上的享乐刺激和满足。这充分揭示出,在西方现代文明境域中,人们追求的进步早已异化为物质技术、社会管制等海德格尔所言"进步强制"的条件、奴役的对象。诚如阿多诺所言:"整体中任何东西都进步了,唯独整体本身直至今天仍然没有进步。"[②] 作为基底和方向的人类生活的意义和价值被漠视和掏空了,所剩下的恐怕就是启蒙这张如浮萍般的"空皮囊",而"失根的启蒙"与阿多诺所说的现代文明世界或"彻底启蒙的世界"中的"进步拜物教(fetishism of progress)"本质勾连在一起。"彻底启蒙的世界"与其说是逃离神话了,毋宁说是遁入了新的神话状态。

由此来看,人们往往注意到了启蒙的胜利,以及这种胜利为人们所带来的光明世界,而很少注意到光明世界巨大背影之后的黑暗。即使人们偶尔触碰到了这种黑暗,那也只是被作为光明世界的"杂质"给打发掉了。之所以

[①] Lee, Hyo-Seong, *Overcoming Reified and Administered Communication: A Critical Analysis of Theodor W. Adorno's Theory of the Culture Industry*, Northwestern University, 1987, p. 369. 该文极为透辟。

[②] Adorno, "Progress", *Can One Live After Auschwitz? A Philosophical Reader*, New York: Stanford University Press, 2003. p. 132.

如此，一个根本点就在于启蒙对作为人类生活意义和价值所构成的"总体性"①的遗忘和遮蔽。而另一方面，启蒙又已经预先成了陷"无结果的世界"于"水深火热"中的"总体性"，业已身处其中的人们对此"无能为力"。②启蒙是一种"总体性幻象"或"同一性幻象"，这一点构成了"彻底启蒙的世界"何以招致灾难的秘密线索。

《启蒙辩证法》在揭示启蒙与神话的复杂互渗、缠绕关系的过程中，通过摆脱和克服传统二元对举认识论，竭力尝试和实践更为复杂、更为客观的认识论，并回溯到了古希腊荷马史诗。由此启蒙的奥秘得以向我们敞开：从始源上看，其秘密就蕴藏在"理性的原史"中。就其"原史"来讲，缠绕着两种理性力量：一是理性的自主性力量，一是理性的破坏性力量。这两种力量纠缠和混沌的"理性原史"状态，形塑和铸造了启蒙与神话永远说不清也撇不清的始源关联。

在如此这般"彻底启蒙的世界"里，饱受启蒙浸润和滋养，并业已习惯启蒙意义世界的艺术和文化等，遭到了巨大的冲击、挑战等，而且这一问题，随着人类生活意义危机的日益突出，而变得极其迫切和棘手起来。上述探讨，于我们领会和把握这一重要问题或议题而言，其意义不容低估。

（二）法西斯主义或极权主义：作为理由和根据的理性

《启蒙辩证法》呈现了霍克海默和阿多诺探寻复杂启蒙理性的努力和企图。这种努力和企图，其现实针对性在于"彻底启蒙的世界"已经深陷工具理性以及理性专制泛滥的汪洋大海，深陷"进步拜物教"的泥淖，启蒙理性似乎被证明不过是一种片面的偏执狂和魔咒。伴随法西斯主义和极权主义的扩散，整个人类世界似乎都笼罩在启蒙理性所带来的巨大拒绝与恐慌中。这表明，现代世界并未按照启蒙设计好的道路、方向以及目的来前进，而是发生了某种逆转。之所以如此，除去其他现实要素，恐怕就在于复杂启蒙理性与人类社会现实世界关系问题。《启蒙辩证法》的核心企图之一，在于通过复杂启蒙的揭示来挖掘现代世界陷入灾难的理由和根据，从而重新发掘和昭

---

① Adorno, "Progress", *Can One Live After Auschwitz? A Philosophical Reader*, New York: Stanford University Press, 2003. p. 132.
② ［德］马克斯·霍克海默、西奥多·阿道尔诺：《启蒙辩证法》，渠敬东、曹卫东译，上海人民出版社 2003 年版，第 25—26 页。

示人类生活的意义和价值。下面，我们将竭力追寻法西斯主义或极权主义在西方现代文明世界境域中出现并扩展的深层理由和根据，由此窥探启蒙世界危机的奥秘，而这实际上又深刻地构成了其时艺术和文化发展的深层境域。

总的裁决是：法西斯主义或极权主义及其疯狂扩张，彻底地说来，其理由和根据在理性自身。

在《启蒙辩证法》中，法西斯主义被呈示为人对自然的暴力统治的新近形式，或者说，人支配自然的激进化的最新形式。如此一来，法西斯主义深层地与自我保存理性、启蒙神话或理性神话关联在了一起。霍克海默和阿多诺通过借鉴和阐发马克思"史前史"概念，深化了法西斯主义呈示的根基。[①] 按照阿多诺的说法，所谓"史前史"，是"一切迄今所知历史的总汇，即不自由的历史"[②]。由此出发，资本主义与"史前史"[③] 处于缠绕状态，而且就是处于"史前史"。我们对资本主义的领会和把握，需要切入和透视到这种缠绕状态，以刺穿资本主义的"不自由"神话奥秘。唯有如此，我们才能洞见法西斯主义的超级恐怖性内核，即资本主义和"史前史的全部神话形态"都在挪用和消费它，而且资本主义还吸收、消化、融合了这些"神话形态"并赋予"最大限度的技术手段"[④]。这深刻地揭示出，在以自我保存理性为基础"资本理性"宰制的资本主义文明境域中，法西斯主义被秘密地藏匿，以某种"发泄方式"存在于这种文明的内部，并与"资本理性"交织。如此看来，法西斯主义在20世纪欧洲资本主义文明世界的出现，显然并不是"突然降临"或者说"飞来横祸"，毋宁说是"如约而至"，本来就与资本主义现代文明如影随形。

启蒙内部的"破坏生命的'虚无主义'的力量"，或者说"破坏性的理性原则"，被法西斯主义尽数招安和征用。这种破坏性力量，不只表现在

---

① [德] 施威蓬豪依塞尔：《阿多诺》，鲁路译，中国人民大学出版社2008年版，第51页。
② Adorno, Theodor W., *Gesammelte Schriften*: Bd 8, Frankfurt am Main: Suhrkamp Verlag, 2003, S. 234.
③ [德] 马克斯·霍克海默、西奥多·阿道尔诺：《启蒙辩证法》，渠敬东、曹卫东译，上海人民出版社2003年版，第47—48页。"史前史"与历史错综交织在一起；通过神话，自我在自我意识中竖立起来，由此，"史前史的世界被世俗化了，变成了必须通过自我来度量的空间"。
④ 转引自 [德] 施威蓬豪依塞尔：《阿多诺》，鲁路译，中国人民大学出版社2008年版，第51—52页。

"压制一切生命"这一重复性实践上,更表现在由自我保存理性神话而引致的人类中心主义或主体主义倾向和后果,虽然人类中心主义或主体主义哲学始源于古希腊智者学派与苏格拉底那个时代。① 为了确立相对于自然的主体及其自主性神话,而可以枉杀一切。培根《新工具》"征服和支配自然的帝国"论业已证实了这一点。像始于普罗塔戈拉的名言"人是万物的尺度"所示,人成为不可逾越的、最高最普遍的标尺。这既可确立人类的主体地位以及优越性、普遍性价值等,同时也成为人类通向阴霾魔咒、恐怖世界的秘密通道,即终极理由和根据。因为,这种理性在确立人类的主体地位,以及由此而可能在放任人类的欲望或者说诱惑、怂恿人类趋于野蛮的动物性时,却并没有同时"确立主体与客体之间的同一性"②。

或许正是主体与客体之间的这种隔绝与阻断,反映和透出了由理性的自主性和普遍性力量所引致的"同一性强制"或"同一性魔咒",这种强制为理性自身服务。这种强制,在哲学思想上的典型表现是阿多诺说的"概念拜物教";在社会现实上表现为奥斯维辛大屠杀、"文化工业专制主义"或"文化工业神话"③ 等。如此,"自我保存理性的努力"就确立了人类的至高主体地位,与此同时这种原则支配的西方现代文明过程也是荡平所有偏差、抹除一切界限、压缩和统合人类所有特性的历史过程。在此意义上讲,如此这般的强制,深刻映射了启蒙中的理性神话以及"自我毁灭"倾向。彻底地讲,奥斯维辛集中营,其理由和根据就是作为"暴君"的理性本身。

人们自始至终都在图谋和强化如何利用和征用自然,"以便全面地统治自然和他者",这被霍克海默和阿多诺称为人们的"唯一的目的"。正是这一所谓"目的",决定性地引致启蒙的致命危机,即"根本不顾及自身",并抹掉了能够摧毁神话的"其自我意识的一切痕迹"④。"启蒙具有极权主义性

---

① 参见张汝伦:《现代性与哲学的任务》,载《学术月刊》,2016 年第 7 期,第 31—37 页。
② [德]马克斯·霍克海默、西奥多·阿道尔诺:《启蒙辩证法》,渠敬东、曹卫东译,上海人民出版社 2003 年版,第 253 页。
③ 参考 Christopher Cutrone, *Adorno's Marxism*, The University of Chicago, 2013, p. 278.
④ [德]马克斯·霍克海默、西奥多·阿道尔诺:《启蒙辩证法》,渠敬东、曹卫东译,上海人民出版社 2003 年版,第 2 页

质"①，更糟糕的情况是，极权主义由此而得以扩散并渗透到"彻底启蒙世界"的肌体。

在霍克海默和阿多诺看来，20世纪西方现代文明境域中盛行的极权主义，已经不单单限于思想原则和观念，而早已是社会现实了。这种现实表现在：一方面这种极权主义实现为"全能统治"和"总体控制"的极权政治，譬如德国纳粹主义、苏联斯大林主义等；另一方面，更为重要的是这种极权主义实现为"技术宰制的极权社会"，或者说"资本主义极权工业社会"。极权政治强调"全能性"、"总体性"及"同一性"，也就是强调对民众和社会建立全面的、无边的、弥漫性和渗透性控制甚至"囚禁"网络。这种控制和囚禁，在意识形态上，幕后黑手就是启蒙的诸种允诺，即民主、平等、自由等观念和话语。这种观念和话语一方面带给人们以谵妄的幸福、救赎和慰藉，另一方面人们则因此而被套牢，并陷入无边的幻象中。在实践层面，发达的技术、管理以及工业等为这种控制和囚禁提供了现实手段、方法以及空间。如此一来，在这种极权主义力量的推动下，资本主义社会一方面呈现出像马克思所说的"一切坚固的东西都烟消云散了，一切神圣的东西都被亵渎了"②，所有一切都被夷为平地、差异和界限消失，而另一方面则又紧缩为马克思·韦伯所说的"铁笼"：理性堕落为"适应工具"或曰工具理性，科技遭到泛化、滥用为技术宰制，资本理性以及"文化工业"大行其道，等等。需要强调的是，这种控制和囚禁，通过理性的异化和物化旅行以及通过"理性同一性"所构织的"社会水泥"或者说"凝固的现实"，本质上讲不是进步，毋宁说是灾难。③根源在于，如此这般的构织，其根据显然不在如何促进人本身的真正进步与发展，而在符合理性本身，或马克思·韦伯所说的"合理化"。这表明，极权主义已经浸透到人类生活意义的根底处，并通过这种漫无边际、悄无声息的浸透而实现同一性控制和统治。由此，极权主义似乎变成了20世纪西方文明世界的"恐怖幽灵"，并且与枯燥僵化、同质化的社会现实状况之形塑和告成，构成了内在本质的契合和一致性。

---

① ［德］马克斯·霍克海默、西奥多·阿道尔诺：《启蒙辩证法》，渠敬东、曹卫东译，上海人民出版社2003年版，第4页。
② 马克思、恩格斯：《共产党宣言》，刘丕坤译，人民出版社1997年版，第31页。
③ 参考 Christopher Cutrone, *Adorno's Marxism*, The University of Chicago, 2013, p.157.

霍克海默和阿多诺说得好:"从巴门尼德到罗素,同一性一直是一句口号,旨在坚持不懈地摧毁诸神和多质。"① 这深刻揭示出启蒙理性危机,"理性同一性"或"理性神话"的旨趣在于"摧毁诸神和多质"。到了20世纪西方现代文明境域中,深藏在启蒙内部的这种"同一性"裹挟着民主、正义威权和进步力量,攻城拔寨、披荆斩棘、所向披靡,其结果是最终促逼人类陷入培根所说的"四重假象"之中,即"族类的假象""洞穴的假象""市场的假象"以及"剧场的假象"。②

我们注意到,在如此境域中艺术和审美再次被讽刺和戏耍了一把,这倒不是因为它们的衰败和颓废,而毋宁说因为它们仍然坚守救赎和解放的幻象,仍然幻想悖逆、摆脱"一体化现实"的快感和慰藉等。西方艺术和美学传统,在阿多诺看来须要做出因应现代世界"否定性现实"的本质性改变。

(三)"启蒙辩证法"批判:理性神话与"主体的解放"

《启蒙辩证法》对待启蒙的破坏性、阴暗性方面的态度和观念,并不表明要抛弃和牺牲理性和启蒙,也不是寄希望于理性的"他者",而是要努力确立起"理性自我批判"以及复杂理性概念。③ 与此同时,更重要的是,批判和超越传统哲学观念和理论对灾难性真相的漠视和遮蔽,并竭力尝试构筑起对如此灾难性真相及其踪迹进行历史勘察、探寻和凝视的思想方法和观念。诚如霍克海默和阿多诺借荷马之口所言:"我们不要忘记那些牺牲者,同时也揭示了……无法言说的永恒苦难。"④ 意思就是切忌像培根那样只关注"胜利者",而要像莎士比亚那样铭记受难者、牺牲者以及其遭受的迫害和苦难现实。而对《启蒙辩证法》产生重要影响的本雅明"否定性历史哲学"也认为,人们应该从被损害者、被征服者、被压迫者角度出发来思考人类历史

---

① [德] 马克斯·霍克海默、西奥多·阿道尔诺:《启蒙辩证法》,渠敬东、曹卫东译,上海人民出版社2003年版,第5页。
② [英] 培根:《新工具》,许宝骙译,商务印书馆1986年版,第18—19页。
③ [德] 施威蓬豪依塞尔:《阿多诺》,鲁路译,中国人民大学出版社2008年版,第47页。
④ [德] 马克斯·霍克海默、西奥多·阿道尔诺:《启蒙辩证法》,渠敬东、曹卫东译,上海人民出版社2003年版,第80页。

和文明。① 由此看来，关注灾难，历史地要求思想颠覆与革新。

《启蒙辩证法》对待启蒙的态度和观念，招致了不少责难和批评。其中最著名的两个批评者当属哈贝马斯和霍耐特（Axel Honneth）。我们试图在重述这两位批评者意见的同时，补充深化《启蒙辩证法》中的一些重要原则和观念。

哈贝马斯在《现代性哲学话语》中斩钉截铁地指出，受时代背景所限，《启蒙辩证法》对现代性进行了"错误"地批判。② 首先，需要弄清楚哈贝马斯的批判立场。"现代性是一项未竟的事业"这一判断已经揭示这一立场，即拯救和挖掘现代性的进步、发展潜能。而且需要明确的是，由根基上看它臣属于启蒙和资本主义缠绕的社会综合体，或者说"自由民主主义传统"。这里面隐藏了哈贝马斯对待灾难性现实的侥幸倾向，如内在自然与外在自然困局就遭到悬搁。③ 由这种立场出发，哈贝马斯当然会判定霍克海默和阿多诺的反启蒙、反资本主义等所谓"悲观主义"情绪是"错误"的：一是启蒙和资本主义发展潜能远未耗尽，二是采取折衷主义办法而不是激进和极端方法对待它，三是应以解放的理念代替与自然和解的观念，与自然和解不应被夸大。但是另一方面，《启蒙辩证法》的真正立场毋宁说是"否定的历史哲学"立场。《启蒙辩证法》对启蒙和资本主义的否定性批判业已溢出了传统哲学限界，是一种有别于传统哲学的历史批判。况且，这种否定性批判，不再像传统哲学那样对灾难性现实采取外部、主观反思，而是实质地对这种灾难加以铭记、把握和批判，以真正实现其思想把握和文明关怀。由此来看，哈贝马斯对霍克海默和阿多诺的折衷批评确实为自己的立场赢得并巩固了进一步阐释和发挥的空间，但是这种折衷批评试图跳出西方现代文明历史困境而对现代性方案及其潜能进行评估和展望的做法，使其批评打了不少折扣。这里的关键问题不是现代性是否会继续，或者说"唱衰现代性"还是"看涨

---

① 转引［德］哈贝马斯：《启发性的批判还是拯救性的批判》，载刘小枫主编：《人类困境中的审美精神：哲人、诗人论美文选》，东方出版中心1996年版，第704页；阿伦特编：《启迪：本雅明文选》，张旭东、王斑译，生活·读书·新知三联2008年版，第268、269页。

② Habermas, *The Philosophical Discourse of Modernity*, Cambridge, Massachusetts: MIT Press, 1995, p. 118.

③ ［德］魏格豪斯：《法兰克福学派》，孟登迎等译，上海人民出版社2010年版，第759页。

现代性",而在于戳穿和把握人类现代社会危机和问题的真正内核,从而对如此这般的危机和问题进行超克和防范,以更好地为人类社会前进和发展进行历史地规约和导引。现代性方案及其潜能评估,应当置于如此语境中展开。

关于哈贝马斯对《启蒙辩证法》的批判,或许从 R. J. 伯恩施坦的总结和概括中业已得到较为透辟的呈示,由此而进一步透视哈贝马斯"启蒙辩证法"批判。R. J. 伯恩施坦认为,哈贝马斯的探索方案和基本立场或许可以概括为"新的'启蒙辩证法'":"既公正对待启蒙的阴暗面,解释其原因,又要兑现和阐述自由、正义和幸福的希望这些仍然固执地向我们诉说的东西。现代性方案既不是残忍的幻想,也不是一个已经变成暴力和恐怖的幼稚的意识形态,而是一个仍然引导和为我们行为规定方向、并有待实现的实践任务。"①

根据这段概述以及哈贝马斯现代性理论,我们大致可以拧出几个与该议题关联紧密的重要判断:一是必须把"现代性规范理想"从其"不合理的实现形式"的现实状况中拯救出来;二是以启蒙的灾难性和破坏性为象征的资本主义危机不等于现代性和理性本身的危机;三是《启蒙辩证法》从传统意识哲学出发展开"工具理性批判"是片面、无力的;四是对批判理论的自由主义改造和"交往理论范式转型"② 是批判理论重新焕发生命力和进一步发展的必由之路。③ 由此,我们不难看出,哈贝马斯关于现代性的见解和观念是振聋发聩的,无论对我们深入理解和把握现代性,还是对人类生活意义的探索和追求而言,都具有非凡的价值。然而,就哈贝马斯对《启蒙辩证法》的批判而言,这些观点或判断也存在需要进一步商榷和批判的地方。

在哈贝马斯视域中,所谓现代性问题,业已成为"理性在历史中以扭曲形式实现的现代性病理学"④。这一点已经强烈地提示了,哈贝马斯竭力尝试把"现代性规范理想"与其实现形式,尤其是异化的、糟糕的实现形式相区别开来。这种区别或脱钩的企图和观念表明,"现代性问题"并不切实、全

---

① Benstein Richard J. (ed), *Habermas and Modernity*, Polity Press, 1985, p. 31.
② [德]哈贝马斯:《交往行为理论》第1卷,上海人民出版社2004年版,第369页。
③ 参见汪行福:《"新启蒙辩证法"》,载《马克思主义与现实》,2005年第4期。
④ Habermas, "The Dialectics of Rationalization", *Telos*, 49 (Fall, 1981), p. 7.

然反映现代性和理性自身的问题或危机，仅仅是确实地揭示了现代性的实现形式以及实现过程、效果的现实问题或危机，即"资本主义危机"。这里有几点需要注意：一是"现代性规范理想"与其实现形式相分割的思想极为深刻；二是哈贝马斯企图把现代性问题与现代性和理性本身相分离等，极力为"现代性规范理想"或现代性和理性自身辩护，显示出其语言论取向以及理性神话的踪迹。如此一来，《启蒙辩证法》从"探寻理性的原史"入手来反思"启蒙危机""反犹主义""文化工业"等"现代性问题"，在哈贝马斯看来就是把罪孽的根源还原于现代性和理性本身，这显然与他的观念抵牾。实际上，哈贝马斯的这种观念一旦遭遇奥斯维辛、法西斯主义或极权主义的灾难，立即就会灰飞烟灭，因为在这里终极理由和根据以及绝对主宰和支配力量就是"理性神话"或"理性绝对命令"。更重要的是，《启蒙辩证法》"探寻理性的原史"更为深远的意义在于，现代性问题并非像哈贝马斯所揭示的，而是历史地包含了现代性和理性自身的危机，而且正是因为这种危机，特别体现在"理性自我批判"的缺失，导致了自身的虚无性和破坏性以及连带性危机。同时，在霍克海默和阿多诺看来，"理性神话"绝非止于概念和思想，而是一种充盈客观性及其力量的社会现实。

《启蒙辩证法》作为霍克海默和阿多诺的合著，尽管他们努力尝试摆脱包括意识哲学在内的传统哲学的限制和禁锢，客观上却仍然相当程度地受制于传统哲学思想和观念。哈贝马斯判定《启蒙辩证法》具有意识哲学倾向，特别是理性还原论倾向，无疑反映了《启蒙辩证法》哲学根基是不彻底、矛盾的，因而是深刻的。我们的看法是，这一批评虽然深刻，但却有意或无意地"打发掉"或"掠过"了霍克海默和阿多诺在努力克服和摆脱传统哲学思想和观念上所达到的高度和视域。在《启蒙辩证法》里，这种克服和摆脱的重大收获，就是理查德·沃林所总结的"否定的历史哲学"。这种思想，其核心点就是摆脱从概念出发以及执迷于久远、宏大美好神话的思想传统，而从否定性现实出发。如墨西哥哲学家杜塞尔所言，"批判必须从受害者的否定性出发"[1]。这意味着，如齐美尔所示，人们从传统哲学史上很难窥见和发

---

[1] Dussel, *Towards an Unknown Marx: A Commentary on the Manuscripts of* 1861—1863, Edited by Fred Moseley, London: Routledge, 2001, p. xv.

现灾难的踪迹，而霍克海默和阿多诺受到本雅明"灾难性历史"哲学或"否定性历史哲学"①影响，试图把这种灾难重新拉回到哲学的怀抱，而不是放逐。这一点较为关键，而且可以说是体现了《启蒙辩证法》的革新点：虽然对本雅明的历史思想多有传承和借鉴，但跟本雅明不同的是，霍克海默和阿多诺不仅企图从理性自身来深掘、批判与克服传统哲学思想的诸种束缚性框定、缺陷和弊端，以及这种思想所指向并遵循的"同一性强迫"或者说"认同强迫"社会综合体制，而且试图刺穿和把握同一性的灾难性现实状况，由此来捕捉和掌握资本主义文明或西方现代社会危机的真正秘密，从而为人类生活的前进方向与意义提供否定性限界。在此意义上讲，霍克海默和阿多诺的这种努力，不单意味着对传统哲学路数的内在批判和爆破，而且预示着刺透和把握异化、僵化、物化现实状况的思想的新变。这种新变，说到底，已经映射和提示了思想范式层面的悄然转换与更迭。在此意义上，我们可以说《启蒙辩证法》已然较大程度上撕破并凿穿了传统意识哲学的"内在性"，并且在相当程度上摆脱了这种哲学的束缚与压制②，只是仍然没有彻底、本质一贯地击穿传统意识哲学的坚硬内核和基本建制。就此而言，哈贝马斯把《启蒙辩证法》归在"意识哲学"名下进行批判，虽然揭示了《启蒙辩证法》哲学根基的含混性、不牢固性，但也一定程度上漠视了霍克海默和阿多诺这一宝贵努力及其革新意义。

哈贝马斯企图坐实《启蒙辩证法》对韦伯批判资本主义现代社会理论路数的承袭和发展，以及其"意识哲学"根基等。③ 或许这里的深层缘由，就在于其对批判理论的自由主义改造和"交往理论范式转型"。哈贝马斯声称这种改造和转型，"从工具理性批判终止的地方重新开始"，重新承担起社会批判理论"未能完成的使命"④。在奥斯维辛、"文化工业化"以及精神与时

---

① 本雅明在《经验与贫乏》《单行道》《论历史的概念》等著述中表达了这种思想，这种思想产生于当时特殊历史境域，但对后世而言，其意义仍然不可低估。

② Daniel Barber, "The Production of Immanence: Deleuze, Yoder, and Adorno", Duke University, 2008, p. 11. 该文深刻指出了阿多诺对"内在性的生产"现象的揭示和批判。

③ Habermas, "The Entwinement of Myth and Enlightenment: Max Horkheimer and Adorno, Theodor", *The Philosophical Discourse of Modernity: Twelve Lectures*, trans., Frederic Lawrence, Cambridge: Polity Press, 1987, pp. 106—107.

④ ［德］哈贝马斯：《交往行为理论》第1卷，上海人民出版社2004年版，第369页。

空关系上的肢解与隔离,"记忆的丧失"所引致的"迷茫和遗忘"等"沟通带来的隔离"后果①或"进步的代价"② 面前,恐怕其所言未免过于乐观了。另一方面,这种改造和转型,并不仅仅强调思想和概念层面的更迭,也强调社会历史层面的实践任务和使命。哈贝马斯实质上是臣属或者说妥协于资本主义文明或西方现代社会秩序、发展逻辑和精神原则。如果是这样的话,面对"交换社会"或"技术生产社会"、资本主义现代工业社会境域中艺术和文化的僵死物化状况等,哈贝马斯改造和转型后的批判理论可能也是极为棘手的。因为这样的批判理论是自由主义的、交往理论的社会批判理论,所以始终矗立在维持资本主义现代性延续视域中。这既折射了哈贝马斯"自由主义改造"和"交往理论范式转型"的现实奥秘,又暴露了其妥协性、温和改良性以及同一性幻象性的一面。仅就此来讲,从理论上说哈贝马斯确实做出了扎实的创新性贡献,但在其所声称的"公正对待"条件下恐怕仍然难以保证避免放逐"同一性现实灾难"的危险。实际上,霍克海默和阿多诺的批判不是,"清除启蒙"③,而且决然地与斯宾格勒(Oswald Arnold Gottfried Spengler)、克拉格斯(Ludwig Klages)等人的"对启蒙和文明的反动批判"保持距离,"划清界限"。④

相比哈贝马斯的批判路数,霍耐特则从《启蒙辩证法》的"自我保存理性"入手,指出其企图从人对自然的支配关系来把握人与人之间的社会统治关系这一理论思路上的内在缺陷。⑤ 如霍克海默所言,哈贝马斯更关注"对人类的统治"而罔顾"对一切造物的掠夺性暴力",与霍耐特的批评具有一定相通性。而据霍耐特判断,这一缺陷,是致使《启蒙辩证法》无法真确地

---

① [德]马克斯·霍克海默、西奥多·阿道尔诺:《启蒙辩证法》,渠敬东、曹卫东译,上海人民出版社2003年版,第251—252页。

② [德]马克斯·霍克海默、西奥多·阿道尔诺:《启蒙辩证法》,渠敬东、曹卫东译,上海人民出版社2003年版,第260页。

③ Adorno, Theodor W., *Gesammelte Schriften*: Bd 3, Frankfurt am Main: Suhrkamp Verlag, 2003, S. 36.

④ Adorno, Theodor W., *Gesammelte Schriften*: Bd 10.1, Frankfurt am Main: Suhrkamp Verlag, 2003, S. 47ff. 不过,需要说明的是,霍克海默和阿多诺从斯宾格勒等人那里还是吸纳了一些有益成分,如认为现代性带来幻灭性和否定性后果等观念。

⑤ 参见[德]霍耐特:《权力的批判——批判社会理论反思的几个阶段》,童建挺译,上海人民出版社2012年版,第49—52页。

深达和把握现代社会统治内核与奥秘的根基性缘由。① 这一批判是深刻而透辟的,在对现代社会独特性的发掘和把握的意义上触及到了《启蒙辩证法》的要害或者说薄弱处,即《启蒙辩证法》确实存在把"自我保存理性"扩张和推导到整个资本主义现代社会的企图或倾向。就此而论,《启蒙辩证法》虽然抨击同一性逻辑及其现实,但其本身却在这种否定中不经意地蒙上了薄薄的同一性阴影甚至哈贝马斯批评的理性还原论倾向。不过,反过来讲,霍克海默和阿多诺显然意识到了这一点,因为《否定辩证法》就是要为复杂理性铸造自我节制、自我批判的思想根基,既然如此,那为什么还会出现霍耐特所批判的状况呢?这里可以从以下两个方面来看。

一方面是出于对法西斯主义或极权主义巨大灾难状况的巨大震撼和深切反思,追溯到"理性的原史",企图从复杂理性的始源根基以及其复杂历史展开来诊断和揭示并把握现代社会的法西斯主义或极权主义根源。这种反思的焦点在"自我保存理性"的历史展开和扩张状况,而且这种展开和扩张通过"理性主体"这一枢轴而"反转"入或悄然"侵入"社会统治领域与生活世界。此外,就其现实性来讲,"自我保存理性"坚实地沉浸在人类历史和生活世界之中,从来不是,也不可能是与后者截然两分的。正是因为这一点,《启蒙辩证法》在理论思路上尤其强调它们的复杂缠绕和扭结状态,因而霍克海默和阿多诺并不是在非历史地"推导"后者,毋宁说是由前者的历史展开来获取通达资本主义现代文明根底处的历史线索,以及揭示资本主义现代文明由后者向前者的蜕化危机。另一方面,霍耐特批评《启蒙辩证法》理论思路上的缺陷,可能不仅因为《启蒙辩证法》理论思路上的"同一性幻象",更重要的缘由可能在于霍耐特在吸收了《启蒙辩证法》中权力批判资源后所持"权力的批判"观点。因为,这种观点要求其把关注和思考的焦点和重心转移到"人与人之间的统治关系",并由这种"统治关系"来透视和把握现代社会的奥秘。如此一来,《权力的批判》或许可以如其所声称的那样触碰并揭示现代社会的独特性即"权力神话",但是我们千万不可遗忘的是资本主义现代文明,是由现代形而上学、启蒙和资本主义等共同铸造而

---

① 参见[德]霍耐特:《权力的批判——批判社会理论反思的几个阶段》,童建挺译,上海人民出版社2012年版,第95页。

成。在霍克海默和阿多诺看来,启蒙就是"资本主义的一个异名"①,而且如《启蒙辩证法》导言所提示,这一"异名"并非凭借抽象论说来加以甄别和标示,而是通过历史的、现实的社会实践状况来加以刻画。由此看来,霍耐特的批评固然深刻,但其所声言把握现代社会独特性奥秘恐怕也并非易事。

至此,我们有必要进行一个小结。前面三部分的论述大致可以概述为:《启蒙辩证法》深刻地揭示和刻画了"否定的历史哲学"观念,其反思对象包括复杂理性本身在内。在这样一部"关于辩证唯物主义的著作"或"关于辩证法的著作"②里,"否定的历史哲学"深层地展示了在辩证法层面对辩证唯物主义的并非本质一贯的承继和发展,这种承继和发展具体化在:拉开了与传统意识哲学的距离,竭力突破和跃出这种哲学的诸种禁锢和疆界;另一方面实质地、否定地关注和反思人类灾难以及灾难性现实,尤其是"彻底启蒙的世界",或者说资本主义现代社会的自反性和根本性危机。特别的是理性本身、权力本身被纳入批判范围。而且,《启蒙辩证法》的这种关注和反思业已逐步脱去了企图仅以概念、逻辑以及表象去覆盖和把握现实世界的传统路数的"天真外衣"。与此同时,《启蒙辩证法》在很大程度上不仅本质地迥异于"意识哲学"批判,而且就是关于资本主义现代文明及其秩序、发展逻辑和精神原则的历史哲学批判。

就此而言,《启蒙辩证法》既相当程度上揭露了艺术和审美所处的现代境域,即充斥"交换""牺牲""放弃""毁灭"等③资本主义现代文明状况,也为思考和探索如此境域下艺术和审美问题提供了历史哲学观念支援。由此,细见和之判定《启蒙辩证法》初步奠定了通向《美学理论》之路④,无疑是公允的。

---

① 参见张亮:《"崩溃的逻辑"的历史建构:阿多诺早中期哲学思想的文本学解读》,江苏人民出版社2013年版,第190—191页。

② Adorno and Benjamin, *The Complete Correspondence* 1928—1940, trans., Nicholas Walker, Cambridge: Polity Press, 1999, pp. 228、285.

③ 在《启蒙辩证法》导言中,"牺牲"与"放弃"被视作领会和把握阿多诺主导完成的"附论1:奥德修斯或神话与启蒙"的两个关键词,这两个词对刻画和把握作为资本主义之异名的启蒙而言是至关重要的。

④ [日]细见和之:《阿多诺:非同一性哲学》,李浩原、谢海静译,河北教育出版社2001年版,第124页。

三、"否定的辩证法"：认识论乌托邦与存在论的突围

据阿多诺所述，自己的所有大部头著述只不过是《启蒙辩证法》的附注而已。[①] 这一自白说法起码表明，阿多诺主要的、关键的思想已经悉数蕴藏在《启蒙辩证法》中了。难怪罗尔夫·魏格豪斯在对《否定的辩证法》进行评论时，直接冠以"阿多诺《启蒙辩证法》的延续：《否定的辩证法》"的标题。[②] 这样一种延续，特别地体现为对霍克海默和阿多诺所称"不要遗忘灾难"核心议题的进一步思考和探索上，以及为推进这一思考和探索而在理论和思想工具方面所展开的深层清算、改造和革新上。

格奥尔格·齐美尔振聋发聩地指出，人们从哲学史中很少看出人类苦难的迹象。[③] 阿多诺借用齐美尔这一判断，精妙地道出传统哲学的虚假性和天真性，同时也提示和引出了长期以来遭到怠慢的人类历史赋予哲学的重大使命，即实质地铭记和反思"人类苦难"。或许正是因为人类的这种通过传统哲学、资本主义等力量或条件共同固化和铸造的历史健忘症或"同一性强迫症"，不仅使"人类苦难"遭到罔顾和漠视，而且某种意义上讲就是这种灾难的策源地和制造者。如此，资本主义现代文明带给人类以光明、自由、民主、进步等美好允诺的同时，也把人类带进了更大的悖逆自身、遗忘自身、牺牲自身、肢解自身的巨大漩涡和危险之中。实际上，阿多诺《否定的辩证法》所诊断的"管控世界"或"同一性神话"，或者《启蒙辩证法》中所说的"大众社会"[④]，乃人类所处的一种普遍现实状态。

在如此文明境域中，深度思考和探索齐美尔所说的哲学使命以及其所引

[①] 转引自［德］施威蓬豪依塞尔：《阿多诺》，鲁路译，中国人民大学出版社2008年版，第50页。

[②] ［德］罗尔夫·魏格豪斯：《法兰克福学派》，孟登迎等译，上海人民出版社2010年版，第789页。

[③] 转引自［德］阿多尔诺：《否定的辩证法》，张峰译，重庆出版社1993年版，第150页。

[④] ［德］马克斯·霍克海默、西奥多·阿道尔诺：《启蒙辩证法》，渠敬东、曹卫东译，上海人民出版社2003年版，第268—269页。这里"大众社会"主要指向"平均化"、"标准化"等社会机制和社会心理，与一般所用"大众社会"有本质性差异和区别。

致的哲学思想内部的变动、扩充和更新①，无疑构成了《否定的辩证法》的根本性内容。这一内容较大程度上反映和呈示了《否定的辩证法》在认识论和存在论双重层面上突围和改造的企图、尝试。这种双重突破和改造，一方面凸显了复杂的"非同一性"认识论范式等，另一方面彰显了阿多诺哲学较为鲜明的现实性定向等。或许就是在这个意义上，阿多诺历史地判定柏格森和胡塞尔只是停留在"内在主观性范围之内"②。

在资本主义现代文明境遇中，艺术和审美的命运问题已经与现代形而上学、启蒙、资本主义等多种力量深层地、本质地关联在一起了。"发达文明的世界"自身陷入了"胜利的灾难""进步的代价""沟通的隔离""同质化的泛滥"等所构织成的巨大漩涡，促逼艺术和审美及与其相关的一切，包括不言自明的合法性、确定性等统统卷入重重危机。③ 如此，对艺术和审美命运问题展开历史反思和探索，某种意义上就是反思和探索人类生活意义、价值等现实状况。必须指出，如此反思和探索建立在《启蒙辩证法》《否定辩证法》等所铸造的思想基础上，这一基础较大程度上为其清除了思想和观念层面的沉疴，同时也为其提供了实质的区别于传统哲学的新思想和新观念以及新使命。尽管阿多诺声称《美学理论》旨在"再现我思想中的精髓"④，即说到了最后也未完成出版的《美学理论》中，其思想恐怕也未必谈得上获得了全部再现。

（一）非同一性：兼及马克思"认识论革命"

1966年，阿多诺在为《否定的辩证法》撰写的序言中说，作为"反体系"的、"规避一切美学论题"的《否定的辩证法》，"试图靠逻辑一致性手段来代替同一性原则，靠那种关于不被同一性所宰制的事物的观念来代替被推于最上位的概念的至上权威。运用主体的力量来冲破构成性主观性的谬见——这就是笔者自从信任自己的精神冲动以来就为自己确定的任务。现在，

---

① Adorno, "Adorno to Horkheimer", 15 December 1966. 转引自［德］罗尔夫·魏格豪斯：《法兰克福学派：历史、理论及政治影响》，孟登迎等译，上海人民出版社2010年版，第789页。阿多诺声称自己"试图从哲学内部扩充传统的哲学问题框架概念等"。
② 转引自［德］阿多尔诺：《否定的辩证法》，张峰译，重庆出版社1993年版，第7—8页。
③ ［德］阿多诺：《美学理论》，王柯平译，四川人民出版社1998年版，第1—3页。
④ ［德］阿多诺：《美学理论》，王柯平译，四川人民出版社1998年版，第604页。

他不愿意再拖延了。令人信服地超越纯哲学同实体或形式科学领域的公开分离是他的一个决定性动机"①。这段自白透露和揭示出这么几个意思：一是"同一性原则"批判与概念帝国主义批判；二是超越"同一性原则"或"纯哲学同实体或形式科学领域的公开分离"，并确立"非同一性"观念，或者说"不被同一性所宰制的事物的观念"；三是这种批判和超越是对传统哲学思想和观念的解构和终结，但同时更是一种创造性的、革新性的拯救与拓展。或许正是因为这一点，阿多诺把自己的任务确定为"运用主体的力量来冲破构成性主观性的谬见"，或者说击穿和突破"基础概念以及内在思想的第一性"，而这一点在 1937 年完成的《认识论的总批判》中已经得到了预示。正是在此意义上，阿多诺称《否定的辩证法》是在回溯性地制定"穿越抽象的冰洋，达到简明、具体的哲学思维"的"航图"②。这个观点极其深邃，且极具哲学史意义。

我们首先来扼要交代一下"否定的辩证法"，然后再展开上述判断。据阿多诺自述，"否定的辩证法"是一个怀疑和蔑视传统的"词组"。在西方哲学传统中，"辩证法"即"否定之否定"。"肯定的否定"一直以来占据着统治性地位，而"否定的辩证法"要做的就是既摆脱对否定进行盘剥和压榨的肯定性做法，又确保这种否定的确定性和稳定性，而不至滑入虚无主义、乃至相对主义泥淖中。据魏格豪斯研究，"否定的辩证法"是阿多诺"哲学规避计划"的新说法，也是"间断的辩证法"的新说法。③ 倪梁康把"过渡与间域"判定为"阿多诺的哲学定位"④，颇有见地。这种"规避计划"映射着"否定的辩证法"试图与传统哲学，或更确切地说即"主体主义哲学"划清界限，同时也透露了这种辩证法的新气象。"间断的辩证法"明显地与传统哲学那种"连续的、宏大的、肯定的、主体性的辩证法"有别，它是走向

---

① Adorno, *Negative Dialectics*, London: Routedge & Kegan Paul, 1973, p. xx. 参见［德］阿多尔诺：《否定的辩证法》，张峰译，重庆出版社 1993 年版，序言部分第 2 页；亦参见了孟登迎等译、罗尔夫·魏格豪斯著《法兰克福学派：历史、理论及政治影响》中的相关译文。译文有改动。

② Adorno, *Negative Dialectics*, London: Routedge & Kegan Paul, 1973, p. xix-xx. 参见［德］阿多尔诺：《否定的辩证法》，张峰译，重庆出版社 1993 年版，序言部分第 1 页。

③ ［德］罗尔夫·魏格豪斯：《法兰克福学派：历史、理论及政治影响》，孟登迎等译，上海人民出版社 2010 年版，第 793 页。

④ 倪梁康：《过渡与间域：阿多诺的哲学定位》，载《读书》，2001 年第 11 期，第 76 页。

间断的、偶然的、否定的、主体间性的辩证法。不过需要强调的是，像《启蒙辩证法》所示启蒙与神话并不是相互对举的关系一样，"间断的辩证法"与后者不是机械对举关系，而是对后者的实质性突围，而且这种突围由于已经跃出传统哲学界域，故而可能引致传统哲学内部的裂变以及别样的思想范式的孕育。就此而言，源起《克尔恺郭尔：审美对象的建构》的"间断的辩证法"，可能其意义在广度上业已超出了其原初意蕴以及艺术和审美领域，而且一定意义上提示了艺术的哲学潜能。这投射出传统哲学在应对和把握资本主义现代文明上固有巨大危险和灾难现实上的先天性缺陷。

在《否定的辩证法》中，"否定的辩证法"既指向"方法的辩证法"，也指向现实事物的"辩证法"①。也就是说，"否定的辩证法"既指一种思维方式，也指向现实世界本身，即绝非从外部、主观地强加和注入给现实世界的，毋宁说就是以现实世界为基础并通过这种现实而揭示出来的。在认识论上，"否定的辩证法"的当面之敌，就是概念系统认识论或者说"传统的具概念体系的认识论"。②据阿多诺所言，"概念工作（Begriffsarbeit）"大致有两个方向。一种是传统方向，即概念系统认识论遵从的同一性强迫逻辑或"认同强迫逻辑"，其结果就是"概念统治"（Begriffsherrschaft）或"概念帝国主义"。另一种则是评判方向，"概念的艰辛"体现在"仿作（又译为'模拟'）理性"上，这一方向如赫伯特·施内德巴赫（Herbert Schneidbach）所说，强调对认知对象的"概念式仿作（Begriffliche Mimesis）"。③所谓"仿作"，在维尔默看来，意味着"感官易接受的、富于表现力、易交流谈论彼此相依的生命物的行为方式"，而该概念的引入和阐发无疑为其从哲学刺透和把握现代文明进程中的艺术和审美问题提供了重要的概念性便利和条件。④

---

① Adorno. *Negative Dialectics*, Translated by E. B. Ashton, London: Routedge & Kegan Paul, 1973, p. 48. 参见［德］阿多尔诺：《否定的辩证法》，张峰译，重庆出版社1993年版，第47页。
② ［瑞士］埃米尔·瓦尔特-布什：《法兰克福学派史——批判理论与政治》，郭力译，社会科学出版社2014年版，第194页，注释。
③ ［瑞士］埃米尔·瓦尔特-布什：《法兰克福学派史——批判理论与政治》，郭力译，社会科学出版社2014年版，第196页。
④ Friedeburg, L. V. und Habermas, J. (Hrsg): Adorno-Konferenz 1983. Frankfurt am Main: Suhrkamp Verlag, S. 141. 转引自［瑞士］埃米尔·瓦尔特-布什：《法兰克福学派史——批判理论与政治》，郭力译，社会科学出版社2014年版，第196页。

前一种方向，其根本病症在于，"概念工作"的方向是概念自身体系的"持续性"、"完备性"以及"完整性"，而不关注如何更好地领会和把握现实世界。如此，根据概念同一性逻辑和原则展开的探索和反思，无论多么轰轰烈烈、山盟海誓，就其效用和目的而言，毋宁说是"删除一切异己"[①]的"概念游戏"或者概念性幻象而已。不仅如此，其最恐怖之处在于，它已经在西方思想世界根深蒂固，而且已经逐渐演变成人们安然身处其中的支配性原则、秩序和日常生活常规，乃至阴森的恐怖、血腥的战争和屠杀等。或许正是因如此，"概念工作"或"概念思维"的方向必须调转，阿多诺认为应当转入"仿作理性"，而这不仅意味着转向"不认同性"或"非概念性（Nichtbegrifflichen）"，而且隐微地透露出阿多诺哲学面向并通向社会现实世界的奥秘，亦即阿多诺哲学所显示出来的，尽管并非彻底而本质一贯的现实定向。在此意义上，概念以及概念思维不再为概念体系以及概念统治服务，而是为"认知对象"，或者更笼统地说为认识世界和改造世界服务。由此，人类文明自身的压制、扭曲功能面相，以及由此而导致的黑暗、野蛮和灾难现实，由过去那种因为被漠视而招致放逐和遗忘的处境[②]，真正获得了被公正对待和历史批判的可能。

这就是说，"否定的辩证法"在阿多诺这里，既指"不否认自身'仿作时刻'的哲学思维方式"，又关涉人类生活衰败和灾难的现实状况。或许正是因为这一点，阿多诺在思考和探索日益残酷的现实世界中的艺术和审美问题时，非常重视现实灾难境域在思想和观念以及塑形实践上对艺术和审美所构成的双重冲击和挑战。即艺术、审美与灾难关系问题，几乎贯穿了阿多诺美学探索的整个过程。

面对日益严峻的人类灾难以及意义危机等，《否定的辩证法》延续、拓展并深化了《启蒙辩证法》的思考和探索。《否定的辩证法》把这种思考和探索延伸和拓展到传统哲学思想和观念的自我反思和系统批判以及革新上，

---

① Adorno, Theodor W., *Gesammelte Schriften*: *Bd* 5, Frankfurt am Main: Suhrkamp Verlag, 2003, S. 18. 传统概念思维模式为确保自身连续性、纯粹性、完备性，一切与自身概念判断不适宜的统统将被抹除掉。

② [德] 马克斯·霍克海默、西奥多·阿道尔诺：《启蒙辩证法》，梁敬东、曹卫东译，上海人民出版社2003年版，第263—264页。

即如此这般的思想和观念是如何复杂地、深层地规制和形塑，人们领会、把握和对待自然、人自身以及人类社会现实的"同一性"思维方式、姿态，以及实践方式和目的。① 我们的总体看法是：第一，"同一性"哲学或主体主义哲学乃自古希腊以降西方哲学的核心传统，历史地渗透在西方政治、文化、艺术等诸方面的更新和发展进程中，甚至可以说，由根基处形塑和刻画着西方现代文明的发展趋势和精神取向，但是同时也映射着这种"明的历史线索"背后的横尸片野、哀嚎震天的"暗的历史线索"②；第二，"同一性"哲学不仅意味着概念、逻辑以及理念和思想，而且就是一种社会现实，其最新表现形式就是资本主义现代文明中的奥斯维辛"大屠杀""管理化社会""同一性社会"以及"大众社会"③，或德勒兹（Gilles Louis Rene Deleuze）所说的"控制社会"（control society）；第三，"同一性"哲学强调"总体性"目的，不过这种"总体性"目的由于落入"同一性强制"窠臼，终究只能是极权性的、单向度的、空洞的、虚假的"总体性"幻象，而不是在其中一切都如其所是、一切都保持着其自身丰富可能性、一切都本性自由发展的"总体性"。在这样一个"聪明即愚蠢"文明境域中，过去那些自以为是、花拳绣腿的思想和理论概念、范式、观念等恐怕将陷入滑稽、尴尬、窘迫处境。在如此这般境况下，艺术和审美问题及其危机也被前所未有地、令人震惊地凸显了出来，而对这一困境状况及其可能性展开严肃批判和应对，无疑成为阿多诺美学肩负的极其艰巨的历史使命。

---

① 参考 Stefano Giacchetti, *Critique of Rationality in Schopenhauer, Nietzsche and Adorno: Aesthetics and Models of Resistance*, Loyola University, 2009. p. 36. 这篇博士论文把美学视为对抗理性化、同一化的社会现实状况的一种有效"模型"。

② [德] 马克斯·霍克海默、西奥多·阿道尔诺：《启蒙辩证法》，渠敬东、曹卫东译，上海人民出版社2003年版，第263—264页。

③ [德] 参见马克斯·霍克海默、西奥多·阿道尔诺：《启蒙辩证法》，渠敬东、曹卫东译，上海人民出版社2003年版，第236—238页。野蛮和灾难因为人类"无所不知，无所不晓"而肆无忌惮、为所欲为，因为"聪明人"往往忽视事物的消极因素、破坏性因素等，而这往往促成理性的疯狂、野蛮和灾难。这里的关键在人类理性的不合理性面相。在西方现代社会里，其现实形式就是资本主义理性，这种理性既是特殊的，也是普遍的。这种普遍性最终变成了"吸血的理性"秩序和原则。难怪霍克海默和阿多诺说，"聪明会变成愚蠢"，已成为"历史趋向"。或许这才是最可怕之处。

怀着"对人类现实的严格审视"① 和批判的使命意识，阿多诺立足于"德国盛行的本体论状况"，兼及传统哲学思想和观念，尤其是西方形而上学哲学传统，并展开内在的、精心的清理和反思，而且追溯到了西方哲学传统的始源处、根基处。阿多诺在《否定的辩证法》的序言中直言不讳地指出，在西方哲学史上居于统治地位的哲学观点，即是"假定事物是从一个基础中产生的"观点，而且认定人们必须对如此这般的"基础概念以及内在思想的第一性"进行历史地颠覆和重构，以通向"第二性的"东西，即概念所指的东西或者说现实世界。② 或许从这个角度看，阿多诺自称自己的批判活动为"哥白尼的革命"③ 是有根据的。

批判传统哲学"同一性强制"和"概念拜物教"，乃阿多诺"哥白尼的革命"核心内容之一。"同一性强制"或"认同强制"与概念体系或概念拜物教是相互支撑、纯粹一体化的，这种"强制"内生于森严的概念逻辑结构和表象世界秩序以及其对现实世界的绝对盘剥和宰制中。"同一性强制"在阿多诺这里有两层意思：一是指强暴或强制地"分类"和"归类"，二是与此同时又要确保"统治原则"（Herrschaftliches Prinzip）的绝对主宰地位和支配作用。虽然"概念和现实"本质上说皆是"矛盾的事物"，但是在"统治原则"量度下决然不以"不同物"出现，只能以"逻辑的伤害体"出现。④ "同一性强制"与西方"同一性"哲学传统历史关联在一起。柏拉图以降，哲学的真正兴趣就聚焦于概念性、一般性和普遍性，并由此而构筑起了一座座富丽堂皇的、令人眩晕和痴迷的"同一性"哲学大厦乃至形而上学宫殿，而那些"非概念性、个别性和特殊性"往往被作为"暂时的和无意义的"，被黑格尔们称为"惰性的实存"，而悄然打发掉。⑤ "同一性强制"通过海德格尔的《柏拉图的真理学说》一书中脱离实存的"存在本质"的阐发和改

---

① ［德］彼特·纳勒：《"法兰克福学派与美国马克思主义"》，载何萍、吴昕炜主编：《法兰克福学派与美国马克思主义》，人民出版社2014年版，第5页。
② ［德］阿多尔诺：《否定的辩证法》，张峰译，重庆出版社1993年版，序言部分第1页。
③ ［德］阿多尔诺：《否定的辩证法》，张峰译，重庆出版社1993年版，序言部分第2页。
④ Adorno, Theodor W., *Gesammelte Schriften*: Bd 6, Frankfurt am Main: Suhrkamp Verlag, 2003, S. 58.
⑤ ［德］阿多尔诺：《否定的辩证法》，张峰译，重庆出版社1993年版，第6页。

造,最终"炮制"出了"存在的神话"。① 在《柏拉图的真理学说》中,"存在物的出现依赖于存在的命运",特别是"存在概念上的幻想",被海德格尔规定为摆脱如此这般"苦难记忆",即"从迄今为止现实人类历史的苦难中抽象出来的"②,存在概念与神话由此取得了某种幽微关联。如此一来,所谓"存在"就变成了抽象和优越于一切实存的先验性东西,这种东西漠视一切现实的"丑事和易误性"。这在某种意义上应证了齐美尔的见解"人们从哲学史中很少看出人类苦难的迹象"。③

"同一性强制"反映了在传统哲学那里"概念工作"的同一性逻辑和"概念统治"这一定向,如此定向揭示和呈现了西方传统哲学那种妄图凭借并且遵循概念、逻辑原则以及表象秩序而谋求对现实世界进行绝对统一和纯粹批判的状况。这种状况所体现的就是阿多诺所说的"概念拜物教"。传统哲学对概念、逻辑以及表象的绝对依赖和倚重,不仅袒露了自身的"概念霸权主义",而且昭示了西方主体主义哲学这一核心枢轴的根本弊病,即旨在确保和巩固——堪称西方传统哲学集大成者黑格尔终其一生完成的目标——"主体的第一性",或用黑格尔自己的话说就是"同一性和非同一性之间的同一性"。④ 如此的"弊病",进言之,其深层根源在于把人当成绝对的、至上的尺度,漠视甚至拒斥超越于人的任何原则和秩序,虽然这看似引致了人自身的解放,但同时也坠入了解放之后的无边欲望以及进步主义神话中。由此,阿多诺哲学批判的触角无疑延伸到了作为普遍原则和价值立场的现代性的秘密根基处,并揭示了这种根基所蕴藏的阴暗一面。另外,这种"弊病"还意味着西方传统哲学或者更确切地说西方形而上学哲学的基本建构秩序和机制,即《否定的辩证法》的"序言"中所言"构成性主观性",或者说"内在思想的第一性"。一句话,乃"意识的内在性"。而这构成了"概念拜

---

① [德] 阿多尔诺:《否定的辩证法》,张峰译,重庆出版社1993年版,第29页。在唯心主义那里,作为第一因的精神与"纯粹存在物的盲目优越性结成了联盟"。柏拉图理念学说、黑格尔绝对精神学说等直接助长了这种优越性。

② 参见[德] 阿多尔诺:《否定的辩证法》,张峰译,重庆出版社1993年版,第115—118页。

③ [德] 阿多尔诺:《否定的辩证法》,张峰译,重庆出版社1993年版,第150页。

④ [德] 阿多尔诺:《否定的辩证法》,张峰译,重庆出版社1993年版,第6页。

物教",或更确切地说"概念帝国主义"的核心转动轴。① 不仅如此,我们甚至可以说这种"内在性"构成了西方文明史上占主宰性、统治性地位的哲学观念、哲学传统的坚固内核。令人惊讶的是,这种"同一性强制"并不是以狰狞的面目示人的,而往往是以令人鼓舞的、令人兴奋的或喜闻乐见的复杂社会综合体形式示人的。或许如此一般哲学,在"启蒙的世界"或"以各种方式相信'进步的观念'的世界"② 得以经久不衰的奥秘就在这里。阿多诺由此警告人类,千万不可被这样的胜利以及哲学称颂所蒙蔽,而遗忘并疏于防范这种胜利和称颂本身的陷阱以及其背后携带的可能的黑暗和恐怖。

"启蒙和进步"时代,当然同时也是充斥着"堕落和野蛮的踪迹"的时代,"同一性强制"已经渗透并"道成肉身"为囊括了战争和大屠杀在内的同质化的、一体化的社会现实,或称"社会水泥"。在这里,恐怕应当指出,"同一性强制"可能从一开始就不是纯粹的抽象原则和立场,而是哲学、社会、政治等共同铸造而成的复杂社会综合体。就此而言,人类灾难不是"纯粹同一性的哲学原理"③ 所致,而是这个社会综合体的内生、必然产物。或许这也是霍克海默和阿多诺对法西斯主义、极权主义等批判何以要追溯到古希腊荷马史诗的良苦用心所在④。颇具反讽意味的是,而这往往被人们以漫不经心的、阿多诺极力反对的同一性统治综合体给美化或扭曲了。"概念帝国主义"作为"概念拜物教"的核心意蕴之一,其核心特征体现在原则和意义的"同一性强制"上。即不经过特殊性、个性、偶然性、杂质性、复杂性等,而径直以"作为概念的精神的名义",施行并构成对一切现实关系,包括人、自然的宰制和褫夺。更令人深思的是,这种宰制和褫夺,在彻底启蒙的文明时代,除了令人惊悚和恐惧的残暴灾难外,恐怕更深层的表现形式就

---

① 吴晓明:《阿多诺对"概念帝国主义"的抨击及其存在论视域》,载《中国社会科学》,2004 年第 3 期。
② [德] 霍尔格·波利特:《废除革命:对罗莎卢森堡和西奥多·W. 阿尔诺的评述》,见何萍、吴昕炜:《法兰克福学派与美国马克思主义》,人民出版社 2014 年版,第 7 页。
③ [德] 阿多尔诺:《否定的辩证法》,张峰译,重庆出版社 1993 年版,第 362 页。
④ 参见 [德] 马克斯·霍克海默、西奥多·阿道尔诺:《启蒙辩证法》,渠敬东、曹卫东译,上海人民出版社 2003 年版,第 44—80 页。霍克海默和阿多诺把"整部荷马史诗"都视为"启蒙辩证法的见证",如此一般的追溯和探索,其深意在已有研究中并没有得到充分重视和发掘,或许仍值得我们持续思考和把玩。

是前面已经提到的,所谓"同一性共同体"及其体制。这种共同体,乃"同一性强制"依赖的实践系统,共同形塑和炮制现代文明的一切貌似伟大的神话或奇迹,譬如民主神话、艺术生产神话、文化工业神话等。在启蒙和资本主义等复杂交织的文明境域中,恐怕连康德、席勒、黑格尔等哲人曾经几乎征服、冠绝西方现代文明史的经典美学学说也难逃厄运,只能沦落至被篡改、被挪用以及被僭越的境地。因此,阿多诺的哲学思考不仅蕴含了特殊的美学史意义,甚至被赋予了更为深远的文明史意义。或许正是在此意义上,阿多诺由哲学到美学的严肃清理和批判[1],都是置于真诚而宏大的文明关怀之下加以历史展开和推进的。而这,对阿多诺哲学和美学探索奥秘的破解,特别是对关于阿多诺艺术、审美与灾难关系问题的思想的领会和把握,其意义都不容低估。

对"概念拜物教"的强烈意识和批判,揭示和昭显了阿多诺的深层思考和用意。首先关联到反思传统哲学对待现实世界的方式,即"外部批判"方式。因为倘若哲学执念于从外部、主观注入方式来思考其对象或现实世界,那么哲学注定使其反思性趋于"无能",而矮化为"肯定性的安慰"。[2] 如此一来,这种哲学观念或体系便堕落为:在构造和取向上同所谓合理化、客观化的社会秩序和原则缠绕在一起。在"恐怖和灾难"时代,哲学恐怕为人们带来的不再是透彻反思和真理呈现,而是精致的、赤裸裸的"骗局"。其次,这也意味着"概念拜物教"与资本主义文明深度融合和缠绕,并且已经深层地、甚至普遍地介入和植入了人类日常生活的意义和价值中。难怪哈贝马斯直呼"生活世界符号结构扭曲和物化"了,"生活世界殖民化"了。[3] 此外更重要的是,这种意识和批判同时也是"非同一性"的具体思维方式得以孕育、展开的契机,而且这必将引向特殊性、偶然性、复杂性、多质性、不连续性以及非同一性或非概念性领域,并敞开了通向社会现实,尤其是人类生

---

[1] Jennifer A. McMahon, "Aesthetic Autonomy and Praxis: Art and Language in Adorno and Habermas", *International Journal of Philosophical Studies*, 2011 (2), pp. 155 – 156. 阿多诺对艺术自律性进行了批判性改造。

[2] [德] 阿多尔诺:《否定的辩证法》,张峰译,重庆出版社1993年版,第28页。

[3] Habermas, *The Theory of Communicative Action*, Vol 2, Polity Press, 1987, pp. 282、318.

活苦难的"门窗"。即"注重现实"① 在阿多诺思想里不仅实际上得以从传统哲学中解放出来并被赋予了优先地位，而且获得了自觉但并非彻底、本质一贯地贯彻。

"非同一性"或"不认同性"，也即"非概念性"，这首先迥异于传统哲学的"同一性强制"或"认同强制"，也即"纯粹概念性构建"。阿多诺竭力摆脱那种通过概念建构和追求来认识和改造现实世界的传统做法，并且试图冲破和跃出传统哲学所划定和构筑的边界及疆域，另辟通达人类现实世界的，且实质上有别于传统做法的崭新路径。阿多诺实际上就是要从概念出发，走向从概念所指的东西入手，用阿多诺自己的话说，即"哲学之所以受损于唯心主义的预先判断（idealistic prejudgement），是因为它仅仅与概念打交道，而从不直接涉及这些概念所指的东西。……或许正是哲学的概念性损害了这一学科"②。这一判断既折射了传统哲学的根本病症，又深刻地提示和指出了哲学的出路和方向。阿多诺致力于探索既摆脱和超克概念体系，又不纯粹凭靠概念互文性、内在性来把握人类现实世界的新哲学。这样做的企图，一方面是避免传统哲学"同一性强制"及其对哲学的"损害"，摆脱理性的破坏性矛盾和神话命运③等，另一方面是为真确地、彻底地把握人类生活现实状况。进言之，阿多诺现实性企图在于其文明史关怀，即对人类文明灾难和危机进行诊断和把脉，并试图指出人类应当如何警惕、抵抗和防范如此灾难和危机，同时预示指向未来世界的新道路的可能。或许只有在此意义上，我们才能真正通达、并领会和把握陷于晦暗不明之中的阿多诺美学之精髓和奥秘。

"概念拜物教"批判深刻映射了阿多诺的新哲学理念：人们应当把人类生活现实世界这一客体或对象，或概念所指的东西看作相比概念自身而言更复杂、更具别样性的东西。④ 这样一种理念意图在于，"对同一性的哲学批判

---

① ［德］阿多尔诺：《否定的辩证法》，张峰译，重庆出版社1993年版，第28页。
② ［德］阿多诺：《美学理论》，王柯平译，四川人民出版社1998年版，第439页。
③ ［德］马克斯·霍克海默、西奥多·阿道尔诺：《启蒙辩证法》，渠敬东、曹卫东译，上海人民出版社2003年版，第254页。
④ 转引自［瑞士］埃米尔·瓦尔特－布什：《法兰克福学派史》，郭力译，社会科学文献出版社2014年版，第197页。

要超越哲学"①，也即拯救和再现被概念遮蔽和遗忘以及概念之外的东西，以便获得现实地、全面整体地呈示、把握和批判。当然这绝不意味着阿多诺要抛弃和废除概念，或建构一种疏远甚至"没有"概念的哲学。因为阿多诺深刻体会到传统哲学那种"完全拜物教的概念观"，即概念或概念体系被当成至上的"自给自足的总体"的巨大危险性和破坏力，但同时也积极解救和恢复招致误解、深陷囹圄的套在概念身上的"现实性"整体，或者说"非概念的整体"②。即说，概念本身与"非概念的整体"缠绕在一起。③更关键的是，这提示并指向了别样性的开放性奥秘：人们必须而且应当首要诉诸人类社会现实世界而不是概念和逻辑世界，来达到对人类生活状况的透视、领会和把握。这一提示和指向无疑深刻地预示了阿多诺哲学所能达至的最远的可能边界以及可能高度，不仅如此，而且还实质地、确实地渗透和贯穿到了其自身曲折、复杂的哲学和美学探索过程中，只是这一点在阿多诺思想里并未获致充分彻底且本质一贯的显现和实现。"非同一性"还实质地指向这一个绝对命令：其所厘定和阐释的"概念边界"不能作为"超越理性、直觉或神秘认知手段的自由通道"。④这与阿多诺所说"概念的觉醒"本质相通。"概念的觉醒"的实质关键，除了前面提到的，还在于应当意识到"概念本身就是现实的要素"，朝向社会现实世界确保开放性等。唯有如此，阿多诺的历史批判和现实性改造才能引致"同一性强制"乃至"概念拜物教"的解体和崩裂，以及"自在存在的外表"⑤的原形毕露与破落衰败等。因为在阿多诺看来，哲学批判就是要确保概念中的"非概念物"以及其"现实性"，即统摄"解释世界和改造世界"⑥，否则必将陷入康德所说的"空洞"甚至"虚无"。如此一来，阿多诺那种既想坚持和沉浸在异质事物或独异性事物中，又不陷于传统哲学所预先构织的范畴论路向陷阱中的企图，获得了可能契

---

① [德] 阿多尔诺：《否定的辩证法》，张峰译，重庆出版社1993年版，第9页。
② [德] 阿多尔诺：《否定的辩证法》，张峰译，重庆出版社1993年版，第10页。
③ [德] 阿多尔诺：《否定的辩证法》，张峰译，重庆出版社1993年版，第11页。
④ [瑞士] 埃米尔·瓦尔特-布什：《法兰克福学派史》，郭力译，社会科学文献出版社2014年版，第198页。
⑤ [德] 阿多尔诺：《否定的辩证法》，张峰译，重庆出版社1993年版，第10、11页。
⑥ 参见 Joan Always, *To Interpret and Change the World: Critical Theory as Theory with Practical Intent*, Brandeis University, 1992. p. 112. 该文揭示了法兰克福学派批判理论的解释性和实践性的纠缠。

机。诚如阿多诺所言,"非同一性或不认同性不可作为对其本身的直接性肯定来对待。"①

至此,我们有必要进行一个批判性小结:阿多诺在同一性哲学批判乃至整个形而上学传统批判或主体主义哲学批判基础上,所引致、勾勒和重铸的"非同一性"认识论,业已本质地区分于传统哲学认识论。"非同一性"认识论核心体现在非同一、具体的思维方式,折射出了"近马克思认识论"的一些根本特征和品质。尽管如此,阿多诺这一认识论思考和探索仍然是不容低估的。下面,我们试图在与马克思认识论的简要比较中,深化一下对阿多诺认识论的理解。

马克思认识论不是传统认识论的总和、折中与平衡的产物,而是对传统认识论的一种革命。关于马克思"认识论革命",哲学家巴日特诺夫在《哲学中革命变革的起源》中判定马克思哲学革命变革应当起源于《1844年经济学哲学手稿》②,思想家福柯在《知识考古学》"引言"中亦明确提到过。福柯说:

> 今天,历史的这一认识论的变化仍未完成。然而这种变化并不是从昨天才开始,因为我们肯定会把它的最初阶段上溯到马克思。然而,它的收效却姗姗来迟。即便是在今天,而且特别对思想史来说,这一变化仍未被予以关注和思考,而其他一些较晚出现的转变却受到青睐,例如语言学的转变。③

在这里,福柯明确传达了下面两个意思。

一是这场历史认识论变革发动和源起于马克思。这种历史认识论变革,在马克思那里被提炼为"新的历史科学",即"历史唯物主义"。马克思

---

① Adorno, Theodor W., *Gesammelte Schriften*: Bd 6, Frankfurt am Main: Suhrkamp Verlag, 2003, S. 161.
② [苏] 巴日特诺夫:《哲学中革命变革的起源》,刘丕坤译,中国社会科学出版社1981年版,第149页。
③ [法] 米歇尔·福柯:《知识考古学》,谢强、马月译,生活·读书·新知三联书店2003年版,第12页。

"新的历史科学",它要求首要地诉诸前概念的、前逻辑的、前理解的世界,即人类现实世界,并且最关本质地凸显了改造人类现实世界的实践任务。马克思判定:"哲学家们只是用不同的方式解释世界,而问题在于改变世界。"①《关于费尔巴哈的提纲》中这一论断根本地提示了马克思所竭力创建的新哲学,即"改变世界"的哲学。这种新哲学"破天荒"地引致并指向了哲学根基处的"实践"转向,革命性地更新了人们认识世界的方式,故而根本不同于并决定性地超越了传统那种"解释世界"的哲学。而这意味着,哲学必须首要本质地面向并通过现实实践,而不是概念、逻辑以及表象的内在性、自在性,来实现自身的历史建构和发展,并由此来内在地,而不是外部地批判和把握人类实践活动。如此,传统哲学那种"概念拜物教"以及其赖以滋长的哲学传统土壤等,统统遭到了彻底颠覆和摧毁。这就是说,马克思从根本上极力拒绝并超越传统那种"解释世界"的哲学范式,阿多诺概括为"同一性原则的现实模式"②。在上述意义上讲,阿多诺"同一性哲学传统"批判乃至整个形而上学传统批判,以及其引致和开启的复杂"非同一性哲学"③等,由于缺乏马克思哲学实践根基所具有的那种彻底性、本质一贯性、内在巩固性等品格,只能是"近马克思认识论"的。

二是这场变革时至今日仍未完成也仍未被予以关注和思考。这一方面彰显了福柯的思想眼光以及理论抱负,即自诩自己知识考古学、话语理论等思想探索就处在这一变革的航程上。另一方面也揭示了马克思发动的这场认识论革命的艰巨性、深远性以及与时俱进性等。或许在"未完成"意义上讲,不可否认的事实是,阿多诺所竭力推进的"否定的历史哲学"和"否定的辩证法"等艰巨探索,不仅确确实实"行驶"在马克思所开辟的认识论革命这一主航道上,而且还对这一变革形成了一定程度的补充、丰富和拓展,尽管这种探索"跌跌撞撞"、犹疑徘徊,甚至在原则和立场上也不乏反复。阿多诺自己以及施威蓬豪依塞尔、魏格豪斯等人的研究已经说明了这一点。这一特点颇类似于本雅明在历史唯物主义上表现出的既非"一以贯之",也非

---

① 《马克思恩格斯全集》第3卷,人民出版社1979年版,第6页。
② [德]阿多尔诺:《否定的辩证法》,张峰译,重庆出版社1993年版,第240页。
③ [日]细见和之:《阿多诺:非同一性哲学》,李浩原、谢海静译,河北教育出版社2001年版,第142页。

"旗帜鲜明"①。这场变革与较晚出现的一些变革比,仍未引起什么关注和思考。福柯这一判定,一面道出了马克思发动的这场认识论变革长期以来遭受尘封的处境,另一面也折射了该变革直到20世纪才引起关注和思考,其中包括福柯和阿多诺。而阿多诺的哲学探索就是对这一变革的一个思想史上的回应和延续。② 总之,就"未完成"以及"未引起关注和思考"而言,阿多诺在哲学史上所竭力展开的清算、批判和重铸,其核心表现在把"否定的辩证法"自诩为"哥白尼的革命"③,具有极深刻的历史意义和现实意义。

也正是就此而言,"否定的辩证法"思想以及其引致和开启的关于艺术和审美问题的新思考和新探索,特别是其文明史奥秘才能真正获得揭示,并向我们本然地敞开和展现。无疑,这对于试图探寻阿多诺思索艺术和审美问题的原初踪迹和轮廓以及现实关怀等,以及由此而深度关涉到阿多诺美学基本性质和意义而言,是极为根本的。诚如阿多诺在被称为《否定的辩证法》"材料和思想上的准备"④ 的《道德哲学的问题》中说:"只有把矛盾理解为一种必然性……把矛盾理解为实际问题,理解为产生于事情本身的问题,而不是把它们理解为那种可以轻而易举就得以消除的一种转瞬即逝的错觉。"⑤ 这番话提示了这样一个意思:以矛盾的现实必然性或非同一性为核心特征的"否定的辩证法",是其思索道德问题、美学问题、文化问题等的思想根基。

(二) 现实性定向:兼及马克思"存在论革命"

"否定的辩证法"不仅包含了阿多诺在认识论层面上的突破性思考和探索,而且也蕴含了在存在论意义上的艰辛沉思和求索。用阿多诺自己的话说,就是"否定的辩证法"既指向方法论或认识论意义,也指向现实事物本

---

① [美]理查德·沃林:《本雅明:救赎美学》,吴勇立、张亮译,江苏人民出版社2008年版,第261页。
② 参见 Christopher Cutrone, "Adorno's Marxism", The University of Chicago, 2013. p. 72. 该文提示了这一点。
③ [德]阿多尔诺:《否定的辩证法》,张峰译,重庆出版社1993年版,序言部分第2页。
④ [德]特奥多·阿多尔诺:《道德哲学的问题》,谢地坤、王彤译,人民出版社2007年版,第3页。
⑤ [德]特奥多·阿多尔诺:《道德哲学的问题》,谢地坤、王彤译,人民出版社2007年版,第34—35页。

身意义①，虽然阿多诺悖论性地誓言绝不构建任何"本体论"（又译"存在论"）。这里的认识论意义，人们很容易注意到并且业已确实地展开了诸种颇为深刻的发掘和阐释，但其所蕴含的存在论意义，却鲜见相关方面的论述。按照有关研究，这种存在论意义或视域是由"非同一性"或"非同一物"这一枢轴所标示出来的。②但显然，此判断并未全然真实反映其整个存在论视域。或许由于对以"本体论"为核心的形而上学传统所固有"概念拜物教""同一性神话"等巨大危险极度敏感和警惕，促逼阿多诺拒斥"非本体论的本体论"和"逃离本体论"③，由此而导致其存在论层面的艰辛求索往往为人们所怠慢和遗忘。

这种存在论视域，总体上看蕴藏于其对柏拉图以来"同一性的形而上学"④传统的激进批判和创造建构以及人类苦难现实的真诚关注和把握等诸过程中。而这，大体上说来体现在如下两方面：一是"客体优先性"或"客体第一性"方面，二是实践与理论的统一方面。这两个方面共同构成但并不全然反映阿多诺哲学的整个存在论视域。此一存在论视域对于阿多诺而言具有决定性意义，它不仅意味着对传统哲学之"主体主义认识论"或"同一性的认识论""概念拜物教"等的揭破和戳穿。如阿多诺所道说：

> 概念能超越概念、预备性的和包括性的因素，因而能达到非概念之物……一切都成了虚无。但概念超出了它们的抽象范围而包含的任何真理不能有别的舞台，只能是概念压制、轻视、无视的东西。认识的乌托邦是把非概念与概念相拆散，不使非概念成为概念的对等物。⑤

---

①　Adorno. *Negative Dialectics*, Translated by E. B. Ashton, London, Routedge & Kegan Paul, 1973, p.48. 参见［德］阿多尔诺：《否定的辩证法》，张峰译，重庆出版社1993年版，第47页。

②　吴晓明：《阿多诺对"概念帝国主义"的抨击及其存在论视域》，载《中国社会科学》，2004年第3期。吴晓明先生认为这是由"非同一性"来标识的，但是偏于"狭窄"，这大致说来是恰当的。

③　［德］阿多尔诺：《否定的辩证法》，张峰译，重庆出版社1993年版，第121页。

④　［日］细见和之：《阿多诺：非同一性哲学》，李浩原、谢海静译，河北教育出版社2001年版，序部分第12页。

⑤　［德］阿多尔诺：《否定的辩证法》，张峰译，重庆出版社1993年版，第8页。

而且，这同时意味着"概念压制、轻视、无视的东西"和"非概念物"，或者说"非同一性事物"的拯救与显现，特别是霍克海默所说的"哲学家们漠视的人类遭受的苦难"①，由此而在"认识的乌托邦"意义上获得真正解救和显现的契机。或许只有在此意义上，阿多诺的一切哲学批判以及现实批判才能获得施展拳脚的支撑空间以及真正有效的展开和实现。② 而这些，尚须我们进一步发掘和敞开其存在论的空间以提供坚实支撑。

"客体优先性"或"客体第一性"的确立和铸造过去往往被置于认识论视域下进行解读和阐释，譬如施威蓬豪依塞尔就断定"客体优先性"是作为"认识论乌托邦的纲领"而提出来的。③ 除去阿多诺自身因素外，如此解读和阐释的主导性缘由恐怕还是在于阿多诺"否定的历史哲学""否定的辩证法"等，被视为对形而上学认识论哲学传统，尤其是笛卡尔以降认识论转向后的哲学传统的突破成果。这并不奇怪。阿多诺对客体"优先性或第一性"的追求和建构，具有极其深刻的认识论意义，其核心意义可以表述为：它深切地关涉到传统"同一性形而上学"所营构和夯筑的"主体第一性的认识论"的终结。这种终结意味着"具体的思维形式"，即主体与客体、概念与非概念、同一性与非同一性、理性与非理性等具体而相互缠绕、矛盾的思维结构的凸显和昭示。④ 需要注意的是，"具体的思维形式"与"同一性"思维形式并不是相互生成亦非对等的关系，这不仅是因为"非同一性"思维形式是在对"同一性"思维形式的批判和改造中揭示出来的，而且也是因为如此"秉持自我批判性"⑤ 的"具体的思维形式"是对"同一性"思维形式的本质性扬

---

① M. Max Horkheimer, *Dawn and Decline*: 1926–1931 *and* 1950–1969, New York, 1978. 转引自［德］罗尔夫·魏格豪斯：《法兰克福学派：历史、理论及政治影响》上册，孟登迎、赵文、刘凯译，上海人民出版社 2010 年版，第 51 页。

② 这一点仅仅只需要就阿多诺对柏格森和胡塞尔的"内在主观性"批判来看，我们就可以窥见这种批判所折射的来自"非同一性"所标示的存在论视域的光亮（参见［德］阿尔诺：《否定的辩证法》，张峰译，重庆出版社 1993 年版，第 7—8 页）。

③ ［德］施威蓬豪依塞尔：《阿多诺》，鲁路译，中国人民大学出版社 2008 年版，第 150 页。

④ 何萍：《阿多诺对辩证法的改造》，见何萍、吴昕炜：《法兰克福学派与美国马克思主义》，人民出版社 2014 年版，第 29 页。

⑤ ［瑞士］埃米尔·瓦尔特-布什：《法兰克福学派史》，郭力译，社会科学文献出版社 2014 年版，译者序部分第 9 页。瓦尔特-布什认为，不同于传统辩证法否定之否定，阿多诺在否定之否定后还可保持否定，意思如阿多诺在《否定的辩证法》序言第一段业已明确揭示出的自我否定和自我批判。

弃和超越。而这无疑是"客体优先性"或"客体第一性"所关联和折射出来的认识论层面的核心意蕴。不过，倘若只止步于认识论层面，我们将无法领略"客体优先性"或"客体第一性"在"否定的辩证法"思想中所扮演的关键角色，以及其所隐藏的更深层的意蕴。这种意蕴，径直说来就是其存在论意义。或许正如下面这番判断所示："虽然阿多诺反对把他的'否定的辩证法'说成是一种哲学本体论，但由于'否定的辩证法'的一项重要内容是论述主体与客体之间的相互关系，所以它仍不失为一种哲学本体论。"①

"客体优先性"或"客体第一性"深刻关涉并指向"主体第一性"的"内爆"和"终结"，并在这种"内爆"和"终结"过程中开展和显露出极为复杂的存在论视域和意义。在主体与客体的相互关联上，传统哲学竭力塑造和巩固主体的优先的、绝对的地位和特权，这一点在西方传统哲学集大成者黑格尔名作《逻辑学》中被表述为"同一性和非同一性之间的同一性"，阿多诺称之为"主体第一性"②。由此可以看出，"主体第一性"所追求和巩固的，实质就是"同一性和非同一性之间的同一性"。正是因为如此连续性、封闭性、普遍性追求和巩固，客体世界的质性差异、特殊性、偶然性，以及其所引致和揭示出来的客观性、历史性、生成性等都将遭到抹平、剔除，或者作为麻烦制造者或异类而被轻佻地打发掉。③ 进言之，"主体第一性"不仅意味着认识论层面的主、客绝对对立思维，"主观主义出发点"④ 等，而且意味着存在论层面的"绝对理念""绝对精神""绝对存在"等唯心主义神话。面对传统哲学如此深层弊端和危机，阿多诺针锋相对地提出"客体优先性"或"客体第一性"。不过，"客体优先性"绝非对"主体第一性"的简单置换和对调，也不是全盘否定和代替，而是在更为广阔、更为深远的本质性视域和意义上对"主体第一性"的内在爆破和刺透。就此而言，"客体优先性"

---

① 俞吾金、陈学明：《国外马克思主义哲学流派新编》上卷，复旦大学出版社2002年版，第171—172页。
② [德]阿多尔诺：《否定的辩证法》，张峰译，重庆出版社1993年版，第6页。
③ [德]阿多尔诺：《否定的辩证法》，张峰译，重庆出版社1993年版，第174页。认识论反思的主导倾向是把客观性还原于主体。主体一旦成为这一反思的对象，就具有了客观特性，但令人遗憾的是，这种特性的缺乏却常常被作为主体凌驾于实际领域之上的理由。
④ [美]理查德·沃林：《本雅明：救赎美学》，吴勇立、张亮译，江苏人民出版社2008年版，第34页。

或"客体第一性"就不仅指向思维形式意义上的某种突破和超越,即由"同一性思维形式"跃升为"具体的思维形式",而且更为重要的是,本质地关涉到存在论意义上视域和境界的敞开与升华,即由"非同一性"所揭示和标记的对象领域以及由此而开启的"真理"和"解放"境界。① 如果说传统哲学是在意识中虚构思想,那么阿多诺则试图"在现实中编织思想"②,而且在现实中实现思想。这种"编织思想"映射了阿多诺深层的存在论意识、文明关怀等。而这一点,或许正是阿多诺能自如地穿梭于理论与现实之间的关键性缘由和根据。

进言之,"客体优先性"揭示并指向了这样的存在论视域,即冲破和跃出传统哲学重重围困、禁忌和禁锢的客体领域或对象领域。这个领域,由于阿多诺并未彻底而一以贯之地夯筑一条击穿和贯通传统哲学"概念的自在性外表"或"意识的内在性"③这一坚固内核,并由以通向人类社会现实的道路,故而显得并不特别明朗甚至偏于狭隘。不过尽管如此,不可否认的事实是,这种视域透露和折射的信息已经足以提示和引致人们由概念、逻辑以及表象世界内部挣脱出来,而首要地诉诸和切入社会现实,由此来"编织思想"或探索思想问题。在此意义上,"客体优先性"的存在论意蕴得以捕获和崭露,而且随着阿多诺"否定的辩证法"思想不断向《美学理论》的掘进和展开而得以深化和巩固。在上述意义上,"客体优先性"或"客体第一性"对于传统理论业已失效和危机重重,而且自由和解放业已成为反讽的时代④,艺术和审美问题思考和探索,或许提供了一条通向这种问题和危机之隐秘根底处的至为本质的道路。这一点既折射了阿多诺美学较于传统理论的实质性差异,也反映了其本身的方向性。

---

① 参见 Bryan Lee Wagoner, *The Subject of Emancipation: Critique, Reason and Religion in the Thought of Theodor W. Adorno, Max Horkheimer and Paul Tillich*, Harvard University, 2011, p. 179. 这篇博士论文论述了阿多诺思想中的主体解放与宗教因素的关联。

② [日] 细见和之:《阿多诺:非同一性哲学》,李浩原、谢海静译,河北教育出版社2001年版,前言部分第2页。从阿多诺与本雅明的关系中就可以感受到这种尝试的企图和努力。

③ 参见 [德] 阿多尔:《否定的辩证法》,张峰译,重庆出版社1993年版,第4、179页。

④ [日] 细见和之:《阿多诺:非同一性哲学》,李浩原、谢海静译,河北教育出版社2001年版,前言部分第1—2页。"自由"和"解放"在现代文明中可能已经成为资本主义逻辑、原则及秩序的同谋和辩护者。

"客体优先性"或"客体第一性"根本地关联着"同一性和非同一性之间的同一性"的破裂和解体,尤其是作为总体性的同一性所具有的"本体论的在先性"[①] 或"本体论神话"——虽然这里阿多诺揭示和批判的对象是黑格尔"主体第一性"哲学或"内容哲学",但阿多诺意欲突出以此黑格尔哲学为靶向目标展开批判的典型性和一般性企图,即虽只言及黑格尔批判,实则意在黑格尔所集大成的传统哲学批判——的颠覆,以及重申"非同一性"的存在论意蕴。需要强调的是,阿多诺竭力促成"同一性作为总体性"的破产和陨落,但并不意味着阿多诺试图在与"同一性"相反、相悖、对等的意义上扶持和重铸"非同一性",而是在对"同一性"的实质颠覆、克服以及整体超越意义上开掘、阐发和昭示"非同一性"。唯有如此,阿多诺才能拂去和清洗掉"非同一性"身上的诸种尘垢、冤屈和罪名等。由此而实现对整个"非同一性"世界以及其所指向的整个现实世界的开显,更确切地说乃客体或对象世界的拯救。如此,我们对"非同一性"的领会和把握,可能最关本质地影响到阿多诺"否定的辩证法"基本性质和意义的澄清和阐明,而这又必将关涉到其美学思想根本面相的形塑和构筑问题。

在阿多诺思想文本中,频繁提到"非同一性""非同一物""完全异质之物"等概念。学界多重视"非同一性",这多半缘于阿多诺自己对"非同一性"的执著关注。不妨揣摩一下如下这段话:

> 辩证法是始终如一的对非同一性的意识。它预先并不采取一种立场。辩证法不可避免的不充足性、它对我所思考的东西犯的过失把我的思想推向了它。如果人们(像黑格尔的亚里士多德批评家一再做的)反对辩证法,说它把碰巧进入它磨坊中的一切都归并为矛盾的纯粹逻辑形式,忽视了(克罗齐是这样论证的)非矛盾的、即简单被区别的东西的丰富多样性,那么,人们就是把内容的过错推给了这种方法。被区别的东西是如此奇异、不一致和否定的,以致对自身形态的意识必须迫使它追求统一:正因为如此,就要用它的总体性要求来衡量任何与它不同一的东西。这使得意识把辩证法当作一种矛盾。根据意识的内在性质,矛

[①] [德] 阿多尔诺:《否定的辩证法》,张峰译,重庆出版社1993年版,第119页。

盾本身具有一种不可逃避的和命定的合法性特征，思想的同一性和矛盾性被焊接在一起。总体矛盾不过是总体同一化表现出来的不真实性。矛盾就是非同一性，二者服从同样的规律。

然而，这一规律不是思索的规律，而是现实的规律。①

阿多诺明确而深刻地指出，"矛盾就是非同一性，二者服从同样的规律"，这种规律绝不是"思索的规律"而是"现实的规律"。而这是阿多诺在指出"非同一性"认识论意义，即"非同一性"的首要性和意识内在性、独断性等之后展开的。这里，"非同一性"实指无限广大的"非同一物的世界"。如前所提，不仅"非同一性"意指和表征着更为广阔丰富的现实世界或对象世界，把哲学引向直面和正视包括理论独裁、思想不孕、文化羸弱在内的"人类遭受的苦难"的道路，宣告了哲学漠视人类苦难现实之时代的撕裂，而且阿多诺真正的企图就是克服和超越"同一性"哲学传统乃至形而上学传统，并在此基础上构建"非同一性"哲学。这预示着"概念霸权""主体独裁""同一性强制""总体性幻象"等所构织的哲学威权时代解体。哲学应当首要诉诸客体世界或对象世界，因为一方面阿多诺认为概念不可能穷尽或等同被认识的事物或对象，否则就可能导向"概念帝国主义"或"总体同一性幻象"，另一方面"任何客体都不能完全被认识"，隐含了对对象世界变化性、复杂性和神秘性的承认和敬畏，以及对认识工具及其潜能有限性、缺陷性、暴力性的警惕，否则就可能导向"总体性幻象"②。如此，我们将面临另外一个问题，即我们究竟应当如何领会和把握"非同一性"或"非同一之物"。传统哲学的解决方案就是强调"概念工作"方向即对"非同一性"或"非同一物"的"概念统治"。如此一来，"非同一性"或"非同一物"便消弭和同化在"概念机器"或"概念工厂"巨大磨坊齿轮和轰鸣声中，并被当作残渣和边角料给抛掉。相对于传统哲学，阿多诺提出了作为"认识非同一性事物的方法与根据"的"模仿"或"仿作"（Mimetisches）概念。③

---

① ［德］阿多尔诺：《否定的辩证法》，张峰译，重庆出版社1993年版，第3—4页。
② ［德］阿多尔诺：《否定的辩证法》，张峰译，重庆出版社1993年版，第12页。
③ ［日］细见和之：《阿多诺：非同一性哲学》，李浩原、谢海静译，河北教育出版社2001年版，第12页。

人们需要转入"仿作理性",即"对认知对象的概念式仿作",实质就是在区别于主体与客体决然对立传统的"主体与客体的一体化"或"主体—客体"中"对象从其内侧为人所知的方法"。这深刻反映出,阿多诺企图拨调和校正传统哲学之方向,即"概念思维的方向"由"同一性强制"或"认同强迫"转变为"非同一性"或"不认同性""非概念性"。或许正是在此意义上,"概念的觉醒是哲学的解毒药,从而避免哲学日渐猖獗以致成为一种对自己来说的绝对"[①]。这无疑是极具深邃哲学史眼光的判定。

虽然阿多诺深层地道出了传统哲学问题和危机的要害和奥秘,并且提示了哲学解救和革新的可能方向,但是这种"道出"和"提示"不仅限于上述情况,应当继续夯实和巩固。这就是阿多诺竭力探索的理论与实践的统一问题,或者说解释世界与改造世界、哲学与现实的统一问题。[②] 长期以来,哲学破坏了自己与现实相统一的誓言和使命,实践被无限耽搁,解释世界或理论批判一家独大,即"一度过时的哲学由于那种借以实现它的要素未被人们所把握而生存下来"。同时,这里隐藏着解释世界何以长期占据统治地位的奥秘:真正思想应当是向现实世界开放、实现于现实世界并且最后抛弃自身的思想,由此透视出"过时的哲学"借以确保其统治地位的"权力执行机关"或"思辨的法庭"、虚构的检验"场所"乃至整个社会综合体等诸种构件。由此,最终导致哲学在面对现实和实践时的"无能"与"残废"。《否定辩证法》开篇就点明了这一点:

> 一度似乎过时的哲学由于那种借以实现它的要素未被人们所把握而生存下来。总的裁决是:它只是解释了世界,在现实面前畏缩不前导致它弄残自身。但这一裁决成了理性在没有从事改变世界的尝试前就提出的失败主义。哲学没有提供任何场所,从中可以具体地判定它犯有哪种不合时代的理论错误,尽管现在像以前一样都怀疑它犯有这种错误。也许正是一种不充分的解释才许诺将它付诸实践。理论的批判所依赖的时

---

① [德] 阿多尔诺:《否定的辩证法》,张峰译,重庆出版社1993年版,第11页。
② 参见 Joan Always, *To Interpret and Change the World: Critical Theory as Theory with Practical Intent*, Brandeis University, 1992, pp. 7—9.

机是不能靠理论来延长的。被无限耽搁的实践不再是对自我满足的思辨进行起诉的法庭，毋宁说它是权力执行机关为徒劳地堵塞任何批判的思想而使用的借口，尽管变化着的实践需要批判的思想。①

在资本主义现代文明境域中，这揭示了哲学与现实、实践之间的彻底"失调"与"分道扬镳"，揭示了哲学走向"狭隘性""朴素性""绝对性"以及"自我满足性"等。如此，理论与实践的统一课题在如此窘迫和危机境域中便被凸显了出来，而且是在费希特、谢林、黑格尔哲学式微，特别是其图谋用哲学概念去结合、表达、解释和把握所有与概念相异质、相冲突的东西之尝试宣告"失效"状况下而突出来的，因而它可能深切地关乎到如阿多诺所说"哲学是否存在和如何存在"② 这一根本性问题。需要特别说明的是，对阿多诺而言，这一课题不仅昭示和展开在哲学层面的思考过程中，而且也渗透和具体到其对灾难境域中艺术和审美问题的探索过程中。就此而论，这一课题无疑又深层地形塑与构造着阿多诺美学思想的基本问题域。在《美学理论》初稿导言中，阿多诺谈到未来美学如何构架时指出，一种有效的、尽管显得困难的方法，可能就是"以生产为导向的经验与哲理性的反思这两者的良好结合"③，便很好体现并透露了其间的关联消息。

理论与实践的统一课题并非肇始自阿多诺，在此之前已经存在，尤其经过马克思的历史唯物主义洗礼和改造后变成了一个哲学史上具有存在论意义的核心课题。在马克思那里，由于存在论根基处已经获得了彻底澄清和阐明，故而这一课题并不是构筑"作为总体性的同一性幻象"，而是彻底扬弃和超越"解释世界的哲学"，同时铸造"改造世界的哲学"，由此而达到对人类社会世界的彻底批判、把握以及筹划。霍克海默关于理论与实践的统一研究，大致由形式上延续了这一批判议题，即对资本主义社会逻辑、统治原则和精神秩序等展开批判，但是因其道德哲学固有的视域限度以及在存在论根

---

① ［德］阿多尔诺：《否定的辩证法》，张峰译，重庆出版社1993年版，第1页。
② ［德］阿多尔诺：《否定的辩证法》，张峰译，重庆出版社1993年版，第2页。
③ ［德］阿多诺：《美学理论》，王柯平译，四川人民出版社1998年版，第562页。

基意义上并没有获得彻底奠基,由此这种批判又是不明朗、不彻底的。① 这可能与霍克海默所持"开放的唯物主义"②观念不无关联,实质就是其道德观主导下"原则高度"遭到矮化、虚无化的"唯物主义辩证法",必然导致对唯物主义存在论根基处秘密的遮蔽和封存。如此,建基于此的霍克海默"批判理论"便悄然走向极为危险的道德"教条主义",引致了带有幻想色彩的法西斯主义批判、资本主义批判等。③ 由此,霍克海默虽然竭力排除和防止叔本华所称人类世界中"形而上学这个祸害"的危险④,以及批判资本主义社会诸种合理化和异化危机状况等,但因囿于上述观念和框架,恐怕未必能如霍克海默所愿。

在阿多诺看来,霍克海默试图从道德哲学来批判西方现代文明诸种冲突、灾难、危机等现实状况,虽然意义深刻,但还不够。这一点仅从《启蒙辩证法》中两人分别主持《奥赛德斯或神话与启蒙》(阿多诺)、《朱莉艾特或启蒙与道德》(霍克海默)篇章,以及《否定的辩证法》由计划专论"道德哲学"⑤而扩展到一般哲学、逻辑、社会、政治等诸领域⑥,大致可看出其间的本质分野。就此而言,与其说阿多诺继承了霍克海默,毋宁说继承了马克思批判哲学传统或者说历史辩证法哲学传统。

> 理论和实践的差别的理论意义在于实践不能完全还原于理论,像是理论的分离一样,二者不能以综合黏结在一起。不可分割的东西唯一生

---

① 参见[德]霍克海默:《批判理论》,李小兵译,重庆出版社1989年版,第181—229页。霍克海默自称"批判理论"跟马克思政治经济体系批判存在关联。霍克海默强调这种理论的牢固性在于:不论社会如何变化,它的基本经济结构、阶级关系形式、消灭阶级关系的理念都不变,即在出现历史突变之前,受这些条件制约的社会关键内容保持不变等。这显然本质地违背了马克思唯物史观。正是受这种批判理论的引导,霍克海默宣称:"炸弹"和"毒气"不会使从唯物主义出发的真理"受到辱没";法西斯主义从长远角度看会是"经济发展的机会",即使成为"世界体系",也不会是"经济的末日"等。
② 参见[瑞士]埃米尔·瓦尔特-布什:《法兰克福学派史——评判理论与政治》,郭力译,社会科学文献出版社2014年版,第62—63、197页。
③ 参见[瑞士]埃米尔·瓦尔特-布什:《法兰克福学派史——评判理论与政治》,郭力译,社会科学文献出版社2014年版,第66、70—71页。
④ 参见[德]霍克海默:《批判理论》,李小兵译,重庆出版社1989年版,第128—139页。
⑤ [德]阿多诺:《美学理论》,王柯平译,四川人民出版社1998年版,第604页。
⑥ [德]阿多尔诺:《否定的辩证法》,张峰译,重庆出版社1993年版,英译者按语部分第2—3页。

存在极端中，生存在自发的活动中（这种活动不耐心进行论证，不容忍恐惧继续下去），生存在不被命令所吓倒的理论的意识中——这种意识向人们表明为什么恐惧无休止地继续下去。①

由此，可管窥阿多诺关于理论与实践统一课题正是在此意义上展开和推进的，主要反映在对卢卡奇、柯尔施等所秉持的"总体性哲学"以及资本主义现代社会"总体性"或"同一性"现实的思想反思和历史批判过程中。特别需要指出，实际上这也是在阿多诺对马克思"改造世界的哲学"的深度阐发和贯彻中完成的。

在阿多诺看来，卢卡奇、柯尔施、葛兰西以及布洛赫等人，抱持的是一种"总体性哲学"或者说"同一性哲学"。譬如，卢卡奇（Gyorgy Lukács）的"总体的观点"、柯尔施（Karl Korsch）的"历史过程的具体整体"、葛兰西（Antonio Gramsci）的"历史的联盟"以及布洛赫（Ernst Bloch）的"作为整体的希望"等。早期西方马克思主义代表们如此这般把眼光和目标锁定在所谓"总体"或"整体"范畴之上，其中一个根源性缘由在于这一范畴本身"还是隐晦的存在论基础的藏身之所"②。这种哲学所持存的"同一性强制"或"总体性幻象"以及其引发对复杂社会现实和实践的压制和漠视，在阿多诺看来显然需要进行透彻批判和改造，以刺透和炸开这种哲学的坚硬"总体性"外壳以及牢固"意识内在性"体制等。从而以便促使复杂社会现实和实践充分地、整体地、自由地向人们敞开和彰显，达到对资本主义现代社会困境的实质性反思和把握。由此，阿多诺关于理论与实践的统一课题，便主要由两个层面展开出来：一是"思维结构"，二是"实践理性"。③

首先，在思维结构上，阿多诺关于理论与实践统一的企图直承马克思关于"解释世界"与"改造世界"这一本质重要性关联的论断——彻底突破和超越"解释世界"的哲学并创建"改造世界"的哲学——尽管阿多诺对马克

---

① ［德］阿多尔诺：《否定的辩证法》，张峰译，重庆出版社1993年版，第283页。
② 吴晓明：《论西方马克思主义存在论视域的初始定向》，载《河北学刊》，2008年第5期。
③ 何萍：《论阿多尔诺对辩证法的改造》，载何萍、吴昕炜主编：《法兰克福学派与美国马克思主义》，人民出版社2014年版，第32页。

思的关注和热衷"一直保持一定距离"。① 需要指出的是，这一颠倒和转换并不是偶然的、随意的，它是马克思存在论根基处革命变动和更新的必然反映和体现。其次，阿多诺这一企图在《否定的辩证法》导论第一节"哲学的可能性"中得到了近乎直接的论述和阐明。这里不妨摘引如下："一度似乎过时的哲学由于那种借以实现它的要素未被人们所把握而生存下来。总的裁决是：它只是解释了世界，在现实面前畏缩不前导致它弄残了自身。但这一裁决成了理性在没有从事改变世界的尝试前就提出的失败主义……也许正是一种不充分的解释才许诺将把它付诸实践。理论的批判所依赖的时机是不能靠理论来延长的。被无限耽搁的实践不再是对自我满足的思辨进行起诉的法庭，毋宁说它是权力执行机构为徒劳地堵塞任何批判的思想而使用的借口，尽管变化着的实践需要批判的思想。"② 这里大致表达了这么几个意思。一是传统哲学"只是解释世界"，而且是一种"自我满足的解释"，这种"自我满足"反映了传统哲学自给自足的"意识内在性"③。二是"在理性从事改变世界"之前的这一"总的裁决"本身，深刻地呈示了理性"失败主义"，即是说，这一裁决仍然折射的是理性霸权主义和独裁主义以及"解释世界"的自闭和孱弱。三是"理论的批判"需要与实践批判实现历史的、现实的统一，否则理论批判既无法捕捉，也极难避免丧失"时机"，"被无限耽搁的实践"不再是完整对象世界，业已沦为作为"自我满足的思辨"的"权力执行机关"的借口。四是阿多诺这段判定深刻启示和提示了人们，即应当在哲学上突出"改变（改造）世界"之于"解释世界"的"第一性"或"首要性"。关于这一点，阿多诺在"沉思"部分中明确地说道："马克思从康德和德国唯心主义者那里接受了关于实践理性的首要性的论点并把它磨砺成一种

---

① ［日］细见和之：《阿多诺：非同一性哲学》，李浩原、谢海静译，河北教育出版社2001年版，前言部分第2页。阿多诺之所以与马克思保持距离，其中极其重要的原因在于马克思主义在其时西方政治境域中的窘迫处境和悲惨结局，以及由此可能带来的血腥革命和招致的政治迫害。同时，出于对二战、奥斯维辛等灾难的血腥记忆以及强加给人们的绝对命令，阿多诺对马克思主义革命性的不可控灾难保持高度警惕。

② ［德］阿多尔诺：《否定的辩证法》，张峰译，重庆出版社1993年版，第1页。阿多诺文本中不止这一处提到过类似意思，这里仅引用这一广为人们所熟知的一段，以供参考。

③ Daniel Barber, *The Production of Immanence: Deleuze, Yoder, and Adorno*, Duke University, 2008, p.233. 这里应当区分两种"内在性"，即事物内在性和意识内在性，后一种是西方形而上学传统的核心病灶。

改变世界而不只是解释世界的要求。"并进一步指出：

> 因此，他认可了像对自然的绝对控制这样的大资产阶级的纲领。这里所显示的是努力把握不同于主体的万物，使它们成为像主体一样的东西——辩证唯物主义不承认的同一性原则的现实模式。
>
> 然而，由于马克思把这一概念的内在现实性向外翻转过来，他便准备了一种突变。在他看来正当的实践的目的是废除实践在资产阶级社会盛行的形式中的首要性。只要生产力获得了解放，使人们不再被吞没在那种被需求所强迫的实践中、那种人们身上被自动化的实践中，人们便有可能人道地进行沉思。今天，沉思——即那种满足于实践的此岸性的沉思，因为亚里士多德最早把它展现为最好的——的麻烦在于：它由于对改变世界的任务漠不关心而使自己成了愚钝的实践的一部分——成了方法和工具性的。①

这说明，阿多诺深刻地懂得马克思创建"改变世界"的哲学的本质重要性，即根本上确立"实践理性的首要性"，并颠覆和超越传统"解释世界"的哲学。② 更具意味的是，那种从《关于费尔巴哈的提纲》中生发出来的"异议"，即直面现存灾难并鉴于即将到来的灾难，以及"幸福是理所当然地被借来的时代""幸福的精神"或"实践的精神"就可能悖论地反对或反抗自身。同时，"思想的概念"不应绝对化、封闭化，作为行为依然是一种哪怕多么隐蔽的实践。这呼吁一种"突变"的批判思想：历史地诉诸并思考否定性现实。从如此这般的关于马克思"改变世界"的哲学之论述和阐明中，我们约略透视和捕捉到了其间阿多诺继承和阐发的企图和踪迹，尽管其对马克思仍然存在一些误解。

或许正因这一点，对柯尔施、卢卡奇、葛兰西以及布洛赫等人"总体性哲学"的批判，使阿多诺真正领会和把握了这种哲学带给理论与实践的统一

---

① ［德］阿多尔诺：《否定的辩证法》，张峰译，重庆出版社1993年版，第240页。
② Michael J. Reno, *Adorno and the Possibility of Practical Reason*, Michigan State University, 2011, p. 33.

这一课题的麻烦和危险。这种麻烦和危险集中体现在理论与实践相统一课题的非辩证唯物主义解释和阐明中。而这，说到底最终都把理论与实践相统一归结到意识形态总体、"历史联盟"以及"希望总体"等同一性现实模式。对于这种归结所造成的麻烦和危险，阿多诺作了一个精辟而典型的揭示：如此颇受"称赞的理论—实践"，把理论贬低到"奴仆角色"，成了"权力的牺牲品"，并且清除了"统一"中由理论而带来的"品格"，同时实践也成了"非概念的"以及其自身唯恐避之不及的"政治"。① 阿多诺这一揭示，表明柯尔施、卢卡奇、葛兰西等人对理论与实践相统一课题探索所映射出来的天真性、虚妄性，即竭力重塑一个理论与实践都遭到削弱、矮化和异化的"总体性幻象"，显然是与马克思"改变世界"的哲学根本相抵牾和悖逆的。因为在马克思那里，其哲学在根本意义上是与"总体性哲学"势不两立的，而且是决然对立的，而这种对立又源于其存在论根基处的以实践或感性活动为核心枢轴的革命。② 正因如此，马克思强调哲学的根本宗旨在"改变世界"，并且决定性地终结和超越了过去"解释世界"的哲学及其传统，包括阿多诺所批判的那种"同一性原则的现实模式"。由此，理论与实践相统一对于马克思而言，决定性地奠基于"存在论革命"基础上的这种"统一"，已经彻底本质地区别于过去一切所谓"统一"。在如此"统一"关联状态中，实践与理论是复杂而现实地关联在一起的，但实践是根本，实践批判在原则高度上包摄、内涵了理论批判这一必然要求，或许可以说理论批判业已成为前者的内在诉求和"内在规定"③。理论批判实现于实践世界中，并最终扬弃自身。理论与实践的统一，绝不是理论与实践主观地、外在强制地黏合在一起，而是内在地、批判地、现实地融合在一起，无疑某种意义上反映存在论层面的批判品格、现实定向以及未来取向等。

这一点在如下判定中得到了证实。阿多诺认为实践与"思想"相互需

---

① ［德］阿多尔诺：《否定的辩证法》，张峰译，重庆出版社1993年版，第140页。
② 吴晓明：《马克思的存在论革命与超感性神话学的破产》，载《江苏社会科学》，2009年第6期。
③ 何萍：《论阿多尔诺对辩证法的改造》，见何萍、吴昕炜主编：《法兰克福学派与美国马克思主义》，人民出版社2014年版，第32页。

要，理论与实践之间复杂关联着"实践第一性"等。① 如此，自亚里士多德以降所形成的漠视"改变世界"的哲学传统，在阿多诺这里将遭到巨大挑战甚至解体。就此而言，齐美尔、霍克海默等人所发掘和揭示的传统哲学家对人类遭受的不幸和苦难漠不关心这一重大议题，实质地冲击和挑战了"解释世界"的哲学传统。阿多诺也正是在此意义上继承和推进这一议题，并在哲学和美学中展开了深入思考和探索，或许正因如此而被视为"德国哲学的重构"②。

由此，阿多诺顺理成章地转入"实践理性"铸造上，并矢志磨砺成"改造世界"的历史要求。《否定的辩证法》主要通过康德哲学批判来施展，核心任务在于通过"自由：实践理性的总批判"部分而批判性提炼和阐释"实践理性的首要性"，尤其是为在更广泛现代社会领域探讨实践理性潜能问题而提供支撑条件。在上述意义上，阿多诺不再只是把批判的矛头指向或者说仅仅指向传统哲学依靠的复杂意识形态、"历史的联盟"等，而是本质重要地直指资本主义现代社会或西方现代文明的最为典型、最为充分活跃、最直接事关人们日常生活的区域，用阿多诺的话说就是启蒙和资本主义渗透和主宰下的生产、流通、交换、消费等共同构成的"大众文化"领域。而这，就其资本理性化、"人为制造"性等最一般本质特性而言，就是阿多诺反复强调，并一再严肃揭破和反思的"文化工业"（Kulturindustrie）③。所谓"文化工业"，扼要说来就是"技术化""标准化""商品化"，具有"齐一性""欺骗性""强制性"等特征的"娱乐工业体系"。④ 这一判断体现了对人类文明之否定方面和消极方面的严肃关注和批判，同时也透露出阿多诺在哲学内部

---

① 参见［德］阿多尔诺：《否定的辩证法》，张峰译，重庆出版社1993年版，第241—242、141页。

② 参见 Eric Oberle, "Theodor Adorno's *Negative Dialectics* and the Reconstruction of German Philosophy", Stanford University, 2005. pp. 1—2. 该博士论文就把阿多诺"否定辩证法"放在德国哲学的重构层面进行审视。

③ 霍克海默和阿多诺合著的《启蒙辩证法》以及阿多诺著的《再论文化工业》等著述中，坚定而明确地把其批判的主要对象锁定在"文化工业"而非"大众文化"上，这种"文化工业"实质上是现代资本主义文明的最新的核心产物，因而被阿多诺把握为通向这种文明核心秘密的幽深通道，这是极富深远意义的。

④ ［德］西奥多·阿多尔诺：《再论文化工业》，王凤才译，载《云南大学学报（社会科学版）》，2011年第4期。

所悄然进行的革命性变动。进言之,"文化工业"批判不仅指向所谓"文化工业"现实状况以及其对人自身自由解放和发展的阻碍和限制,而且也指向资本主义现代社会境域中资本逻辑、同一性原则所宰制的"文化本体论神话"。"文化工业"问题说到底也是实践理性问题。诚如阿多诺所说:"一种文化的本体论将不得不接受文化失误的东西;一种哲学上合法的本体论将在对文化工业而不是对存在的解释中找到它的位置;最好莫过于逃离本体论。"① 这里同时提示了这样一层意思:新的文化存在论(本体论)需要真正关注"文化失误的东西",而如此的本体论就需要摆脱和跃出以往"解释世界"之哲学的传统。因此即使那种可以在关于"文化工业的解释"中找到自身位置的"合法的本体论",由于无法克服和解决实践理性问题,对阿多诺而言或许仍然"最好莫过于逃离"。真正的本体论乃关于"改变或改造文化工业所代表的社会-文化综合体"的本体论。恐怕只有在如此意义上,"最好莫过于逃离本体论"这一判定的深层意义,我们才能获致真正的、确切的领会和把握。

至此,我们可以做一个小结:"否定的辩证法"除去认识论意义之外,同时也深刻蕴含由"非同一性""非同一物""主体—客体"等而标识和提示出来的存在论视域,这种存在论视域昭示和揭开了阿多诺试图挣脱和超越以往"解释世界"之哲学传统所由以获致有效性和合法性的哲学根基处的革命性变动,即对象活动或实践,这种革命性变动聚焦于"改变世界"之哲学的开显尽管这种变动或开显,相当有限并且存在游移。至此,结合前面的分析和论述,我们可以判定,被称为"新唯物论"② 的"否定的辩证法",无疑为阿多诺复杂美学批判和探索奠定了决定性的思想根基。需要强调的是,由于其思想根基混沌性、矛盾性以及不彻底性等特质,阿多诺美学的基本性

---

① [德]阿多尔诺:《否定的辩证法》,张峰译,重庆出版社1993年版,第121页。
② [日]细见和之:《阿多诺:非同一性哲学》,李浩原、谢海静译,河北教育出版社2001年版,第133页。

质和意义往往陷于传统哲学话语、现代和后现代话语等①构织的漩涡中，因而常常显得晦暗不彰。

四、"恐怖与苦难时代"：文化哲学或历史哲学的美学

"否定的辩证法"必然召唤和促使阿多诺关注"人类遭受的苦难"。这种关注包含两个主要方面：一是在哲学史层面揭破和批判传统哲学对这种灾难的漠视和无能。二是在美学、道德、历史等方面竭力关注和反思人类生活的苦难，以及这种苦难对美学、道德、历史等的冲击和挑战。而思考和探索人类生活苦难与艺术和审美的关系问题，或者人类灾难境域中艺术和审美的命运或处境，或许乃阿多诺美学的核心议题。

被霍布斯鲍姆誉为"极端的年代"的20世纪前半期，两次世界大战、法西斯主义、极端民族主义、极权主义等充斥人类生活世界。这其中堪称标志性灾难的，当属欧洲文明核心地带赤裸裸发生的"奥斯维辛"。② 它之所以堪称标志性，可能深层性缘由不是在于其标示了斯宾格勒所称西方现代文明的没落，而是"崩溃"，以及由此所透露和折射出来的现代文明内部所深藏的"死亡乌托邦"或者说"同一性乌托邦"奥秘。③ 这近于吉奥乔·阿甘本（Giorgio Agamben）从奥斯维辛背后所透视和开掘出的"本体论的剩余"，确切说来就是"穆斯林的常态化"④。需要说明的是，这种乌托邦并不是人类的偶然存在状态，而是西方现代文明，尤其是晚期资本主义文明境遇中普遍的

---

① ［美］马丁·杰伊：《法兰克福学派史（1923—1950）》，单世联译，广东人民出版社1996年版，第13页。利奥塔说，阿多诺《最低限度的道德》《否定的辩证法》《美学理论》等"预示了后现代的一些要素"，尽管它大部分仍处在"缄默或被拒绝之中"。这里反映了阿多诺哲学与传统哲学藕断丝连的关联，但阿多诺美学的基本性质和意义往往被现代、后现代等流行话语所掩盖和埋没。

② 参见［英］霍布斯邦：《论历史》，黄煜文译，麦田出版社2002年版，第428—429页。

③ 参见［德］阿多尔诺：《否定的辩证法》，张峰译，重庆出版社1993年版，第362页。

④ Giorgio Agamben, "No to Bio – Political Tattooing", *Le Monde*, 10 January 2004; Giorgio Agamben, *Remnants of Auschwitz: The Witness and the Archive*, New York: Zone Books, 2009, pp. 83、86. 阿甘本指出，西方政治范式已经由"雅典"向"集中营"悄然转变，而奥斯维辛集中营的真正秘密在于看不见的恐怖的"穆斯林"，这种穆斯林就是奥斯维辛的"存在论剩余"。更糟糕的是，奥斯维辛所象征的"集中营"这一例外状态，通过主权政治权力的运作和操纵而成为一种常态。

存在状态或者说日常状态,即高度管控化、绝对合理化、数量主义化、交换普遍化、纯粹同一化、"道德理性"的匮乏化和空心化等。如此看来,奥斯维辛真正的恐怖,或许不在于看得见的血腥杀戮和残暴罪行,而在于这种杀戮和暴行是以理性神话乌托邦面目示人,在于提示这种乌托邦已经渗透进了晚期资本主义社会的肌体并演化成了这一肌体的内在需求和呈示。正是基于如此思考,阿多诺深刻地指出:"奥斯维辛集中营之后(nach Auschwitz)的一切文化、包括对它的迫切的批判都是垃圾(Müll)。"① 这里传递的当然不是如斯宾格勒、克拉格斯之流所秉持的"反动批判"②,而是说奥斯维辛提示了西方现代文明所蕴藏的"集中营"式文化或者说"绝对一体化文化"。但同时又因"形而上学"传统面对如此文化"失败"和"野蛮"等灾难现实状况的"无能"和"瘫痪",故如此文化甚至文化批判对于真正的人类生活而言或许只能是"垃圾"。正是在此意义上,阿多诺尖锐地指出:"文化批判和野蛮状态不是不可以一致的。"③ 很显然,这最关本质地关涉到实践理性问题。

因此,阿多诺奥斯维辛批判具有普遍性意义:一方面既深层地发掘和提示了人类"理性同一性"和"理性神话"或理性自我破坏性和毁灭性的一面,而这深根于西方现代文明的肌体中,并且由过去受钳制和约束状态发展到了所谓进步主义意识形态及其霸权主义宰制下赤裸裸的日常生活状态。处在如此状态中的人,实质如同马尔库塞(Herbert Marcuse)所说的"单向度的人",或阿甘本所说的"活死人",阿多诺直接称为"样品"。更糟糕并同时需要人们警惕的是,这一点深层聚焦并映射了晚期西方资本主义社会的根本危机状况以及趋势。另一方面,由于"与经验相协调的基础"④ 遭到破坏或现代社会灾难性现实及其潜能越发巩固,同一性哲学传统乃至形而上学传统显示出一如既往的"麻木不仁"或"漠不关心"。这在客观上同时催生、促逼"否定的历史哲学"和"否定的辩证法"等的形成,并通过奥斯维辛批

---

① [德]阿多尔诺:《否定的辩证法》,张峰译,重庆出版社1993年版,第367页。
② [德]施威蓬豪依塞尔:《阿多诺》,鲁路译,中国人民大学出版社2008年版,第47页。
③ [德]阿多尔诺:《否定的辩证法》,张峰译,重庆出版社1993年版,第369页。
④ [德]阿多尔诺:《否定的辩证法》,张峰译,重庆出版社1993年版,第362页。

判而引出理性"批判的自我反思"这一转动轴。① 上述两个方面共同深切地构成了阿多诺探索艺术和审美与灾难关系问题的关键性条件和历史语境。在人文、社会科学原本赖以存在并与之保持紧密协调的历史、现实经验基础"坍塌"或"崩溃"境域中,艺术和审美应当何去何从,"是否还能继续存在"对于阿多诺来说,这不仅是理论问题,更是深层地关涉到艺术和审美乃至人类生活价值和意义的现实问题。因为阿多诺不仅把"社会现实与自律性"并列称为"艺术的双重性"②,而且把艺术和审美的命运问题置于晚期资本主义文明境域中加以严格定位、重估以及筹划③。就此而言,这个问题固然属美学问题,但同时深刻关涉伦理问题、历史问题和文化问题等。譬如,阿多诺美学视域就跃出了传统美学学科壁垒和界限,而波及社会生产、科学、道德、政治、神学等。美学家沃尔夫冈·韦尔施(Wolfgang Welsch)"美学即媒介"说④与此契合。由此,或许也提示人们不宜由传统哲学美学,应当而且必须超出传统哲学美学视界,客观地开掘和阐发阿多诺伦理性质的、文化哲学性质的或历史哲学性质的美学思想。

在如此这般境域中,艺术和审美的命运问题日益紧迫、棘手起来,即:灾难对艺术和审美的冲击和挑战,以及艺术和审美应对灾难产生的变化等。

艺术和审美缘何遭到巨大冲击和挑战?可以从两个层面来看,一是现实层面,一是理论层面。我们可从阿多诺《文化批评与社会》的名言"奥斯维辛之后写诗是野蛮的"⑤展开论析。这一著名判断似乎蕴藏着德特雷夫·克劳森(Detlef Clausen)所批评的"否定神学式的禁令",即奥斯维辛之后人们不应当"写诗","写诗"或艺术将不复存在。不过由根底上看并非如此。这里是说:奥斯维辛揭示或提示了西方现代文明"现代野蛮主义"的面相,

---

① [德] 阿多尔诺:《否定的辩证法》,张峰译,重庆出版社1993年版,序言部分第2页。
② [德] 阿多诺:《美学理论》,王柯平译,四川人民出版社1998年版,第385页。
③ 参见 Nels Jeff Rogers, *Theodor W. Adorno's Poetics of Dissonance*: *Music, Language and Literary Modernism*, The University of Pennsylvania, 2001. p. 112. 这篇博士论文就体现出了这一努力。
④ [德] 沃尔夫冈·韦尔施:《重构美学》,陆扬、张岩冰译,上海人民出版社2006年版,第1页。韦尔施认为,美学日益成为理解现实的一种普遍的媒介,它将涉及日常生活、伦理学、艺术等方方面面。
⑤ Adorno, Theodor W., *Gesammelte Schriften*: Bd 10.1, Frankfurt am Main: Suhrkamp Verlag, 2003, S. 30.

而传统艺术和审美则根据自身肯定性原则而企图对这种否定性、灾难现实进行肯定性表现，或者说从受害者、受难者以及"牺牲品的命运"① 中榨取出肯定性意义，这种做法意味着需要付出悖逆人类道德理性或情感、记忆伦理，以及臣属于既有资本主义社会原则和秩序等代价。特别地，也指向阿多诺如下深刻判断：在魔法支配下，"审美的生活"乃"不自觉的无动于衷"，甚至"软弱的"、带有"罪责"的"错误的生活方式"。

  在魔法支配下，生存者要在不自觉的无动于衷——一种出于软弱的审美生活——和被卷入的兽性之间进行选择。二者都是错误的生活方式。但其中一者是为正当的超然和同情所要求的。……自我保护的唯一麻烦是人们禁不住怀疑它强加于人们的生活是否变成了某种使人们发抖的东西，变成了鬼怪，变成了幽灵世界的一部分，而这幽灵世界又是人们觉醒的意识觉得不存在的。这种生活作为纯粹的事实将扼杀其他生活。在统计学看来，这种生活的罪责以极少数人的获救来弥补绝大多数人的被谋杀，仿佛这是由或然性理论所预言的——这种罪责是和生存不相调和的。这种罪责并没有停止再生自身，因为目前它还不能一下子被充分意识到。②

如此，传统艺术和审美那种"肯定的否定"本质，与其说是对受难者、受害者的所谓"救赎"，毋宁说是"以极少数人的获救来弥补绝大多数人的被谋杀"。阿多诺一再强调"绝对的否定性"，除去理论预设、叙述"策略"③ 等因素外，恐怕这一"决定命令"的真正意图就在于：不可通过榨取和转化否定性为肯定性，而造成对否定性的戏谑、剥夺和遮盖。这深刻牵涉伦理问题、文化哲学问题等。因此，奥斯维辛之后"写诗"无疑是"野蛮"的。这说明传统艺术和审美因其赖以存在的现实经验基础崩塌、自身内在限

---

① ［德］阿多尔诺：《否定的辩证法》，张峰译，重庆出版社1993年版，第362页。
② ［德］阿多尔诺：《否定的辩证法》，张峰译，重庆出版社1993年版，第364—365页。
③ 参见郑伟：《经验范式的辩证法解读：阿多诺"否定的辩证法"研究》，北京师范大学出版社2015年版，前言部分第3页。该著认为，阿多诺"绝对的否定性"只是一种"理论外观"和策略而已。

度等而显得危机重重。特别是,在如此境域中,艺术和审美所秉持的"分离式"①"救赎"问题越发凸显。这种救赎在阿多诺看来俨然是一种脱离"总体性"的"救赎幻象",因为"进步、救赎与历史的内在性构成的格局,他们不能消解为各自分离的要素,否则就会相互毁灭"。② 不过,需要说明的是,这里对"总体性"的强调并不与阿多诺"总体性"批判相矛盾和抵牾,因为这种"总体性"并不是与客体或对象"不同一"的单一"总体性",而是与客体或对象同一的复杂"总体性"。③ 这反过来也映射了这样一个现实,即如阿多诺在《美学理论》中所说:如此这般的社会不再需要艺术,它对艺术的态度和姿态是"病态或反常"的,或者说在如此这般的社会中艺术或许只能以异化的附庸状态,或非客体、"非对象"状态而存在。

《文化批评与社会》的"奥斯维辛之后写诗是野蛮的"这一判断,如前所提到,隐含了如下意蕴:传统美学在其中扮演了不光彩辩护者和助推者角色,因而也势必走向式微。这主要体现在传统美学面对如此巨变的新境域,如"文化工业"的泛滥和固化④,尤其是传统艺术和审美的尴尬处境和危机,以及艺术和审美的新变化、新要求以及新使命时,而显示出难以适从、解释失效等状况。这里的深层性根源,在于传统哲学美学是与现代启蒙文化和资本主义文明深度契合、历史关联在一起,以及由此而赋予的"旁观者"属性、"客观性意识形态"属性等特征。如此"病态""极端""反常"的社会,促逼阿多诺不得不严肃反思艺术和审美的危险和窘迫处境,确切说就是艺术和审美的价值和意义问题。

在"不人道生活"从例外状态转换为人类生活的新常态这一恐怖趋势越发严峻的境域中,传统艺术和审美形式、观念、概念等都亟需实质性改造和革新。这首先是因为,传统艺术和审美秉持肯定性、愉悦性本质传统,对社

---

① 参见[斯洛文尼亚]阿莱斯·艾尔雅维茨主编:《全球化的美学与艺术》,刘悦迪译,四川人民出版社2010年版,第107页;彭锋:《西方美学与艺术》,北京大学出版社2005年版,第16—17页。这种分离式美学传统,强调保持与现实的距离,而退缩到与世无争的"救赎"世界。

② Adorno, " Progress", *Can One Live after Auschwitz? A philosophical Reader*, New York: Stanford University Press, 2003, p. 130.

③ [德]阿多尔诺:《否定的辩证法》,张峰译,重庆出版社1993年版,第144页。

④ Lee, Hyo - Seong, *Overcoming Reified and Administered Communication: A Critical Analysis of Theodor W. Adorno's Theory of the Culture Industry*, Northwestern University, 1987. p. 36.

会现实状况采取分离式的、旁观者式的"凝神观照",由社会现实这一对象所获得的是肯定性意义、愉悦快感等,而包括灾难在内的社会现实则被这种艺术和审美匆匆地掠过、不经意地戏谑。① 对于如此状况,阿多诺首先质疑和批判其肯定性、愉悦性等所谓本质特征,认为这容易导向"享乐主义""烹饪术"等。② 更为重要的是,这种艺术面对否定性现实时,虽然也控诉和谴责,但其企图不是让人们认识真相或真理以促进改变和实践潜能,而是试图通过谴责和控诉而抽身出来,以藏匿到远离这种现实的精神性港湾或乌托邦乐园,故本质上乃逃避式的"欣赏玩味"。对复杂否定现实起到的作用不是反思、阻止以及防御,相反某种意义上导向"纵容""粉饰"③ 以及鼓吹。在此意义上,阿多诺判定亚里士多德、康德一脉"愉悦或快乐"美学传统,或许客观上不知不觉间扮演了一个或隐或显的推波助澜的角色。

面对如此状况,艺术和审美的救命稻草在于唤醒和重铸其"真理性"本质维度,这历史地蕴含伦理性、文化性等,从而再造艺术和审美。在阿多诺看来,"真理性属于艺术作品的本质特性,因此艺术作品具有认知意义"④,即艺术真正要求人们的是认识其中的真相或真理。就此而言,艺术是认识的艺术,是反思的艺术,是真理的艺术,那种把艺术限定在非理性界限内的论调可以休也。需要说明的是,阿多诺并不像哈贝马斯说的那样要"把认识的职能让渡给艺术",也不像吕迪格尔·布伯纳(Rüdiger Bubner)所言要有意模糊哲学与艺术界限,或者凸显"理论自身的审美化",而是强调"艺术参与认识"⑤。正是在此意义上,格雷特尔·阿多诺和罗尔夫·蒂尔德曼援引弗莱德利希·施莱格尔那句名言,即"被称之为艺术哲学的东西经常是二缺一:或缺哲学、或缺艺术"⑥,作为《美学理论》的题词,深刻揭示和突出了阿多诺尝试把艺术与哲学历史地统一、融合的企图和努力。根据维尔默研

---

① 参见 John Thomas Giordano,*The Destinies of the Work of Art Aesthetics Theories in Holderlin and Adorno*,Duquesne University,1995,p. 301. 阿多诺艺术审美理论遭遇的误解实际上就映射了这一点。
② [德] 阿多诺:《美学理论》,王柯平译,四川人民出版社1993年版,第27页。
③ [德] 阿多诺:《美学理论》,王柯平译,四川人民出版社1993年版,第572页。
④ [德] 阿多诺:《美学理论》,王柯平译,四川人民出版社1993年版,第583页。
⑤ Adorno,Theodor W.,*Gesammelte Schriften*:Bd 8,Frankfurt am Main:Suhrkamp Verlag,2003,S. 330.
⑥ [德] 阿多诺:《美学理论》,王柯平译,四川人民出版社1993年版,第611页。

究，艺术是"文明进程中仿作性（又译模仿性）行为方式作为思想的东西的加以保存的领域"，而且是超凡脱俗的"客体化了的仿作"。这一关于本雅明和阿多诺"仿作"概念的判断，与阿多诺所说艺术作为"仿作与合理性的辩证造型"① 相契合，不仅凸显了"艺术乃是运动中的综合物"②，而且提示了艺术中的未受概念拜物教所困扰、凝滞和囚禁的认识潜能。艺术这种认识特性，即核心体现在"艺术的真理性内容"——"个别者或特殊者之秘密的客观绽放"，"绽放"本身就指明了"真理"③——而且"唯有哲学"才能发掘这种内容，这种发掘不是凭借"外在方式"，而是"内在方式"④。或许正是因为这一点，阿多诺特别强调艺术的"自我反思性"，甚至把"非反思艺术"（non-reflective art）视为"反思时代"的怀旧主义式的"奇思怪想"⑤。之所以如此，在于这里更根本地反映了阿多诺《否定的辩证法》反复强调的"客体优先性"，更确切地说就是"伦理优先性""文化优先性"以及"社会优先性"等。阿多诺以为，"反思时代"要求的是"反思艺术"或"真理艺术"，而且这种反思需要以被思考的东西、非概念物、非同一物为历史条件和解救目标。如下这段话或许说明了这一点："非同一性是同一化的秘密目标，它是解救的目标；传统思维的错误在于把同一性当作目标。"⑥ 真理性内容与包括"世俗经验""社会集体特征"以及"本能解放"⑦ 等在内的社会现实深切相通。用阿多诺的话说就是"真理性内容与社会性内容是互为中介的"⑧。这深刻透露了阿多诺对艺术和审美与社会现实关系的崭新思考。

"社会现实"与"自律性"一起被阿多诺视为艺术的双重属性。艺术

---

① Adorno, Theodor W., *Gesammelte Schriften*: Bd 7, Frankfurt am Main: Suhrkamp Verlag, 2003, S. 192. 相对于中文版本，译有改动。
② [德] 阿多诺：《美学理论》，王柯平译，四川人民出版社1993年版，第591页。
③ Adorno, Theodor W., *Gesammelte Schriften*: Bd 7, Frankfurt am Main: Suhrkamp Verlag, 2003, S. 193. 相对于中文版本，译有改动。
④ [德] 阿多诺：《美学理论》，王柯平译，四川人民出版社1993年版，第573页。
⑤ [德] 阿多诺：《美学理论》，王柯平译，四川人民出版社1993年版，第566页。
⑥ [德] 阿多尔：《否定的辩证法》，张峰译，重庆出版社1993年版，第146页。
⑦ 陈瑞文：《阿多诺美学论：评论、模拟与非同一性》，远足文化事业有限公司2004年版，第238页。
⑧ [德] 阿多诺：《美学理论》，王柯平译，四川人民出版社1993年版，第441页。

与社会现实的关系在"反思时代",正在发生着历史性、本质性的深层变动和转换,而这聚焦于否定性关系的形成和凸显。需要注意的是,如此"否定性关系"不是走向"肯定性关系"的对立面或相反面,因为其意图和目的在于历史地批判、改造和超克"肯定性关系",从而构建起新型的"否定性关系"。这种新型关系揭示出艺术和审美面对社会现实,尤其是灾难性现实时,不是像传统艺术和审美那样采取"肯定的否定",而是采取与哲学具有亲和性的历史反思或社会批判。① 如此,艺术的真理本质属性便获得了昭示和彰显,人们由艺术中获得的不再是"掩耳盗铃式"的所谓"愉悦"或"快感",而是刺穿社会现实的"真相"以及引起的沉思。更重要的是,艺术真理本质也深层地改变着"救赎","救赎"不再是逃避现实或与现实隔离的乌托邦或避风港,而是意味着这样的状况:在反思或批判基础上艺术所带来或指明的"救赎状态"中,"一切都如其所是,可是一切又全然有别"②。这里深刻地映射出,艺术绝非企图由社会现实中抽取和想象出一种肯定性的、同一性的意义而致使社会现实模糊化和晦暗不彰,而是彻底揭示和批判社会现实,即"艺术乃是社会的社会对立面(social antithesis)"③,从而洞察其深层奥秘和真相,并在"自律性"驱使下,实现由经验现实的不人道或灾难状态批判,上升到指明一种通向蕴含伦理性、文化性的未来世界的可能路径④。

从理论层面看,艺术和审美要有效应对如此冲击和挑战,就需要新型的艺术和审美理论,一种本质上有别于传统艺术和审美理论的理论。阿多诺就明确指出:"艺术能否继续生存下去的问题,有赖于一种新的形式美学出现的可能性。"⑤ 但是阿多诺何以如此重视"形式"呢?除了应对作为"无差

---

① 陈瑞文:《阿多诺美学论:评论、模拟与非同一性》,远足文化事业有限公司2004年版,第205页。在黑格尔绝对精神视野下,艺术被提到了真理和哲学层面,艺术以形象呈现,承载"当下与过去之精神状态",而哲学则属于观念世界之活动。

② Adorno, Theodor W., *Gesammelte Schriften*: Bd 7, Frankfurt am Main: Suhrkamp Verlag, 2003, S. 16. [德]阿多诺:《美学理论》,王柯平译,四川人民出版社1993年版,第10页。

③ [德]阿多诺:《美学理论》,王柯平译,四川人民出版社1993年版,第13页。

④ 参见John Thomas Giordano, "The Destinies of the Work of Art Aesthetics Theories in Hölderlin and Adorno", Duquesne University, 1995. p. 134.

⑤ [德]阿多诺:《美学理论》,王柯平译,四川人民出版社1993年版,第247页。

别的连续统一体（undifferenzierten Kontinuum）"和"形式乌托邦神话"的现代社会世界，其奥秘在于"形式"被认为是"各种细节的审美综合体"，特别是"形式是艺术的反野蛮行径的维度"。或许正基于此，阿多诺强调艺术倘若要继续生存，社会批判就务必要提高到"形式的层次上"。① 由此，我们完全可以窥视到阿多诺对艺术和审美问题的反思和探寻背后的深层动机、文明关切及其历史奥秘。这些又特别是在人类生活灾难引致艺术和审美内部的聚变和地震，以及艺术和审美反过来对这种否定性现实的应对，这一核心问题的反思和探寻中生成的。进言之，艺术和审美历史地应对冲击和挑战，又不仅仅取决于包括新观念、新体系、意识形态等在内的社会生产关系状况，从根本上说取决于"社会生产力发展状况"。譬如高度发达的照相技术、摄影技术、颜料技术等，为艺术技巧更新、艺术对象的捕捉、艺术边界拓展以及艺术想象力的激发和延伸等提供了客观条件。阿多诺判定"社会生产力发展状况"真正孕育和包含着艺术和审美远未充分达到和实现的诸种新可能性。而这一点不仅揭破了那种流行的"纯粹精神性艺术幻想"，同时也把艺术和审美与社会生产力牢固地捆绑在了一起，这在相当意义上决定了艺术和审美在共享社会生产力带来革新和发展的同时，恐怕也难以避免坠入"技术逻辑"、"社会逻辑"以及"政治逻辑"② 等所共同构织的现代"宰制性世界（the administered world）"，并且某种意义上沦为"附庸"甚至"帮凶"。这历史地呼唤一种"新美学"，阿多诺贯之以"新辩证法美学""新艺术哲学""新形式美学"等。在以各种方式相信"启蒙和进步"观念、而又在背后隐藏着"不可思议的野蛮"③的资本主义文明境域中，无论如何，如此"新美学"不仅要能够对身处其中艺术和审美实践危机、理论危机状况展开有效揭示、历史批判以及具体化改造和超克，同时也需要对如此境况下艺术和审美的新经验、新趋势等进行严

---

① 参见［德］阿多诺：《美学理论》，王柯平译，四川人民出版社1993年版，第435、250—251、427页。

② ［匈］阿格尼丝·赫勒：《现代性理论》，李瑞华译，商务印书馆2005年版，第95页。赫勒对现代性之技术逻辑、社会逻辑以及政治逻辑等三重逻辑的揭示和分析切中了现代性之本质和内核。尤其把技术逻辑理解为"科学作为现代性的支配性世界观"，符合西方现代文明发展趋向，因而是具有历史远见的。

③ ［德］霍尔格·波利特：《废除革命：对罗莎·卢森堡和西奥多·W. 阿多尔诺的评述》，载何萍、吴昕炜主编：《法兰克福学派与美国马克思主义》，人民出版社2014年版，第7页。

肃思考和把握。因而如此"新美学",如阿多诺所言,必须以"真理性"为目标,必须是能引致"反思"的美学,否则就有可能沦为"烹饪观"。这种强调不是为理论而理论,而是切实地体现为文明史关怀和人文关怀。艺术从根本上讲应当对进步合理的"理性社会"或"一体化社会",即管制化、官僚化社会中"受压抑和受支配事物表示关切",包括人自身。但颇为糟糕的是,"那种社会将抵制性的艺术同化和习俗化了,结果将其托管给一个非理性保护区,在那里严禁反思介入"①。这一点本质上关涉到阿多诺哲学和美学的"核心动机",即"对无望者的拯救"。② 或许正是在此意义上,阿多诺说:"一件历史产物可能是真理这一假设,是当代美学的中心议题。"③ 由此看,阿多诺美学当是一种伦理的美学、文化哲学或历史哲学的美学。

至此,或许我们可以说,不论是对艺术和审美困境或危机状况的揭示和批判,还是对新艺术和新美学的发掘和铸造,都深层地贯穿着阿多诺对人类遭受的灾难的深切忧思,而这种忧思,最特别地表现为对受压抑者、受支配者、受难者、个别者、易逝者等的展露和拯救,或许阿多诺"弥赛亚之光"就蕴藏于此。④ 换言之,这种由根本上关联到人类生活意义和价值之实现的展露和拯救,构成了阿多诺美学由以生成、出场和运转的核心动机、根本旨归。这决定性地揭示和映射出,艺术应当是包含道德、政治、历史、文化等多重向度的复杂实践,艺术真理性就此而论毋宁说深切关涉到伦理性、政治性以及文化性等。

不妨借用阿多诺的原话作为一个承上启下的联结,"有关艺术是否可能和如何可能这一度显得激进的问题,需要得到刻不容缓的和切题的重新阐述:就是说,今日艺术的那些具体的可能性到底是什么?"⑤

---

① [德]阿多诺:《美学理论》,王柯平译,四川人民出版社1993年版,第364页。
② [德]施威蓬豪依塞尔:《阿多诺》,鲁路译,中国人民大学出版社2008年版,第62页。根据施威蓬豪依塞尔研究,阿多诺早在20世纪30年代就将"对无望者的拯救"称作自己一切理论工作的"核心动机"。
③ [德]阿多诺:《美学理论》,王柯平译,四川人民出版社1993年版,第5页。
④ 参见 Heather Anne Thiessen, *Messianic Light: Utopian Discourse in the Work of Theodor W. Adorno, Luce Irigaray and Giorgio Agamben*, University of Louisville, 2010. p. 26. 该文系统论述了阿多诺"乌托邦话语"的现实指向性和局限性。
⑤ [德]阿多诺:《美学理论》,王柯平译,四川人民出版社1993年版,第569页。

第二章 路向调转:"概念拜物教"与"概念的仿作"

根据施威蓬豪依塞尔的判断,阿多诺流亡归国后仍然坚持其一贯的思考和探索取向:以《否定的辩证法》开篇经典论断,引出其致力于马克思所开创的哲学事业,即由社会整体中实现哲学,如此以扬弃哲学自身。① 我们以为施威蓬豪依塞尔的判定客观公允,而且根本地触及到阿多诺哲学和美学的基本定向。这一判定特别地映射出如下状况,即由于阿多诺沿传了马克思哲学传统这一脉,极其强调"改变世界"相对于"解释世界"② 的本质重要性,由此引发其思想根基处的根本变动及其带来的探索方向、理论旨趣等的深刻调整。难怪阿多诺始终聚焦和专注于一体化的、管制化的、同一化的社会现实,或者说"否定性现实",而这恰恰促使阿多诺得以发掘和窥视齐美尔、霍克海默等所说的传统哲学对"否定性现实"麻木和无视的奥秘。阿多诺对"意识与其对象完全同一"的"同一哲学"传统,乃至整个形而上学传统之"虚妄性""天真性"的揭露和批判,如伽达默尔(Hans-Georg Gadamer)也意识到德国唯心主义存在"断言的天真""反思的天真"以及"概念的天真"等③,正是在如此语境中历史展开和推进的。

需要指出,某种意义上传统美学批判与传统哲学批判深度缠绕在一起,像阿多诺判定美学更新与哲学进步状况紧密关联一样。如前面已经提到的,

---

① [德] 施威蓬豪依塞尔:《阿多诺》,鲁路译,中国人民大学出版社2008年版,第59页。
② 《马克思恩格斯选集》第1卷,人民出版社1972年版,第19页。
③ 参见[德] 伽达默尔:《哲学解释学》,夏镇平、宋建平译,上海译文出版社1994年版,第118—119页。伽达默尔指出,德国唯心主义者(谢林、黑格尔等)坚持所谓"同一哲学",并且批判了德国唯心主义的三重"天真的假设"。这是极具本质深度的批判,值得今人反思。

阿多诺美学思想的"核心动机"和根本立场在于对受难者、受支配者、受压迫者、差异者等的表露和拯救。而这一方面需要本质地指向并击中传统哲学美学的软肋或死穴,如"概念拜物教""存在的神话""预先判断(idealistic prejudgement)""虚假的需要"等。概念所指的东西或意识的对象,遭到封存和放逐。① 阿多诺指出,过往美学已经陷入了无法从理论上澄明和阐释艺术实践危机以及其与诸艺术概念系统之间危机到底有何意义的困境。② 另一方面,既然要求彻底批判并跃出传统哲学美学基座和界域,就需要重铸一种能体现和实现其"核心动机"和根本立场的,以及尊重差异性、包容性和交往性的新美学。这种奠基在传统哲学批判、美学批判以及否定性现实反思之上的"核心动机"和根本立场,深刻地折射并规约阿多诺美学思想的现实性定向、文明史使命等。而这,由基本方向上看仍然处在马克思所开辟的哲学和美学主航道上——马克思哲学和美学既立足受压迫者、受苦难者、异化者所处资本主义现代文明境域,同时又着眼于全人类的拯救和解放高度。恩格斯把"美学观点和历史观点"称为"最高标准"的奥秘,或许蕴藏于此。③ 实际上,阿多诺美学探索的高度可能就在于文明史关怀,即在现代文明危机境域中艺术和审美应当何为。

在如此境况和意义上,阿多诺要追问的是:昔日风光无限的传统哲学美学何以在现代文明危机境域中而招致岌岌可危、困境重重的厄运呢?日益严峻一体化、同一化现代世界向艺术和审美提出了崭新的要求和挑战,同时艺术和审美自身急剧变换以及危机状况与传统哲学美学的激烈冲突等,特别是,传统哲学美学本身的固有局限、缺陷,导致其难以历史辩证地应对现代世界境域中艺术和审美变化以及危机状况。下面,我们将从阿多诺关于认识论、本体论(如"现实性的本体论"批判④)、康德、黑格尔、克尔凯郭尔(Kierkegaard)等诸种批判中,揭露和呈现传统哲学美学何以在应对日益

---

① [德] 阿多诺:《美学理论》,王柯平译,四川人民出版社1998年版,第439页。
② [德] 阿多诺:《美学理论》,王柯平译,四川人民出版社1998年版,第570页。
③ 恩格斯:《恩格斯给拉莎尔的信(论革命悲剧)》,见《马克思、恩格斯、列宁、斯大林论文艺》,人民出版社1959年版,第15页。
④ [斯洛文尼亚] 齐泽克、[德] 阿多诺等:《图绘意识形态》,方杰译,南京大学出版社2002年版,第59页。

"板结化"或"僵死化"现代世界时陷入"疲软无能"与"麻木冷漠"状态，以及其可延续、可改造的潜能。

一、"本原哲学"批判与"形而上学美学的消亡"

阿多诺在《哲学的现实性》中深刻地提示了这样一个问题：已有诸种哲学模式竭力尝试阐释现实经验，但却又何以统统遭遇了滑铁卢呢？① 这一问题由根本上触及到了传统哲学的脆弱性秘密，即它们只是虚假地关注现实经验，或者说它们实质关注的还是它们自身。阿多诺已然揭示了这一本质："占统治地位的哲学观点假定事物是从一个基础中产生的。"② 而这一秘密，深层地藏匿在阿多诺称之为"本原哲学"传统的东西之中，或更确切地说就是诸种正统的或变异的唯心主义系的根基之中③。难怪阿多诺说："超越纯哲学同实体或形式科学领域的公开分离是他的一个决定性动机。"④ 仅就此而言，不难发现，阿多诺并不是基于理论的纯粹完备性或"天真的假定"来开展批判的，毋宁说是基于理论对现实经验世界的历史表露、反思和筹划。这一点由阿多诺的"反体系"宣称亦可窥见一斑。或许正是在此意义上，作为"回避一切美学论题"的《否定的辩证法》，不可否认也在秘而不宣地思考和探索美学的一些根基性思想构件。下面，我们将结合《否定的辩证法》《美学理论》等著述对阿多诺关于传统哲学美学的"认识论"和"本体论"问题的批判而展开论述，以期窥视否定性现实境域中美学的新取向、新意义以及新使命等。

面对晚期资本主义文明或现代文明境域中美学困境和危机，阿多诺由德国"流行的本体论"状况出发，深切透视和批判这般"本体论"的"成问

---

① 转引自 Brian O'Connor, *Adorno's Negative Dialectic*, London：The MIT Press, 2004, p. 5. 此文存多个中译本。
② ［德］阿多尔诺：《否定的辩证法》，张峰译，重庆出版社1993年版，序言部分第1页。
③ ［德］阿多尔诺：《否定的辩证法》，张峰译，重庆出版社1993年版，英译者按语部分第3页。根据E. B. 阿什顿的判断，阿多诺对唯心主义者、实证主义者、新本体论者、直觉主义者、存在主义者、正统马克思主义者等均展开批判。这些蕴藏着同一性原则和认同强制等对现实世界的威胁因素。
④ ［德］阿多尔诺：《否定的辩证法》，张峰译，重庆出版社1993年版，序言部分第2页。

题的需要"以及其"神话",试图由此发掘美学陷入如此困境和危机的思想史密码。

西方哲学自发轫以降,就致力于构筑海德格尔所言的"存在者"思想传统,并且试图由此来把那些杂多性、异质性、差异性、特殊性等统统置于理性强制原则之下而加以过滤、筛查以及囚禁等。① 确如阿多诺所揭示的,在历史高度上哲学真正感兴趣的"非概念性、个别性和特殊性",或黑格尔所说"惰性的实存",自柏拉图以降总被人们当作"暂时的"和"无意义的东西"而遗弃。如此,那种"哲学的主要危险在于证据选择的狭隘性"② 论断业已隐微、有限地指向这一点。这实际上反映出"哲学危险"在于:外在、脱离并对立于现实事物、现实世界,在西方哲学史上绝非偶然,早已形成了根深蒂固的历史传统。③ 怀特海《过程与实在》名言也支持这一点,即由过程哲学而判定数千年西方哲学史不过是柏拉图的注脚,而实际上柏拉图乃"本原哲学"的发端。而这必然归于传统本体论和认识论的宿命,即存在者、客体或对象周遭的一切都被隔绝和铲除,结果自然就是普遍、一般、封闭、纯粹的"抽象化"或者说"同一化"概念实体和表象体系。这样一种倾向和理念也渗透在传统哲学美学之中,特别地反映在美学本体论和认识论上,譬如黑格尔美学"理念说"。《文学笔记》通过语言和历史双重批判,悄然引入"文学事件"视域④,也折射了"本原哲学"传统的危险性。

在"交换社会"或"控制社会"境域中,阿多诺断言"本体论的需要"乃"成问题的需要"。需要说明的是,不再基于神学或天真假定,而是径直依靠并从《否定的辩证法》导论所确立的具有自我批判性的"哲学经验"及其所指向的经验现实世界而展开"本体论"批判,而这深层地通向阿多诺理论工作的"对无望者的拯救"、对美好世界的筹划这一"核心动机",及其所示的前进路线和方向。或许正是在此意义上,阿多诺借以开启的朝向美学的

---

① [德] 施威蓬豪依塞尔:《阿多诺》,鲁路译,中国人民大学出版社2008年版,第65页。
② [英] 怀特海:《过程与实在》,杨富斌译,中国城市出版社2003年版,第611页。
③ 参见 [德] 阿多尔诺:《否定的辩证法》,张峰译,重庆出版社1993年版,第6、54页。
④ 参见 Ulrich Plass, *The Art of Transition: Language and History in Theodor W. Adorno's Notes to Literature*, New York University, 2004. p. 42. 该文论述了《文学笔记》所蕴含的"艺术转变或变迁"思想。

"战略退却"①或者说"回归",才获得了存在论意义上的奠基,也由此艺术和美学被阿多诺赋予了不同于传统的崭新意义、使命以及目的等。而这在《启蒙辩证法》《否定的辩证法》《美学理论》等著述中被特别地呈示为:对于同一性原则及其具体化状况的刺破和反思,或更确切地说,真正用意在深层地揭橥和批判启蒙和资本主义逻辑、原则、结构、秩序及其现实危机②,同时竭力由此而仿作一种"乌托邦救赎"状态,或者说"超越事物界(world of things)"③状态———一切是其所是,但又全然有别。理查德·沃林关于阿多诺美学的道说也透辟地揭示了这一信息,即艺术"既揭示目前现实的贫乏和无聊,又试图为通往某个遥远无期的将来指明一条道路"④。

"本体论"被解释为允诺一种不言自明的"他治秩序"神话。这反映了"同一哲学""本体论"的一般特征,即追逐"基始性本原",而且促逼哲学冲破反思性栅栏而滑向并成为非反思性的"绝对"或者说"唯一"。这里显然蕴藏着一种肯定性的同一性霸权或者说"认同暴力"。这在深层意义上炮制了"存在者"或"存在物""易逝者""被忽视者""被奴役者"等诸种"他者实体"或"多余者",特别是"质的要素"的解体厄运。关于这一点,阿多诺特别是在对海德格尔"存在"哲学的解析和批判中展开的。阿多诺判定,"本体论"的盛行状况酿造了一种普遍性幻象:充斥"唯名论和主观主义沉积物的意识"完全可以捕捉和把握"直接意向的状态",并通过自我反思而转换为"现实的东西"。实际上,德国乃至欧洲正笼罩并沉溺于如此这般"本体论"幻象之中,却绝少为人道破。20世纪哲学大师海德格尔识破这种把戏,因而企图在直接意向与间接意向、主体与客体、概念与实体之外凭借"存在"学说来规避和克服这一两难抉择或困境。海德格尔取道"存在",

---

① [美]马丁·杰:《阿多诺》,瞿铁鹏、张赛美译,中国社会科学出版社1992年版,第241页。

② 张一兵:《阿多尔诺:永远的思想星丛》,见何萍、吴昕炜主编:《法兰克福学派与美国马克思主义》,人民出版社2014年版,第16页。该文提出阿多诺开启了"全面批判资本主义的全新思路"。李佃来的《阿多尔诺与西方马克思主义的终结》认为"拒绝全部工业文明进步和启蒙理性"要进一步斟酌。

③ 参见[德]阿多诺:《美学理论》,王柯平译,四川人民出版社1998年版,第144—145页。

④ 参见[美]理查德·沃林:《文化批评的观念》,张国清译,商务印书馆2000年版,第129页。

出于两个主导性考虑：一方面是西方哲学隐而不彰的古老"存在"传统，而且海氏认为"存在问题"具有"优先地位"①；另一方面则是企图利用"存在"本身的模糊性、多义性以及神秘性，在伊奥尼亚人那里"物质、始基和纯本质"三义还处于混沌状态，以"治愈'存在'概念的概念性创伤、弥补思想与其内容之间的裂痕"②。这是不是就意味着海德格尔精心编制的"存在乌托邦"能如愿以偿了呢？阿多诺指出："海德格尔的存在既不会是存在物，也不会是概念，它为了成为无懈可击的，便不得不以它的虚无性为代价——它蔑视任何靠思想和靠直观形象而获得的满足，仅仅为了纯名称的自我同一而使我们一无所有"。譬如，个体性的发掘以及保卫问题③，在海德格尔这里显然没有获得严肃对待和解决。除去上述做法带给海德格尔哲学和美学诸多益处之外，我们着重关注上述做法如何不可避免地接通并保持了海德格尔哲学与"本原哲学"的内在隐微关联，以及在"本原哲学"或曰"同一哲学"犯下诸种罪过（包含法西斯主义或纳粹主义政治）中又扮演了何种不光彩角色？我们体悟一下如下这段话：

> 哲学既不是一门科学，也不是实证主义以一种愚蠢的矛盾修饰法来贬损它的那种"沉思的诗"。……它的悬而未决状态不过是它本身的不可表达性的表达。在这一方面，哲学是音乐的一个真正的姐妹。……与其说思想的悬而未决状态是哲学著作的简明的品格，不如说它是理解哲学著作的前提，它可以在历史上涌现出来，又可以沉默下去，像音乐碰到的危险那样。海德格尔对此是敏感的，的确把哲学的这种特定品性——也许是因为它处在灭绝点上——改造成一种独特性，一种似乎更高级的客观性：哲学知道它既不是在判断事实，也不是在判断概念（一如过去被判断的那样），甚至不能确信它的对象，它还会在事实、概念和

---

① 参见 [德] 海德格尔：《存在与时间》，陈嘉映、王庆节译，生活·读书·新知三联出版社2006年版，第10、14页。海德格尔区分存在与存在者（存在物），认为"存在"遭到了遗忘，并突出了"存在"的优先性。
② [德] 阿多尔诺：《否定的辩证法》，张峰译，重庆出版社1993年版，第66页。
③ 参见 Marta Nunes da Costa, "Redefining Individuality: Reflections on Kant, Adorno and Foucault", *The New School for Social Research*, 2005. p. 102. 该文充分论述康德、阿多诺和福柯对个体性的重新赋义。

判断之外寻求它的实证内容。

  思想的悬而未决的特性因而被抬高到思想表达的那种不可表达性。非客观的东西被提升为它自身本质的鲜明的对象——因此受了损伤。在海德格尔想甩掉的传统的重担下，这种不可表达的东西在"存在"一词中成了可表达的和坚实的，对物化的抗议成了被物化的、脱离思维的和不合理的。海德格尔由于把哲学的不可表达的方面当作他的直接论题，因而自始至终把哲学挡在废除意识的范围之内。作为惩罚，它想挖掘的井泉干涸了。按他的说法，这是一个被填埋的井泉，勉强从间接地倾向于不可表达之物的、被破坏的哲学见解中渗出几滴水来。由于滥用霍尔德林（又译荷尔德林）的思想，海德格尔为我们时代的贫困所贡献的是一种幻想超越时代的思想的贫困。对不可表达之物的表达是没有的，凡在进行这种表达的地方，如在伟大的音乐中，它的印记是易逝的和短暂的，它依附于过程，而不是依附于一种陈述语气"这是它"。那些打算靠放弃思想来思考不可表达之物的想法使不可表达之物虚假化了，它们用它造出了思想家几乎不想让它成为的东西：一个绝对抽象的客体的怪物。①

"哲学既不存在于理性的真理中，也不存在于事实的真理中"，即不服从事实的有形标准和理性的无形标准。哲学与时俱进的复杂性、开放性以及更新性，决定性地与实证性认识保持距离的"严格性的生活"关联，而"严格性"则源于"哲学不是的东西中""对立面中"以及"反思中"。更重要的是："存在概念上的幻想就是这种先验性。但它的理由却在于海德格尔的规定性——是从定在中、迄今为止现实人类历史的苦难中抽象出来的——摆脱了对这些苦难的记忆。"② 由此，"作为定在的主观性之本质，《存在与时间》的主题类似于当人不再是人时人所留下的剩余物"。也就是说，"死亡成了定在的本质"，即"死亡形而上学"。③ 这揭示海德格尔遵循的秘密法则："永

---

  ① [德] 阿多尔诺：《否定的辩证法》，张峰译，重庆出版社1993年版，第107—108页。
  ② [德] 阿多尔诺：《否定的辩证法》，张峰译，重庆出版社1993年版，第117页。
  ③ 参见 [德] 阿多尔诺：《否定的辩证法》，张峰译，重庆出版社1993年版，第277页。

远不合理的、社会的、进步的合理性使人们越来越回到过去。"

胡塞尔"意式"（又译为"意向"）被《存在与时间》变为"存在的"，即全面地预先推定从局部领域直至最高领域原本是什么。进言之，即理性的构想可以预先设计一切丰富而复杂的"存在的结构"。这被阿多诺称为费希特、谢林等后康德唯心主义以降，"古老绝对哲学的第二次重演"①。阿多诺做出如此判定，一方面是因为尽管海德格尔意识到并企图坚决捣毁"意识的内在性"神话，但由于这种捣毁对"主观精神""物质"或"综合所作用于的现实"以及"人的关系"等保持冷漠，乃至"绝缘"，其结果反而甚至只能是对"超越主体与客体差别"之地位的篡夺和挪用，由此"存在"便悖逆了海氏的初衷而被捏造成了一种带有神学色彩的"统一和绝对性"②。另一方面，说到底就是20世纪西方现代文明满目疮痍、灾难深重的现实状况对"绝对哲学""本原哲学"或"同一哲学"等思想传统的巨大反讽和沉重打击，而这促使阿多诺对诸如此类传统以及其对社会现实的亵渎、入侵和腐化等负面作用，保持批判和警惕。③ 特别值得注意的是，阿多诺的批判映射出这样一种深层忧虑或危险——海德格尔竭力凸显"存在"的优先性、至上性以及无懈可击性④，如此一来恐怕就不可避免地意味着：一方面"存在"既非事实、存在物，亦非概念，而且千方百计抵制和摆脱任何思想意义上的规定性或限定性（因为这指向批判），由此而最终步入"神赐"以及K. H. 哈格所言"纯名称的自我同一"领域。⑤ 另一面，"存在超越了存在物，但存在物又原封不动地被掩盖在存在中"⑥，"存在"与"存在物"辩证法遭到压榨，存在物被以所谓"本体论的差别"为凭靠而本体论化地掳夺、盘剥与侵

---

① 参见［德］阿多尔诺：《否定的辩证法》，张峰译，重庆出版社1993年版，第58页。
② 参见［德］阿多尔诺：《否定的辩证法》，张峰译，重庆出版社1993年版，第81、82页。
③ Bradley James Butterfield, *Adorno, Baudrillard, and Postmodern Negative Realism*, University of Oregon, 1998, p. 331. 这里揭示了阿多诺对社会现实的后现代否定式观照，体现传统哲学美学的无能。
④ Daniel Barber, *The Production of Immanence: Deleuze, Yoder, and Adorno*, Duke University, 2008, p. 13. 实际上，这种"无懈可击性"就是"意识内在性"的高级变种。
⑤ 参见［德］海德格尔：《形而上学导论》，熊伟、王庆节译，商务印书馆1996年版，第I：《形而上学的基本问题》。"在（或存在）的问题是首要问题"，海氏拒绝怀疑"绝对的在（或存在）"。
⑥ ［德］阿多尔诺：《否定的辩证法》，张峰译，重庆出版社1993年版，第74页。

吞了。① 在这里，包括存在物、定在等，实质上都业已被收编为"存在的方式"了。海德格尔力保第一哲学，以免遭物质的偶然性、眼前的诸种短暂性以及杂多性等所灼伤与破坏。而这，势必导致"存在的神话"，并且令"存在"以及"生存本质"的疯狂信仰和崇拜退化为一种"奴役"和"宰制"，尽管也抨击和对抗唯心主义"精神拜物教"以及"存在的物化"等。阿多诺竭力强调"铭记分裂"（Remembering the Dismembered）的重要性②，或许根由就在这里吧。另一个不可忽视的关键信息是，这同时折射了功能概念对实体概念的排挤和碾压这一形而上学奥秘，而这又客观地关涉到思想上的健忘症和虚妄症，隐秘地纵容甚至助长了对野蛮状态或不人道状态的宽容。③ 或许正是在上述意义上，海德格尔恐怕难以撇清和开脱其理论自身所潜藏与法西斯主义和极权主义的暧昧性，以及来自其对手、反法西主义者等的攻击、指责和批判。

上述批判透露出如下信息："本原哲学"传统及其变种竭力追逐和实现不言自明的"统一和绝对性"与"他治神话"，却付出遮蔽和抹杀存在物或存在者，尤其是质的要素或差别的要素等惨重代价。就此而论，"本原哲学"传统深层意义上助推了"数量"的统治及其"暴力美学"，以及与其根本一致的科学客观化、集合统一、交换社会或理性社会等的合法化和泛滥④。阿多诺援引柏拉图《斐多篇》提示和告诫人们：量化或定量化必须以质的要素作为牢不可破的基底或底盘，否则理性就会悖逆自身坚持"质的要素"这一操守而损害、肆虐其本应当保全的对象世界，定量化倾向趋于绝对化，最终倒退为"理性神话"。可以说，断言"客体的优先性"（又译"第一性"）根本上构成了"《否定的辩证法》的纲领"⑤，无疑是恰当的。因为，"客体的

---

① ［德］海德格尔：《存在与时间》，陈嘉映、王庆节译，生活·读书·新知三联出版社2006年版，《导论》。"定在的本质在于它的实存"。因把非概念性的东西概念化为非概念性，故"本体论的差别"就消解掉了。
② 参见 Joseph Richard Winters, *Remembering the Dismembered: The Work of Mourning and Hope in Adorno and Morrison*, Princeton University, 2009. p. 86. 该文论述了"分裂"在阿多诺思想中的重要性。
③ 参见［英］霍布斯邦：《论历史》，黄煜文译，麦田出版社2002年版，第429页。
④ 参见［德］阿多尔诺：《否定的辩证法》，张峰译，重庆出版社1993年版，第42—43页。
⑤ ［德］施威蓬豪依塞尔：《阿多诺》，鲁路译，中国人民大学出版社2008年版，第65页。

优先性"不仅深切意味着阿多诺的拯救、筹划立场以及核心动机,而且本质地关联哲学根基处的悄然变动和革新。譬如,它宣告"主体第一性的解体"①。

在阿多诺看来,"本原哲学"传统所引致的危险和惊恐,并不止于哲学层面,业已渗透、延伸和传导至社会现实之中。这可以由阿多诺如下判断管窥一二:"对物化的伤害并不比本体论对科学活动的伤害更严重。"②"本体论"对科学活动的伤害的重要体现是:科学的客观化与定量化倾向保持一致,趋于排除"质的要素",并把它压榨成可计算的普遍规定性、确定性。需要注意的是,"本体论"这种危险性与启蒙进步主义话语和资本主义意识形态等历史裹挟、融合在一起,促使人们崇拜这种遗忘了自身本质的"科学活动",并相信科学对于控制和支配人自身、自然和社会具有无穷的进步意义。科学这般的变异和泛滥,深刻映射了现代社会的普遍"科学统治状态",或确切说,"工具理性和策略理性"的极速增长和强力扩张。③ 其结果是,马尔库塞所说"单面人"、阿甘本所说"活死人"、韦伯所说"铁笼"、马克思所说"异化社会"以及阿多诺所说"交换社会"或"理性社会"等。如此一来,"本原哲学"传统所允诺的"他治秩序",变成了一切质的要素遭到碾平、掏空,一切合法性需要吻合"邪恶的方向"的抽象秩序或存在结构,而这同时在为那种生产绝望、恐惧和尸体的"奥斯维辛式综合体"保驾护航。④ 哲学的需要虽然已经悄然变成了对避免和摆脱那种绝对支配性"精神物化"的需要,而这必须凭靠那种企图依赖恒常的起源或本原限制和阻止物化的形而上学,因而恐怕仍然难以刺透坚硬的物化现实外壳而触及和揭破其深层奥秘。由此,"本原哲学"由于僭越客体世界或对象世界等,根本上乃天真的、"还原主义"的。⑤

---

① [日]细见和之:《阿多诺:非同一性哲学》,李浩源、谢海静译,河北教育出版社2001年版,第148页。
② [德]阿多尔诺:《否定的辩证法》,张峰译,重庆出版社1993年版,第87页。
③ [德]哈贝马斯:《交往行为理论》第1卷,曹卫东译,上海人民出版社2004年版,第142页。
④ 参见[德]阿多尔诺:《否定的辩证法》,张峰译,重庆出版社1993年版,第85—86页。
⑤ 所谓"还原主义",将理性作为万物本原,万物仅分有理性且只有通过理性才能获识别,故而不同于理性。由马克思唯物主义看,"还原主义"本质上就是"为存在而存在"。

阿多诺援引尼采名言，即柏拉图以来"一切本体论都是唯心主义的"①。尼采的意思是，唯心主义本体论乃至整个形而上学传统，在根基意义上无疑只是维系、巩固和增强了"主体第一性"的独裁统治以及其引致的黑暗和暴力。《启蒙辩证法》将这一点历史地揭示为：人对自然的支配关系以及这种支配关系的现实反转。或许正是在此意义上，阿多诺说"对自然的控制就是哲学唯心主义的根基"②。这种根基，尼采《偶像的黄昏》把它刻画为"自我—实体"或"我是实体"。③ 由这一奥秘，阿多诺看到了那种无坚不摧、所向披靡、君临一切的"理性神话"。而这，不仅横扫了西方传统哲学、美学，而且日益渗透和蔓延至资本主义现代社会整个运转体系和结构之中。如此这般"本原哲学"根深蒂固地造就了西方传统哲学的"主客二元对立"认识论传统，即"我思"传统。它通过尼采所言说的"创造和构想"实现与其对象的完全同一，即凌驾于客体自身同一性或者对象自身同一性之上而外在地、主观地确立起来的同一性思维形式。就此而言，阿多诺竭力所说的"具体的认识论乌托邦"无疑极具革新意义。

我们围绕传统"本体论"和"认识论"来展开"本原哲学"批判，一定程度揭示了它与传统哲学美学的内在相通性，尤其是它如何深刻支撑了西方哲学美学的基本路数、前进方向以及核心旨趣等，譬如现实性定向，同时由此管窥西方传统哲学美学的一些核心症结和弊病等，并透视了西方现代美学的一些新潜能和新取向等。④ 需要指出，在前面探讨中，阿多诺不仅由根基性构件上揭示了西方传统哲学美学，尤其是形而上学传统的"本原哲学"崇拜、"主体第一性"神话等的虚妄性、天真性，而且在此过程中"客体优先性（第一性）""非同一性""主体解放"⑤ 等思想观念获得了出场和昭示

---

① Adorno, Theodor W., *Gesammelte Schriften*: Bd 5, Frankfurt am Main: Suhrkamp Verlag, 2003, S. 16.

② 参见 Adorno, Theodor W., *Gesammelte Schriften*: Bd 6, Frankfurt am Main: Suhrkamp Verlag, 2003, S.76. ［德］阿多尔诺：《否定的辩证法》，张峰译，重庆出版社1993年版，第64页。

③ 参见［德］尼采：《偶像的黄昏——或如何用锤子进行哲思》，卫茂平译，华东师范大学出版社2007年版，第58—59页。

④ 王才勇：《现代审美哲学新探索：法兰克福学派美学述评》，中国人民大学出版社1990年版，第40页。

⑤ Asha Varadharajan, *Theorizing the Subject: Theodor Adorno, Edward Said, Gayathri Spivak and Contemporary Critical Discourse*, University of Saskatchewan, 1992, p.23. 阿多诺新"主体理论"。

的契机。由此，阿多诺《美学理论》判定"形而上学美学的消亡"无疑具有标示性的美学史意义。这里需要强调的是，艺术和审美批判与哲学批判、社会批判以及文化批判等，受到阿多诺理论工作的核心动机、拯救和筹划立场以及思想基础等因素共同作用和影响，而彼此缠绕在一起。① 实际上，阿多诺理论批判工作就是由于首要诉诸人类社会现实，尤其是人类生活意义危机以及否定性现实状况，而历史地运转和开展起来的。因此，不论探讨阿多诺对传统哲学美学的批判②，还是面临其对艺术和审美与灾难的关系问题的思考和探索，我们都必须切记并且竭力实践这一本质要求，否则便是对阿多诺的忤逆和亵渎③。

下面，我们将专门探讨一下阿多诺对康德、黑格尔、克尔凯郭尔等人的美学的批判，进一步发掘和洞悉这些美学与传统哲学间隐微但却根深蒂固的关联以及由此而引致的病症和危机，同时尝试性地透视阿多诺这种批判的思想奥秘，尤其昭示阿多诺美学的深层用意、前进方向等。

二、康德与黑格尔："注重概念"与"注重艺术对象"

康德美学批判和黑格尔美学批判是阿多诺美学的重要构成部分。这种批判源于阿多诺对艺术和审美的自身变化和发展状况，尤其是艺术和审美与现代社会否定性现实间的激烈冲突甚至不相容等状况的深度忧虑和省思。更确切地说，是对它们在20世纪灾难日益深重境域里重新出场以及这种出场所表现出来的"道貌岸然"、无能甚至瘫痪状况的不满和抗议。这里的根子就像前面已提到的，奠基于"否定的历史哲学"和"否定的辩证法"等所开拓和熔铸的现实性定向。或许正因这一点，对康德和黑格尔的美学的批判特别深切彰显了阿多诺美学的现实关怀和拯救立场，并由此而映射出其理论的革

---

① Adorno, Theodor W., *Gesammelte Schriften*: Bd 10.2, Frankfurt am Main: Suhrkamp Verlag, 2003, S.748.

② 参见朱立元主编:《法兰克福学派美学思想论稿》，复旦大学出版社1997年版，第179—193页。

③ 参见 Eric Oberle, *Theodor Adorno's Negative Dialectics and the Reconstruction of German Philosophy*, Stanford University, 2005. p.1-2.

新意蕴。

先探讨阿多诺对康德美学的批判。总的判断是：康德美学乃一种"注重概念"的"主观主义美学"，同时预示了一种"客观主义美学"。

根据阿多诺的观点，唯心主义批判必须深入到其幽微的社会根基中去，才能窥破其核心机密并击中其要害。之所以如此判定，大概是受到了如下遭到破坏与解体的现代经验现实状况的冲击和挑战所致：由"奥斯维辛集中营"所标识的"绝对一体化"社会或同一性社会中，人不再是主体，已经丧失作为主体的诸种本质特性而沦为纯粹客体，以作为这种社会的某种附属、衍生的客观功能和效果形式而存在。阿多诺激愤地判定："现实世界成了唯一的意识形态，人类成了它的组成部分""活生生的人成了意识形态的碎屑。"① 在这里，被传统哲学美学奉为圭臬的"主体优先性（第一性）"传统，已经成为赤裸裸的虚妄或者说焚尸炉的"音乐伴奏"而臭名昭著。由此，阿多诺开启了对康德美学的历史批判和思想批判之旅。康德美学历史地看，当是18世纪欧洲启蒙时代，或者如霍布斯鲍姆所言"革命的年代"的产物。这里需要格外注意的是，康德美学根本上乃是"启蒙美学"和"资产阶级美学"②。因为康德美学与启蒙和资本主义精神原则、核心旨趣等，存在根本一致性、契合性与相通性，仅由《启蒙辩证法》以及蒋孔阳名著《德国古典美学》便可管窥一二。或许正因如此，康德美学深深烙上启蒙理性、主体性话语、自由观念、革命潜能等印迹。进言之，启蒙时代"现代性理想"，按照哈贝马斯的概括，就是涵盖了客观科学、普遍道德和法律以及自律艺术等诸内容的"社会生活合理化之理想"③，包括众所周知的理性、科学、平等、自由等原则和观念。哈贝马斯所称"现代性规范理想"，归根结底是为资产阶级革命、资产阶级利益以及资产阶级新社会等摇旗呐喊、辩护和"代言"④。特别需要指出，在霍布斯鲍姆所言"革命的年代"里，资产阶级革

---

① 参见［德］阿多尔诺：《否定的辩证法》，张峰译，重庆出版社1993年版，第272、265页。
② 18世纪，乃启蒙的年代、革命的年代。其时启蒙运动、资产阶级革命、科技革命等此起彼伏。
③ Habermas, "Modernity versus Postmodernity," *New German Critique*, 1981, No. 22 (winter).
④ 参见蒋孔阳：《德国古典美学》，商务印书馆1980年版，第1—2页。

命带来新社会形态的同时,与启蒙等一道也形塑和规约了社会关系、人际关系的冷漠和原子化特质,阿多诺称之为资产阶级社会的"冷漠本质"。颇有意思的是,仅在《认识论总批判》《否定的辩证法》《美学理论》等著述中,康德美学多次被与资本主义文明的"冷漠"和"主观化"等特质关联在一起。康德美学被认为是基于"人是目的"而构筑的主体主义美学①,旨在联结纯粹理性和实践理性,尤其是解放和展开完整的"感性活动"以及筹划"美的世界"的可能。由此,可以一定地透视康德对启蒙运动以降彼时的科技理性异化和肆虐以及人文理性沦落保持警惕和反思的潜能。② 这当然也可以由阿多诺《否定的辩证法》之《自由:实践理性总批判》一章透视到康德道德、美学这一关乎人的本体建构之核心命意以及所潜藏的伦理批判和文化批判旨趣。康德美学批判,某种意义上蕴含阿多诺对"一体两面性"的救赎和启蒙③与资本主义双重批判。这一点,可能是我们领会和把握阿多诺的康德美学批判不可回避、也是必须坚持的。因为,这历史地关涉到康德美学的根本动机、价值方向等重要问题,譬如"保卫个体性"的努力,而这对于康德美学在20世纪资本主义文明的否定性境域中出场的复杂窘迫遭遇而言,无疑是影响至深的。④

由理论层面来看,阿多诺对康德美学的批判可以用"注重概念"这一判断来标识和呈示,不仅如此,某种意义上康德"关于意志或自由的讨论"也是"概念拜物教"。⑤ 这种"注重概念"的判定,可能有几点需要注意。一是阿多诺深刻指出康德美学的"概念拜物教"倾向,尽管其"先验唯心主义"蕴含着反唯心主义禁令,即"禁止设定绝对的同一性"。实际上,不论客观主义唯心主义美学传统还是主观主义唯心主义美学传统,根本上都未摆

---

① 王元骧:《论国人对康德美学的三大误解》,载《社会科学战线》,2011年第7期。
② 王元骧:《应该怎样理解审美的"无利害性"》,载《文史哲》,2005年第2期。
③ 参见陈瑞文:《阿多诺美学论:评论、模拟与非同一性》,远足文化事业有限公司2004年版,第35页。
④ 参见 Marta Nunes da Costa, "Redefining Individuality: Reflections on Kant, Adorno and Foucault", *The New School for Social Research*, 2005. 该文对"个体性"在康德思想中的命运问题进行了深刻研究。
⑤ 参见[德]阿多诺:《美学理论》,王柯平译,四川人民出版社1998年版,第561页;[德]阿多尔诺:《否定的辩证法》,张峰译,重庆出版社1993年版,第211页。

脱拜物教这一魔咒。二是进一步看，阿多诺企图在分析和揭示康德美学问题、危机基础上探寻对现代否定性现实具有反思性的哲学经验或艺术和审美经验的踪迹。这种探寻有别于西方近代哲学确立的"自我/主体第一"的道路，而是强调主体与客体、自我与社会、心与物等复杂缠绕和扭结，也即"经验"或"实践"的道路①，这与杜威经验哲学美学颇有类似或相通之处②。而这，映射出对传统哲学美学的某种拯救，如《实践理性批判》和《判断力批判》等的核心，在"拯救一种自由残余"③。阿多诺试图走向历史地直面或诉诸艺术和审美经验状况，乃至经验现实世界，也即"美学的现实性"。需要注意的是，西方哲学美学史上两个极端，即康德"注重概念"与黑格尔"注重艺术对象"，由此引致两种"艺术理解力"——"完全禁欲主义的和顽固不化的概念分析"与"对存在于艺术对象本身中的无意识的认识"。而自此以降，其他美学家被认为是"烹饪法"的整合者和折衷调和者④。这些是理解这一判定的不可低估的本质因素。在这里，我们的问题是"注重概念"究竟应当如何解释，或者说到底蕴藏着怎样的玄机和命意。

康德美学作为一种"自我中心论"或"自我第一性"美学，根据《判断力批判》"导言"，它构成了康德企图由此而打通联结纯粹理性批判与实践理性批判的通道。⑤ 这确实是深刻的。这一联结客观地引出了康德美学何以必然如此重视的概念问题以及其路向，也即唯有如此才能实现这一联结，但同时也因此造成了康德美学的一些根基性悖论和危机。从积极性方面看，康德这样一种联结，以及其对理性主义美学和经验主义美学的竭力批判和超越

---

① [德] 阿多诺：《美学理论》，王柯平译，四川人民出版社1998年版，第375页。
② 参见刘放桐：《杜威在西方哲学史上的"哥白尼式的革命"》，载《河北学刊》，2014年第3期。杜威"哥白尼革命"，反对"自我中心论"，强调自我与环境、主体与客体等相互作用，并且认为这种相互作用就是人的经验、生活、行动或者说实践，由此而确立了不同于"自我中心"的新中心。相比于杜威，阿多诺不仅反对主体与客体等的分离，也反对它们的简单相互生成、对等以及颠倒，更反对它们的简单整合，因为阿多诺认为只有在存在论上进行根本变更才能实现真正的变革。
③ [德] 阿多尔诺：《否定的辩证法》，张峰译，重庆出版社1993年版，第249页。
④ 参见 [德] 阿多诺：载《美学理论》，王柯平译，四川人民出版社1998年版，第561—562页。
⑤ 参见 [德] 康德：《判断力批判》，邓晓芒译，人民出版社2002年版，第10、30页；[德] 康德：《判断力批判》上卷，宗白华译，商务印书馆1964年版，第14、34页。

性尝试，折射和透露了其主观主义整体外观下深藏的"客观意向"或"救助客观性的企图"①，以及"拯救个体性的企图"。这种企图决定于如下状况：生产、分配、统治的机器以及经济、社会的关系和意识形态共同浇筑的"总体性社会"或"主观化社会"中，"个人独立的过程是商品交换社会的一种功能，终止于个人被一体化所毁灭"。② 这里揭示出：一方面"客观性"奠基于主体上，进言之，具有必然普遍性的理性被隐微地视为主、客体统一契机，并由此而成为一种"主观能力和客观性的原型"。另一方面作为"主观主义美学支柱"的审美感受又必须源自客观性，并凸显为客体性导向。或许正是在此意义上，阿多诺断言"康德预想到了一种客观主义美学"③。更重要在于："康德诚实地而又蛮横地指责精神被拘禁在内在性中，即被拘禁在自我保护中，正如这种拘禁是一种社会强加于人们一样，这种社会也只保留那些不再必要的拒绝。一旦人们和甲虫共有的自然历史的担忧被破坏了，人类意识对真理的态度也就起了变化。它目前的态度是受那种使人们处在现存状况下的客观性所支配。"④ "客观意向"的发掘，不仅与康德"人是目的"这一要义相契合，提示了"真主体"概念——"主体是谎言，因为它为了自身绝对统治的缘故想否认它自身客观的规定性"⑤，而且深刻折射了阿多诺"客体优先性或第一性"思想的踪迹。在18世纪充斥着"理性统一性和不变性"神话⑥的历史境域中，与概念的纠缠或极度依赖，还是暴露出了其本身的根基问题，即便前述"客观性"也是凭借"形式上的概念化"达成的。这种问题之核心，聚焦于其对必然普遍性的理性和纯粹概念的忠实信仰和贯彻，这种信仰和贯彻把它拖入了黑格尔所言"绝对唯心主义"之中，而且其中裹挟着"蒙昧主义和对绝对统治理性的崇拜的纠缠"。而由此带来的后果，是艺术和审美退回到纯主观的、纯形式的、"自然"的领域，而决绝地疏远广阔的充斥不自由、同一性原则力量的社会现实领域。这里的根源可由如下自由

---

① 参见［德］阿多诺：《美学理论》，王柯平译，四川人民出版社1998年版，第17页。
② 参见［德］阿多尔诺：《否定的辩证法》，张峰译，重庆出版社1993年版，第265、259页。
③ ［德］阿多诺：《美学理论》，王柯平译，四川人民出版社1998年版，第283—284页。
④ ［德］阿多尔诺：《否定的辩证法》，张峰译，重庆出版社1993年版，第390页。
⑤ ［德］阿多尔诺：《否定的辩证法》，张峰译，重庆出版社1993年版，第275页。
⑥ ［德］卡西勒：《启蒙哲学》，顾伟铭等译，山东人民出版社1988年版，第4页。

批判得到昭示：

>只是对非同一性来说，主观性的内在法则才是一个法则；否则，它就是一种同义反复。主体的同一性原则本身就是社会的内在化的原则。这就是在现实主体中，在社会存在物中，不自由至今仍比自由有优先地位的原因。在一种按同一性原则塑造的现实中，不存在任何肯定的自由。在人们在普遍的魔法之下似乎内在地消除了同一性原则、因而消除了可以理解的决定因素的地方，人们不过是暂时地较少被决定罢了。作为精神分裂症，主观的自由是一种破坏性力量，它只是更严重地把人们拉入自然的魔法左右之下。①

或许正是在如此意义上，宗白华严肃指出："康德喜欢追求纯粹、纯洁，结果陷入形式主义、主观主义泥坑，远离丰富多彩的现实生活和现实生活里的斗争……美学到这里空虚到了极点、贫乏到了极点。""康德美学把审美和实践生活完全割裂开来，必然从审美对象抽掉内容陷入纯形式主义。"②黑格尔由哲学意义上也批判并揭破了康德哲学在形式意义上蕴含的理性抽象绝对性、主观绝对性等，由此而只能固持"意识的事实和主观的揣测"，最终遗弃思想退却至软弱无力的"感情"等。③由此看，宗白华的判断触及了其美学危机的理性和概念根源。

但是，哲学家古雷加的如下观点似乎让宗白华对康德美学的"形式主义"诊断陷入麻烦之中。古雷加说："康德力图在严格的形式的基础上建立伦理学，但他毕竟不是一位形式主义者，他从不忘记事情的内容方面（因而也是社会方面）。"④这里虽然谈的是康德伦理学，但由于康德美学在整个康

---

① ［德］阿多尔诺：《否定的辩证法》，张峰译，重庆出版社1993年版，第237页。
② 宗白华：《附录：康德美学原理述评》，见［德］康德：《判断力批判》上卷，宗白华译，商务印书馆1964年版，第217、218页。
③ 参见［德］黑格尔：《康德哲学论述》，贺麟译，商务印书馆1964年版，第1—2页。
④ ［俄］A.B.古雷加：《德国古典哲学新论》，沈真、侯鸿勋译，中国社会科学出版社1993年版，第84页。

德哲学中的枢纽地位和联结作用①等,因此必然深切地关联着康德美学。"面对直接的暴力到处喷发",人们的思想不愿意放弃道德的保护,同时人本身也是作为历史的"有待自由解开的纽结"而存在。阿多诺此番言说反映出现代世界中美学问题与伦理问题复杂扭结的现实条件。如前所言,康德美学无疑是追求纯粹理性和纯粹概念的美学,尽管在作为"自然—科学理性之补偿"的目的论上一定程度地揭示了"主体和客体矛盾"。②或许正是这一点,这种美学囿于知识论或范畴论路向,而只能与对象或客体世界隔绝与断裂,因而必然落入黑格尔所言"主观主义"陷阱。

更值得注意的是,宗白华这一诊断和判定折射和透露了一个关键信息,即康德美学在"远离"人类现实生活世界的同时,也就漠视了人类苦难现实。这一点是由康德美学的绝对唯心主义根基所决定的,尽管他试图在逻辑绝对主义和经验的普遍有效性间的狭长分水岭上寻觅森严体系融贯一致性逻辑之前所"禁止的存在物"。更值得思考的,在于阿多诺如下这段话所示的"扭曲"批判思想:"正如科学主义的辩护士所证明的,今天的社会在世界上的任何地方都不是'开放的',而且在任何地方它也不是被扭曲的。那种认为它已被扭曲的看法根源于城市与乡村被无计划地扩张的工业所蹂躏,根源于合理性的缺乏而不是合理性的过分。任何把扭曲归因于形而上学过程而不是归因于物质生产关系的人都是为意识形态提供养料。"③康德是基于"形而上学过程"而非社会"物质生产关系"现实而展开美学批判和探索。譬如,虽然康德令人敬重地记述了"人类与超验的星丛",但其刻画的"最后的事物"归根结底乃是"一个没有生活灾难的未来"④。正因如此,"黑格尔竭力想把美学从绝对唯心主义中解放出来",而且糟糕的是,"这项任务在今天依然摆在我们面前"⑤。阿多诺这一庄严宣告,值得反复体味。

相对于康德美学"注重概念",黑格尔美学则"注重艺术对象",或者称

---

① 参见 Marta Nunes da Costa, "Redefining Individuality: Reflections on Kant, Adorno and Foucault", *The New School for Social Research*, 2005. 前言部分。
② 杨祖陶:《德国古典哲学逻辑进程》,武汉大学出版社2003年版,第39页。
③ [德]阿多尔诺:《否定的辩证法》,张峰译,重庆出版社1993年版,第282页。
④ 参见[德]阿多尔诺:《否定的辩证法》,张峰译,重庆出版社1993年版,第398、399页。
⑤ [德]阿多尔诺:《美学理论》,王柯平译,四川人民出版社1998年版,第286页。

为"内容美学（aesthetics of content）"。特别地，黑格尔"注重艺术对象"的奥秘，乃在于"非概念物的概念保证"，即"由于黑格尔始终如一地把非同一性消融在纯粹同一性中，概念便成为了非概念物的保证"①。

建立在绝对精神（absolute spirit）根基之上的"美是理念的感性显现"②，或者说"理念的感性荣光（sensuous glow of the Idea——dassinnliche Scheinender Idee）"，乃黑格尔美学的核心原理③。这一核心原理透视和反映出，黑格尔企图扭转由包括康德在内的前辈美学家所奠定的以主体为中心的美学格局，虽然康德美学业已隐含了拯救客观性的企图。当然，这种由主体方向朝客体方向的调转，并不是简单的对调或互换，而是深切地关乎黑格尔美学哲学根基的客观性变更，以及朝着现实性迈进的企图。黑格尔朝向客体方向的竭力尝试，由于其由形而上学美学或"精神美学"设定的主体与客体的总体同一性的虚妄性，恐怕难以彻底如愿。这一状况启示我们，"理论与经验彼此互相修正"④，即是已知范畴、美学理论契机、艺术经验等互相对照和缠绕，否则我们就会陷入主体与客体之疑难（aporia），从而裹足不前。需要认识到，这种由"体系哲学美学"引致的疑难或困境，实质上就是由自然—科学理性那里移植或嫁接而来的，约翰·杜威所深刻道说的"安全感"（sense of security）造的孽。很显然，这由根底上妨碍着黑格尔对客体或内容（content）的虔诚。质言之，在黑格尔那里，"抛开主体的肆意歪曲而对事物进行纯粹的审视检验"还只是一个允诺，而据说阿多诺则试图达到这一承诺所揭示出的"缄默性与非同一性"⑤。

正是这种向客体方向的转移或转向，"艺术对象"便在黑格尔美学中特别地凸显出来。黑格尔"注重艺术对象"，与对包括康德在内的前黑格尔美学"艺术作品观念"不突出甚至被置于"升华的娱乐手段之地位"的反思密切相关，这一点可能也是前黑格尔美学无法应对晚期资本主义艺术和审美、

---

① [德] 阿多尔诺：《否定的辩证法》，张峰译，重庆出版社1993年版，第403页。
② [德] 黑格尔：《美学》第1卷，朱光潜译，商务印书馆2009年版，第142页。
③ 参见 [德] 阿多诺：《美学理论》，王柯平译，四川人民出版社1998年版，第591—592页。
④ [德] 阿多诺：《美学理论》，王柯平译，四川人民出版社1998年版，第593页。
⑤ [德] 阿多诺：《美学理论》，王柯平译，四川人民出版社1998年版，第608页。

文化等新现实状况的重要缘由。这里的"艺术对象",根据阿多诺研究,"形式"遭到抑制,而极端推崇"内容"。这种对"内容"的激进强调,一方面客观上体现了对艺术之真理性内容的追求和关切,而且径直以此为目标,尽管可能未必如康德来得更为深远、更为进步,另一方面则容易滑入艺术之物质内容的庸俗崇拜,这一点在正统马克思主义美学中可谓达到了登峰造极的地步。阿多诺对如此这般激进强调的论析表明,正辩证意义的内容概念应当是:内容、题材等确实具有自身主体性,唯其如此艺术才能生成"客观的他者",主体由此获得客观调节和联结,凭靠艺术和审美实践表露和呈示客观内容。质言之,就是"内容与形式互为中介,但彼此必须相互有别"①。

　　黑格尔"注重艺术对象"映射出了一个不容低估的重要议题,即历史与艺术真理性内容的关系议题。由于奠基于"绝对精神"或者说"客观唯心主义",在黑格尔美学里占有极其重要位置的"历史客观性"或"历史内容",尽管竭力置于历史哲学高度予以思考和把捉,但根本上说来还是受到了"绝对理念"的"自我异化"规约和形塑②,因而这种"历史客观性"或"历史内容"毋宁说是一种匮乏和同一。尽管如此,但其中所蕴含艺术和审美的历史生成、辩证法等思想以及其启示意义,不容低估。基于如此反思,阿多诺判定真正历史是艺术和审美的真理性内容所固有的,而且艺术和审美只能由自身形态层面来应对和处理历史现实以及历史情境等。同时或许正因如此,黑格尔的"内容美学",特别地强调与感性契机相对的"精神契机",将艺术的客观性与如此"精神"深切关联起来,而且径直把"感性"视同于"偶然性"。这深刻折射和呈示了在黑格尔那里普遍性与必然性凭借"精神"而无处不在、无所不能的美学状况,实际上在肯定性的、辩解性的中心观点,即"美是理念的感性显现"中已经获致表露和昭示。③ 由此而折射出艺术的"精神"本体,而这彻底涤除了艺术里面的"封建娱乐性"的残留渣滓和踪迹。仅就此而言,黑格尔美学显示出了明显的文化和政治进步意义。令人焦虑的是黑格尔所遗留的巨大难题,"在未将精神之客观性实体化为一种绝对

---

① ［德］阿多诺:《美学理论》,王柯平译,四川人民出版社1998年版,第598页。
② 马克思:《1844年经济学哲学手稿》,刘丕坤译,人民出版社1979年版,第130页。马克思透辟地揭破了绝对理念的自我异化这一本质。
③ 朱立元主编:《美学大辞典》(修订本),上海辞书出版社2014年版,第441页。

同一性的情况下，把精神视为艺术作品的限定性特征是如何可能的"？①

黑格尔在《美学》中这番话或许可作为上述问题的某种回应："艺术科学对我们来说要比艺术本身具有更大的优先权。"在晚期资本主义社会境域中，尤其是否定性现实境域中，艺术越来越需要凭靠哲学来开拓和发展艺术本身。仅就此而论，黑格尔这一论断是颇具有预见性的。不过，艺术精神的"具体化"又悖论性地反击和否定了这一点。由此，阿多诺判定，艺术既是"精神性的存在"，但同时又不是"纯粹精神性的幻想"，或者说"唯心主义的双胞姊妹"。②

正因囿于如此这般"精神"，虽然承认了"自然美"的必要性和客观性，并且由实在的神正论生发和推延出了"自然美"，而这只是实在和理性同一的产物：作为真实的绝对理念形而上地规约并赋予"自然美"，因而同时贬抑、破坏和牺牲了"自然美"本身。由此，可以管窥黑格尔客观唯心主义竭力鼓吹和推崇专横、暴政的"主观精神"，以至于艺术和审美的救赎和解放允诺，唯有凭靠如此这般"精神"或"主观意识"，确实形成对美学形式主义、享乐主义等的深层反动和批判。就此而进一步看，所谓救赎和解放，本质是精神本体上的跃升和绝对化，或许是黑格尔所说的"审美带有令人解放的性质"③，即精神的"自由观照"④，而根本无关乎对非同一物、非概念物、牺牲者等的历史召唤和拯救。

如此看来，黑格尔美学作为"注重艺术对象"之美学，或者确切点说"内容美学"或"精神美学"，虽然如列宁《哲学笔记》所言确实有些"接近"唯物主义辩证法。但由其理论与艺术和审美状况以及社会现实的复杂关系来看，因被作为本原和出发点的"绝对理念"，或者说"扬弃了的概念"⑤套牢和摆布，而落入阿多诺所言"概念拜物教"巨网而被囚禁、同化、钝化，故而无法彻底刺透和把握这种复杂状况以及鲜活现实⑥，尽管黑格尔一

---

① ［德］阿多诺：《美学理论》，王柯平译，四川人民出版社1998年版，第163页。
② ［德］阿多诺：《美学理论》，王柯平译，四川人民出版社1998年版，第164页。
③ ［德］黑格尔：《美学》第1卷，朱光潜译，商务印书馆2009年版，第147页。
④ 陈望衡、李丕显：《黑格尔美学论稿》，贵州人民出版社1986年版，第290页。
⑤ 马克思：《1844年经济学哲学手稿》，刘丕坤译，人民出版社1979年版，第130页。
⑥ Erich Hertz, *Dissonant Aesthetics: The Sakes of Experience in the Modernist Avant-Garde Abstract*, The University of Notre Dame, 2001, p. 27.

直致力于克服甚至废除"哲学唯名论"。因此,黑格尔所宣扬美学之"现实性",靠诉诸普遍性或"永久化的神话"而分有和获得"现实性",乃一种匮乏和空虚。因为"超越对抗性的东西"或"现实性"并未决定性地挣脱和跃出"同一性的核心":"那种闪闪发光像是超越了对抗性的东西是和普遍性纠缠在一起的。普遍性注意到,在它统治下的特殊性并不比它好一点。这就是直到今天所产生的一切同一性的核心。"①

至此,我们在美学与现实关系问题导引下粗略考察了阿多诺对于康德和黑格尔美学的本质诊断和批判。总的判断就是,康德和黑格尔美学虽然存在明显差别,但是有一点却颇为惊人地相似,那就是它们浸染了对理性和概念的绝对信仰,而这种崇拜导致他们的哲学美学面对艺术和审美实际状况以及鲜活现实时力不从心甚至无能为力,尤其对充斥邪恶、罪行和死亡问题的否定性现实的谵妄和漠视。如此,难怪阿多诺声称"辩证的美学"要批判和超克主观主义、客观主义美学,因为它们要么只顾及个体鉴赏力,要么忽略"主体对艺术的思索"②。而这反映出对难以深切触及和介入复杂社会文化、艺术实践、同一化灾难等现实状况的不满和抗议,特别是对艺术和审美与复杂社会现实关系奥秘的探寻。

三、克尔凯郭尔:"哲学个人人格至上论"与生存神话

康德和黑格尔堪称西方传统哲学美学的两座高峰,阿多诺将二者置于哲学美学之"注重概念"与"注重艺术对象"这两端来加以审视和批判,其根本意图和目的在于:企图挖掘和揭破西方传统哲学美学危机的共通性奥秘,而这聚焦在阿多诺反复言说的"概念拜物教"这一核心上,不论主观唯心主义美学、客观唯心主义美学,或者"主体第一"美学传统,如卡西勒(Ernst Cassirer)所言实质都秉持和贯彻"体系精神"③ 以及"内在意识第一性"核心建制,如此哲学美学必然难以真正触及、揭示并表露非同一性、非概念

---

① [德]阿多尔诺:《否定的辩证法》,张峰译,重庆出版社1993年版,第310页。
② [德]阿多诺:《美学理论》,王柯平译,四川人民出版社1998年版,第287页。
③ [德]卡西勒:《启蒙哲学》,顾伟民等译,山东人民出版社1988年版,序部分第3页。启蒙哲学企图从体系精神的内在活动中发掘实在的基本形式,即"整个自然和精神存在的形式"。

物、复杂性、易逝者、牺牲者等。需要说明的是，它实际上在阿多诺早期对克尔凯郭尔美学批判中就已经流露出来了①，而且一直埋藏和渗透在阿多诺哲学批判、美学批判以及文化批判的深处。

1931年，获哲学家保尔·蒂利希（Paul Tillich）首肯并以此获得法兰克福大学哲学专业编外讲师资格的论文《克尔凯郭尔的审美建构》，在1933年以《克尔凯郭尔：审美建构》（或《克尔凯郭尔：审美对象的建构》）为名正式发表。该著述把克尔凯郭尔定性为唯心主义哲学家，并着重聚焦于"生存"（existence）概念之上。克尔凯郭尔虽然决绝地批判康德和黑格尔，并雄心勃勃地推进一项号称具体的、拒斥同时又同化现存的"本体论计划"，由此而企图拒绝和排斥康德"主观同一性"，但同时又本质地暗通黑格尔"客观同一性"等。②这一判定昭示出，克尔凯郭尔那被誉为奠定了抗衡和反动柏拉图、黑格尔等一脉哲学传统，乃至柏拉图以降整个古典哲学传统的"生存哲学"（或译"存在哲学"）之源起和开端③的神秘"生存"概念，实际上仍然深深地囿于"唯心主义内在性"④。而且就"生存"作为审美对象而言，或许可以说其美学乃黑格尔"注重艺术对象"思想的深层仿作和延展。而之所以过去其被称为西方形而上学哲学传统的对抗和颠覆力量，恐怕根本上还是在于其有限开启、预示和指向的"生存论路向"的意蕴或潜能。但应当切记，如阿多诺所揭发，克尔凯郭尔美学的这些可能性根本上被焖捂、禁锢在其夯筑的封闭的、天真的意识和精神幻象之中，尽管其中蕴藏"唯心主义的自我毁灭"⑤。

克尔凯郭尔生存哲学美学具有深厚的唯名论根源。阿多诺判定："唯名

---

① 参见 Marcia Morgan, "The Aesthetic-Religious Nexus in Theodor W. Adorno's Interpretation of the Works of Soren Kierkegaard and its Influence on Adorno's Aesthetic Theory". *The New School for Social Research*, 2002. p. 212. 该文悄然提示了这一点。

② Adorno, *Kierkegaard*: *Construction of the Aesthetic*, trans., Robert Hullot - Kentor, University of Minnesota Press, 1989, p. 74.

③ [法] 让·华尔：《存在哲学》，翁绍军译，生活·读书·新知三联书店，1987年版，第14页。

④ Adorno, *Kierkegaard*: *Construction of the Aesthetic*, trans., Robert Hullot - Kentor, University of Minnesota Press, 1989, p. 46.

⑤ Adorno, *Kierkegaard*: *Construction of the Aesthetic*, trans., Robert Hullot - Kentor, University of Minnesota Press, 1989.

论乃新教徒基尔凯戈尔（引者注：克尔凯郭尔）的存在哲学（引者注：生存哲学）的一个根源，它给了海德格尔以非思辨的吸引力。"① 在这里，非概念物凭靠"实存"而僭越为概念从而废除了自身，非概念物已经走上神坛。实际上，"《存在与时间》对'实存'的拔高同《走向死亡的疾病》（引者注：《致死的疾病》）的初始反思中的拔高几乎没有差别。意识——基尔凯戈尔的主体的'透明性'对于使实存本体论化来说是合法的权威。"在这里，阿多诺由本体论批判引出"物化的意识的抗议"或曰"合法权威/神学符号的意识"批判，与此同时"实存"的"本体论化"和"蒙昧主义化"导致对唯心主义抵制的瘫痪，而势必走向"独裁"和"神话"。唯名论根深蒂固地抵制乌托邦和差异性，克尔凯郭尔"哲学个人人格至上论"便"后退到了神话的位置"。②

"生存"概念，乃克尔凯郭尔美学的核心概念。克尔凯郭尔"生存"美学旨在凭借"生存"而非本原哲学意义上的"存在"这一哲学根基处的深刻变更，企图抵制、解构和颠覆西方古典哲学美学传统，以开掘和展示出一条不同于传统的美学道路。这里透露出克尔凯郭尔美学批判的意图，显然不在于或者不仅仅在于其美学本身的揭破和反思，毋宁说是以作为现代存在主义或生存主义哲学传统的源起和发端的克尔凯郭尔生存哲学，更确切说是"生存"概念，切入号称古典哲学传统挑战者和终结者的整个存在主义哲学传统，由此挖掘和拯救其中"生存论路向"潜能。在哲学意义上谈论"生存主义"或"存在主义"概念，至少可以由尼采算起，但这一思想应当源于"近代哲学之父"康德"存在不可能是一种概念"这一命题。③ 虽然"生存"概念在克尔凯郭尔这里，业已显露出一些看似本质性的变更和发展④，譬如"生存"，就是"保存一个作为显明的先验意义的竞技场的内在意识"，"生存运动就是一个引导无客体的内在性走出它在'自由'中的神秘纠缠，达到

---

① ［德］阿多尔诺：《否定的辩证法》，张峰译，重庆出版社1993年版，第125页。
② ［德］阿多尔诺：《否定的辩证法》，张峰译，重庆出版社1993年版，第126页。
③ 参见［美］威廉·白瑞德：《非理性的人：存在主义探源》，彭镜禧译，黑龙江教育出版社1988年版，第162页。实证主义和存在主义，可以说不过是对康德"存在不可能是一种概念"这一命题的不同反应而已。
④ 参见王齐：《走向绝望的深渊》，中国社会科学出版社2000年版，第18—20页。"生存"概念先后在五种意义上出场过，但并没有完全一致的说法或观念，更没有完全同一的定义。

自身真理的呈现"① 等,且雅斯贝尔斯(Karl Theodor Jaspers)也说由如此"生存"概念出发,人们或能透视出抗拒和克服知识论优先性以及其有限性的无限可能空间,但是诚如尼尔斯·图尔斯特鲁普(Niels Thulstrup)在《克尔凯郭尔与黑格尔的关系》中所言,黑格尔哲学思想、浪漫派美学以及新路德教等构成了克尔凯郭尔哲学的主要源头②。不仅如此,由此也决定了如阿多诺所说,需要凭据康德"先天综合论"和"费希特的体系和黑格尔的体系"等来领会和阐明其生存哲学。由此或许可以说,克尔凯郭尔凭借抽象个人生存揭示和展开了所谓"个人意义",并试图由"客观同一性"来充实和灌注这种抽象生存。黑格尔"客观同一性"被克尔凯郭尔所说的"历史性生存"内在化和凝固化了。③ 如此就深刻意味着,作为总体性生存中的"自我"或"精神",恐怕只能"神秘而含混地停留在作为意义的内在产物的自律与在本体论的面具下构想自己的反思之间",尽管如克尔凯郭尔宣称最终可达至所谓"神性救赎"。④ 这是因为:"生存的'意义'问题"作为"本体论问题","不是生存恰如其分地是什么的问题,而是什么赋予生存——自身中的无意义——以一个意义的问题"。⑤ 不仅如此,这种"本体论的解释问题"还被克尔凯郭尔意味深长地刻画为"客观的问题",或许其中深意值得我们反复捉摸。"生存"概念实质就是"神学魔方"或"天堂"。

《克尔凯郭尔:审美对象的建构》由于自身晦涩性、独断性、反传统等缘故,这部尽管蕴含着深刻思考和探索,如被蒂利希赞赏、本雅明判定其包蕴了阿多诺之后著述基本议题的作品,依然多遭不解、冷落和怠慢。⑥ 可能

---

① Adorno, *Kierkegaard: Construction of the Aesthetic*, trans., Robert Hullot-Kentor, University of Minnesota Press, 1989, pp. 70、73.
② Niels Thulstrup, *Kierkegaard's Relation to Hegel*, New Jersey: Princeton University Press, 1980. 前言部分。
③ Adorno, *Kierkegaard: Construction of the Aesthetic*, trans., Robert Hullot-Kentor, University of Minnesota Press, 1989, p. 74.
④ [俄]列夫·舍斯托夫:《旷野呼告——克尔凯郭尔与存在哲学》,方珊、李勤译,华夏出版社1991年版,第220页。
⑤ Adorno, *Kierkegaard: Construction of the Aesthetic*, trans., Robert Hullot-Kentor, University of Minnesota Press, 1989, pp. 78-85、68.
⑥ Adorno, *Kierkegaard: Construction of the Aesthetic*, trans., Robert Hullot-Kentor, University of Minnesota Press, 1989, p. Xiii. 譬如对辩证法的独特理解等议题。

其中根本缘由在于，人们对在《克尔凯郭尔：审美对象的建构》等著述中逐渐确立起来的"对无望者的拯救"这般核心动机和立场的漠视。虽然这并非是在该著述中直接提炼出来的，但却渗透在克尔凯郭尔生存哲学批判，乃至由此而开启的整个生存哲学传统批判中。由此，那种将克尔凯郭尔生存哲学及其传统判定为"唯心主义传统"的骇人论断，方能获致真正的道说和昭示。正因如此，根本上要求阿多诺对生存哲学传统之"主体第一"霸权及其建制进行解剖、窥探和反思，特别应当抵制和解除由此而生成的"生存拜物教"或者说"完全自闭的生存"①，更重要的是历史地发掘和展现其哲学中遮蔽、散落以及遗忘的客体、艺术生产力以及辩证法的客体维度等，以达至对这位自诩"主体性的思想家"② 所极力宣称并捍卫的"个人的主体性"和"个人生存"等批判性拯救。回到克尔凯郭尔时代，不得不承认"个人"和"生存"概念是对那个时代诊断和反思的结果：一方面在生活日益"集体化"和"外象化"、宗教没落、社会秩序合理化以及科学趋于有限性等复杂构织的"大众社会"境域中，"个人遂告死亡"；另一方面这直接颠覆和摧毁了"我存在"被视为"思维的问题"这一传统的现实经验基础，"我存在"在"沉浸于形而上学的时代"和"充满意义的时代"③，实质乃最真切的、极其严峻的"事实的问题"④。由此可以透视，克尔凯郭尔如此这般思索背后无疑深藏着潜在的"拯救"动机和客体向度，如《克尔凯郭尔：审美对象的建构》书名已经隐微地暗示了这一信息。而按照其美学—伦理—宗教推进路数，它最终必然求助于"宗教"，救助和展露的则是克尔凯郭尔自诩墓志铭的"个人"。⑤ 由此看来，克尔凯郭尔哲学乃是一种"基督教存在主义"⑥。

---

① Adorno, *Kierkegaard: Construction of the Aesthetic*, trans., Robert Hullot - Kentor, University of Minnesota Press, 1989, p. 94.
② [美] 威廉·白瑞德：《非理性的人：存在主义探源》，彭镜禧译，黑龙江教育出版社1988年版，第150页。
③ [德] 阿多尔诺：《否定的辩证法》，张峰译，重庆出版社1993年版，第397页。
④ 参见 [美] 威廉·白瑞德：《非理性的人：存在主义探源》，彭镜禧译，黑龙江教育出版社1988年版，第21、173、162页。
⑤ [美] 威廉·白瑞德：《非理性的人：存在主义探源》，彭镜禧译，黑龙江教育出版社1988年版，第177页。
⑥ [法] 保罗·富尔基埃：《存在主义》，潘培庆、郝珉译，上海译文出版社1988年版，第107页。

进言之，被誉为"迷惘者的先知"① 的克尔凯郭尔，其生存哲学不可避免地要为"迷惘者"和"绝望者"等提供解惑、指示以及导向等。阿多诺《最低限度的道德》犀利指出，"当今哲学"的核心纲领当是"对绝望负责"，换言之就是"拯救无望者"或"绝望者"。② 由此而折射出克尔凯郭尔哲学美学批判的迫切性、时代性意义，即"拯救绝望者"的历史诉求。更为关键的是，这种生存哲学由于仍然处于神学框架或者唯心主义传统之中，恐怕难以称得上是对现代世界危机状况的深刻批判，更勿遑论"个人生存"拯救和绽放，或许只能是一种空无的乌托邦与幻象。③ 需要说明的是：唯心主义本质何以只能导向乌托邦和幻象？由于理性业已沦落和颓废，艺术和美学在克尔凯郭尔那里被推至唤醒、恢复以及重铸理性自身的历史当口，而这深刻指向柏拉图宣告艺术与哲学对抗和冲突以降之后复又走向弥合。更根本的焦点在于，由美学导引出"内在精神（inwardness）"这一最极端重要的、最具生命力的关切到"个人"以及"个人生存"的核心议题之上。④ 这种"内在精神"，根据马克思·韦伯所言，可追溯到强调信仰而非杰作的"新教教义"⑤，这与克尔凯郭尔的理论进路基本一致，但有别于阿多诺所说"内在性（interiority）"。在阿多诺看来，由于其时逐利者的"外象化"或者"外部标准化"生存状况⑥，以及囿于其自身"主观真理"或"个人真理"哲学观念、救助"绝对个人"使命⑦等因素的共同影响和限制，克尔凯郭尔"内在精神"说到底就是"无对象的内在精神"，就是"禁欲主义唯灵论作统治"

---

① ［波兰］耶日·科萨克：《存在主义的大师们》，王念宁译，中央编译出版社 2002 年版，第 44 页。

② Adorno, Theodor W., *Gesammelte Schriften*: Bd 4, Frankfurt am Main: Suhrkamp Verlag, 2003, S. 281.

③ 参见 Marcia Morgan, "The Aesthetic-Religious Nexus in Theodor W. Adorno's Interpretation of the Works of Soren Kierkegaard and its Influence on Adorno's Aesthetic Theory", *The New School for Social Research*, 2002, pp. 87 - 88.

④ Roy Martinez, "Kierkegaard's ideal of inward deepening", *Philosophy Today* Vol. 32：2（Summer 1988）.

⑤ ［德］阿多诺：《美学理论》，王柯平译，四川人民出版社 1998 年版，第 204 页。

⑥ Adorno, *Kierkegaard*: *Construction of the Aesthetic*, trans., Robert Hullot - Kentor, University of Minnesota Press, 1989, p. 47.

⑦ 参见［法］让·华尔：《存在哲学》，翁绍军译，生活·读书·新知三联书店 1987 年版，第 19、21 页。

的"内在精神",就是"唯心主义内在精神"①。因此,它不仅仅指向其仍然落于古典哲学传统的巨大背影之中,而且指向其号称批判性和颠覆性概念的虚妄实质,更指向其仍然沿袭的知识论或范畴论建构路向,虽然克尔凯郭尔的后继者或追随者们试图发掘并且业已窥视到了其中的"生存论路向"曙光和希望。②"哲学人类学""处境(situation)""内在(intérieur)"以及"境界"等概念,被存在主义者们认为是克尔凯郭尔批判唯心主义传统,特别是唯心主义认识论和本体论传统(如"现代本体论")③的关键性概念,同时也是其构筑自身"生存哲学"的奠基性概念。在"哲学人类学"这里,作为其关键性构成要素的历史,已经不再是作为对象和客体而存在了,而是作为"时间中的抽象生存可能性"④而存在。质言之,就是将历史把握为抽象的"历史性",或者说仅仅由先在概念自身出发来推延、理解和阐明历史。这恰恰是阿多诺《美学理论》中所批判的唯心主义传统对哲学的渗透和破坏。其次,就"处境"而言,"历史现实性"以反思形式被凸现出来,但克尔凯郭尔却以"在主观性中所保护的直接性的名义",反抗和穿透"贫乏"或"过剩"、"异化"的现代社会状况。由"改变世界"的哲学观点来看,克尔凯郭尔"处境"不过是"解释世界"之哲学的"肤浅的自我安慰"和"庸俗二分法"⑤。其结果就是"历史"原封不动、毫发无损地由克尔凯郭尔生存哲学的眼皮底下溜走了。再说"内在"。在克尔凯郭尔那里,"内在"意味着与物化的、令人窒息的现实生活状况相对的"忧郁""绝望""牺牲"以及"毁灭"等,是对如此这般否定性现实状况的批判性"焦虑"和"无能为力"。如此,克尔凯郭尔最终只能逃离和漠视"地狱"般的、"噩梦"般的现实状况,而遁入非历史性的"宗教世界"。这颇类似于阿多诺对本雅明弥

---

① Adorno, *Kierkegaard: Construction of the Aesthetic*, trans., Robert Hullot‑Kentor, University of Minnesota Press, 1989, pp. 51、46.

② Adorno, *Kierkegaard: Construction of the Aesthetic*, trans., Robert Hullot‑Kentor, University of Minnesota Press, 1989, pp. xx – xxii. 1933 年重大修订.

③ 参见[德]阿多诺:《美学理论》,王柯平译,四川人民出版社 1998 年版,第 204—205 页。

④ Adorno, *Kierkegaard: Construction of the Aesthetic*, trans., Robert Hullot‑Kentor, University of Minnesota Press, 1989, p. 33.

⑤ Adorno, *Kierkegaard: Construction of the Aesthetic*, trans., Robert Hullot-Kentor, University of Minnesota Press, 1989, pp. 38、39、40.

赛亚主义的揭破和批判。① 或许正是在此意义上，阿多诺判定说："他所有概念的模型，被诅咒成了一场在晦暗房间令人不能正确辨物的光线下上演的默剧……这个默剧告诉人们的却是逃遁。"②

需要点明的是，克尔凯郭尔把美学、伦理与宗教等紧密杂糅起来，形成美学—伦理—宗教的复合思想结构和外观，其意图根本上说不在理论自身的发微、补充和完善，而是在于对其时"堕落""残酷""虚无"的社会现实状况③进行有效诊断和回应。其中，对遭受破坏和损毁的"个人"及其"生存"的拯救和恢复企图，遗憾的是仍然逗留在"概念的神话"意义上。克尔凯郭尔竭力把"绝望"刻画为"人的规定性"④，把"苦难"揭示为"久盛不衰的人类追求"和"生命的意义"⑤等，这些尽管带有浓郁的"概念拜物教"色彩，但确实凸显了对"绝望"和"苦难"等的历史洞察和批判。可以说，克尔凯郭尔隐微地带出了一种倾向直面、反思人类苦难的美学，不过这与拯救"个人"及其"生存"的乌托邦之间依然存在某种深度隔阂和对立。恐怕正是基于此，阿多诺宣告："美学概念被推入了'生存'确定的对立面。客观形象和主观行为模式——它的神秘的幻觉被它自己的哲学计划所揭示——对克尔凯郭尔来说，是美学的。"⑥

克尔凯郭尔凭借"生存哲学"，竭力揭露和反思以"追寻苦难超过追寻欢乐"为总体性标识的现代世界危机状况。囿于其自身的"生存神话"根基，故而这种揭露和反思最终演变为向先定弥赛亚式的、非历史的、纯精神的"宗教世界"逃遁和皈依，对受难者、受压迫者、受奴役者、绝望者等拯

---

① Rolf Tiedemann, Begriff Bild Name, in: Hambueger Adorno-Symposion, Hrsg. Von M. Löbbig und G. Schweppenhuäser, Lüneburg 1984, S. 78.

② Adorno, *Kierkegaard: Construction of the Aesthetic*, trans., Robert Hullot - Kentor, University of Minnesota Press, 1989, p. 46.

③ 参见［俄］列夫舍斯托夫：《旷野呼告——克尔凯郭尔与存在哲学》，方珊、李勤译，华夏出版社1991年版，第79、100、109页。

④ ［奥］康拉德·保罗·李斯曼：《克尔凯郭尔》，王彤译，中国人民大学出版社2010年版，第150页。

⑤ 参见［丹］克尔凯郭尔：《颤栗与不安》，阎嘉等译，陕西师范大学出版社2002年版，第165—166页。

⑥ Adorno, *Kierkegaard: Construction of the Aesthetic*, trans., Robert Hullot - Kentor, University of Minnesota Press, 1989, p. 66.

救允诺,而由此烟消云散了。实际上,克尔凯郭尔并非如其所声称那样"反抗和清算唯心主义"、严格"反思苦难"等,而仍然在最关本质、最关紧要的地方只是掠过或纵容了苦难现实状况,即采取纯精神性的、非反思性的"榨取""掳夺"和"超越"。李斯曼(Konrad Paul Liessmann)所说的"克尔凯郭尔的现实性"① 恐怕相当有限,但克尔凯郭尔生存哲学和美学蕴藏的"生存论路向"意蕴或潜能,无疑是最宝贵、最根本的"现实性"资源。

四、"概念的觉醒":"仿作理性"、现实性与未来性

尼采在《偶像的黄昏》中说:"要么毁灭,要么——荒谬地理性。"② 意思就是,人类企图效仿苏格拉底,"制造持续的日光"以沐浴在理性之光中,哪怕是"荒谬理性"之光。这一判定深刻折射了西方现代文明的根系危机或困境。需要注意的是,传统哲学美学在充满"持续的日光"的 20 世纪境域中再出场,却何以危机重重、陷入窘境呢?恐怕根子就在于这种思想传统内部的固有癖好和缺陷。在这里,我们打算对前面的论析和批判做一个延伸性总结和展望。

阿多诺援引尼采名言认为,任何本体论及其变种难逃唯心主义命运,即,"新本体论本身就是一种替代品:许诺超然于唯心主义方式的东西仍然是一种潜在的唯心主义并且妨碍着对唯心主义进行尖锐的批判"③。这深刻透露了思维规定性与存在规定性间的"形而上学疑难",特别是前者对后者的越俎代庖、一体化整合和独裁统治,凸显了"唯心主义形而上学"的"主体性暴力史"④。这还深刻意味和提示着,"同一性强制霸权"和"概念拜物教"以及其与西方现代文明境域中否定性现实状况⑤,譬如奥斯维辛集中营,

---

① [奥]康拉德·保罗·李斯曼:《克尔凯郭尔》,王彤译,中国人民大学出版社2010年版,第1页。
② [德]尼采:《偶像的黄昏》,卫茂平译,华东师范大学出版社2007年版,第52页。
③ [德]阿多尔诺:《否定的辩证法》,张峰译,重庆出版社1993年版,第90页。
④ Adorno, Theodor W., *Gesammelte Schriften*: Bd 5, Frankfurt am Main: Suhrkamp Verlag, 2003, S. 16.
⑤ Richard Wolin, "Utopia, Mimesis, and Reconciliation: A Redemptive Critique of Adorno's Aesthetic Theory", *Representations*, 1990 (1), pp. 33—34.

或明或暗、盘根错节的深切关联。在启蒙和文明遭受"进步的代价""空洞的恐怖"以及"交往的隔离"①等严重危机和灾难之际，如阿多诺所言，这些同一性哲学传统乃至形而上学传统则招致了前所未有的"滑铁卢"。另一方面，特别需要注意的是，阿多诺立足拯救和展露无望者、易逝者、受盘剥者、受压制者等，欲竭力批判"同一性强制霸权"或"概念帝国主义"及其具体化、变异化历史进程，以更好地构筑"解释世界"和"改造世界"的思想，从而为想象和筹划"美好生活"或"美的世界"服务。这历史地要求转向艺术和审美领域求解。艺术和审美因为自身是"不受认同强迫制约的自我同一体（Sichselbstgleichheit）"②，并尊重和容纳复杂的"差异性""非同一性"以及"交往性"，因而与阿多诺哲学美学拯救动机和历史使命根本契合。或许这就是阿多诺《否定的辩证法》警惕和拒斥"本体论"，以及马丁·杰断言阿多诺向美学实施"大退却"③的深层缘由。不过需要澄清两点。首先，这里阿多诺赋予了艺术和审美以极其重要的历史地位、角色和使命，即认识、拯救、解放以及筹划。艺术和审美作为一种"仿作理性"活动，被置于批判和超克传统哲学美学危机之当口来领会和把握，当指向并凸显为与哲学的相互缠绕状态："概念仿作""概念星丛"以及"概念力场"等。特别地，艺术和审美作为形而上学哲学美学传统的一种"解毒剂"，核心体现在自由开放、全面整体地直面复杂现实世界。就此而言，"形而上学只有作为存在物的清晰的星丛才是可能的"④，所谓"形而上学的拯救"观点是深刻的⑤。其次，马丁·杰所言"朝向美学大退却"，恐怕只是阿多诺之思想批判和拯救轨迹的一个客观刻画和呈示，并不必然意味着漠视和疏离苦难现实而逃遁入弥赛亚避风港。因为，一方面阿多诺向美学转向和聚焦，根本上讲是为寻找应对和解决西方现代文明境域中日益管制化、同质化等否定性现实状况的

---

① 参见［德］马克斯·霍克海默、西奥多·阿道尔诺：《启蒙辩证法》，梁敬东、曹卫东译，上海人民出版社2003年版，第260—261、262页。
② ［瑞士］埃米尔·瓦尔特-布什：《法兰克福学派史》，郭力译，社会科学文献出版社2014年版，第200页。
③ ［美］马丁·杰：《阿多诺》，瞿铁鹏、张赛美译，中国社会科学出版社1992年版，第241页。
④ ［德］阿多尔诺：《否定的辩证法》，张峰译，重庆出版社1993年版，第408页。
⑤ 谢永康：《形而上学的批判与拯救》，江苏人民出版社2008年版，第1页。

有效思想工具。或者说引入新质性要素以批判和改造传统思想工具的工作方向、核心旨趣等——特别是由"主体第一性"的"概念统治"转向阿多诺所言"客体优先性"的"概念仿作",从而兑现阿多诺的拯救动机和文明史关怀等。另一方面,艺术和美学发生了历史性的、根基性的变动和更替,而这最特别地体现在阿多诺所宣称现实性定向。譬如,"美学必须以真理性为目标""真理性属于艺术作品的本质特性""艺术作品真正要求我们的是认识"① 等。这深刻提示出,美学在这里已经超越了"艺术作品现象学",而且溢出了学科边界,在阿多诺的理论体系中被寄予了疗救和激活传统哲学美学的历史意义。尤其是,转入施内德巴赫(Schneider Bach)所倡导的"概念式仿作理念(Idee begrifflicher Mimesis)",批判地施行理性和概念、客体世界双重拯救。不过,阿多诺拯救观点迥异于传统哲学美学所言"升华""超越"等观点,也不同于本雅明"救赎美学"② 所示弥赛亚主义"救赎",而是"改造世界"哲学意义上的既直面现实世界又朝向未来世界的解放。由此,阿多诺思想整体重心向美学转移或曰美学转向,当是在西方现代文明境域中日益普遍化的苦难现实语境下,受到"拯救无望者"和"筹划美的世界"驱使和导引,蕴藏着"哥白尼的革命"思想奥秘,同时曲折困惑、矛盾反复、摇摆游移等交织其间,极具文明史意义的哲学美学探索过程。这一点,对于领会和把握传统哲学美学批判以及阿多诺美学思想,其意义不容低估。

　　传统哲学美学批判特别地聚焦在"概念拜物教"批判上。这种拜物教的核心就是阿多诺《否定的辩证法》多次批驳的"意识的内在性"或"内在思想的第一性"。这种拜物教的野蛮性在于概念与非概念物的完全对等、"我思"与对象世界的完全同一,而遗漏和屏蔽掉了概念所指的对象或客体世界,截断并封闭了通向社会现实的道路,而且导致了救赎乌托邦或希望乌托邦的神话。因为阿多诺已经提示了这一点:"秩序如果把自身关闭在自身意义之中,也就把自身关闭在超越这种秩序的可能性之外了。"任何"形而上

---

① 参见[德]阿多诺:《美学理论》,王柯平译,四川人民出版社1998年版,第583,27页。
② 参见[美]理查德·沃林:《瓦尔特·本雅明:救赎美学》,吴勇立、张亮译,江苏人民出版社2008年版,修订版导言部分第1—2页。

学权威"或"先验之物神话",都是靠绝对纯粹、"美化"的内在性经验或内在性意识供养。

>……一切形而上学的思辨都命定地插入伪经之中。超验概念的意识形态非真理性是肉体与灵魂的分离,即劳动分工的反映。它导致把'我思'偶像化为统治自然的原则并导致那种融化在超越罪责关联的先验概念之中的物质的否定。但正如在米格农的歌中那样,希望紧盯着的是被美化的躯体。①

如此,艺术和审美在面临人类苦难现实的冲击和侵蚀时,或许只能凭借"升华"和"超越"方式由其中压榨和挤出肯定性意义,即以彻底逃避、忘却和抹除灾难现实,或克尔凯郭尔所说的"致死的疾病"为代价,以兑现巨大慰藉和救赎允诺。阿多诺之所以极力督促和警告人们要警惕慰藉和救赎宗旨的欺骗性或危险性,恐怕与此不无关系。人们努力尝试的方向应当是:夯实和构筑艺术和美学的"真理性"维度——艺术应当实质地反思和戳穿这般苦难现实,促逼人们意识到其中的真伪,牢记苦难并防止其重演。不仅如此,这种"真理性"还反映在"非同一性""多样性"以及"美好东西之可能"的自由涌现和复杂刻画。这些,深刻道说了阿多诺何以强化"绝对的否定性"。

上述反映出美学业已跃出自身传统疆域和界限,被阿多诺重置于人们如何有效应对、处理启蒙和文明危机并指明其出路的当口。或者说,在面对日趋严峻的现实危机状况,以及传统哲学面对如此危机状况的日益乏力、甚至失效等诸种情形时,艺术和美学应当何为构成了阿多诺美学思想的核心问题域。唯有基于此,我们才能真正领会和把握阿多诺何以重视艺术和美学的良苦用心和韬略所在,以及阿多诺美学的基本定位、核心议题以及实质要义

---

① [德] 阿多尔诺:《否定的辩证法》,张峰译,重庆出版社1993年版,第401—402页。

等。① 或许，阿多诺自诩《美学理论》旨在"再现我思想中的精髓"②，恐怕奥秘就在这里。

关键是，在传统哲学美学遭受严峻挑战和危机的现时代境域中，哲学美学如何生存甚至复兴？这一问题的回答和解决乃阿多诺哲学美学艰辛探索过程，根本上关涉到并且实质地呼吁一种新艺术理论或新美学的诞生。阿多诺以为："美学的复兴在很大程度上取决于它是否已经意识到根本上属于时间现象的真理性内容。"③ 这深刻地道出了美学复兴的根本在于自觉意识到"属于时间现象的真理性内容"，即始终如一地保持对剧变的社会现实世界不折不扣的展露和反思以及面向未来的预示等。这种复兴需要批判和超克"以主观的趣味判断为开端"的传统核心弊病④等，但绝非以废黜和遗弃传统哲学美学为代价，而是历史地挖掘和拯救传统哲学美学范畴的诸种"生存性（existence）"和"有用性（usefulness）"潜能。用阿多诺的话说，即对传统哲学美学范畴施行"合理的、具体的消解（concrete dissolution）"，以释放并激活传统范畴的"新的真理性内容"⑤。如此挖掘和拯救过程背后深藏着阿多诺所说的"当今美学理所当然的归宿"，即当今境域中黑格尔所言艺术朴素风格业已失去生存根基，艺术需要聚焦"反思"，而且需要达至超越凌驾和压榨在艺术之上的外部、异己的思想过程之程度。而这既映射了艺术和审美复杂新变以及传统"规范美学（normative aesthetics）"的尴尬处境和困境，也深刻地标示出阿多诺美学的现实性定向，透露了其中的历史哲学和伦理学底蕴。

尼采说："'虚假'的世界永远是唯一的世界，'真实的世界'仅仅是胡编的。"⑥ 这一判定或可作为阿多诺奥斯维辛批判所指涉的现代世界的一个注脚。在如此"'虚假'世界"境域中，"合理的生活的可能性"丧失殆尽，

---

① 参见 Kathleen League, "Utopia in the Map of the World: Adorno, Radical Negativity, and Cultural Critique", DePaul University, 2009; Heather Anne Thiessen, *Messianic Light: Utopian Discourse in the Work of Theodor W. Adorno, Luce Irigaray and Giorgio Agamben*, University of Louisville, 2010.
② ［德］阿多诺：《美学理论》，王柯平译，四川人民出版社1998年版，第604页。
③ ［德］阿多诺：《美学理论》，王柯平译，四川人民出版社1998年版，第599页。
④ ［德］阿多诺：《美学理论》，王柯平译，四川人民出版社1998年版，第576页。
⑤ ［德］阿多诺：《美学理论》，王柯平译，四川人民出版社1998年版，第574页。
⑥ ［德］尼采：《偶像的黄昏》，卫茂平译，华东师范大学出版社2007年版，第56页。

艺术和审美究竟应当何去何从？我们对阿多诺关于这一问题的蕴藏着深层社会批判、拯救意识和文明史关怀的艰辛思考和探索的领会和把握，恐怕始终应当在深切牢记并反复体会、领悟阿多诺嘱托的条件下谨慎展开。阿多诺嘱托如下：

>……形而上学的问题已尖锐化成了这样的问题：这种十足的脆弱性、抽象性、不确定性是不是最后的、徒劳的辩护立场；或者说，形而上学是否只幸存于最平庸和最卑鄙的东西中，在完全不显著的状态中它是否把理性恢复成独裁的理性，这种理性毫无阻力或反思地行使自己的职责。①

---

① ［德］阿多尔诺：《否定的辩证法》，张峰译，重庆出版社1993年版，第403页。

第三章 核心旨趣:"真理性"与"艺术—哲学"

阿多诺感叹说:"曾经确保艺术存在与实体性的形而上学已消亡。"① 这里传递出如下信息:晚期资本主义文明境域中传统哲学美学日益走向衰落、甚至消亡,以及对这一衰落状况所遗留下的巨大权力真空以及由此引发、带出的诸种问题和危机的极度焦虑。进言之,这也提示出美学的形而上与形而下两个端点的矛盾紧张或复杂缠绕关系问题:既不能凭借形而上"概念",也不能凭靠形而下"纯粹经验",而把它们生拉硬拽撮合、焊接为一体。实际上,二者并非截然两分、泾渭分明,而是历史辩证地互为中介的,如此才可能挣脱和跳出凌驾和悖逆艺术自身诸种"天真假设"、徒劳"经验分类"等魔咒。鉴于此,阿多诺告诫人们,美学务必设法同艺术的更新、发展状况并驾齐驱,同时切忌落后于哲学的进步状况。② 由此,我们或可窥视到传统哲学美学衰落与复兴相缠绕的奥秘:"美学作为形而上学的庇护所。"

阿多诺刺破哲学美学业已习以为常的"概念拜物教"以及"同一性神话"这一内核,而转向现实世界或对象领域,即首要直面和诉诸艺术和审美的变化、发展,以及其文化、政治等诸种现实条件状况。这便将美学视线或触角历史地引向资本主义现代社会境域中艺术和审美的普遍性危机和困境。而对如此危机和困境的勘察和反思,历史地涉及艺术和审美内、外部关系格局深层调整,以及它们的地位浮动、功能和旨趣变更等问题,当是对西方现代文明危机境域中艺术和审美遭受的普遍性冲击和消解以及由此而引发的变

---

① [德] 阿多诺:《美学理论》,王柯平译,四川人民出版社1998年版,第572页。
② [德] 阿多诺:《美学理论》,王柯平译,四川人民出版社1998年版,第577页。

局的检省和批判。这里的关键在于：一方面这是受阿多诺基于启蒙和文明的反转或阴暗面的日益蔓延甚至赤裸裸地合理化等的忧虑，而生成的"拯救无望者"核心动机；另一方面在此基础上，阿多诺由此对传统哲学产生强烈不满和抵抗而转向"美学"，企图借道和汲取美学以谋求改造甚至重铸哲学自身，即"艺术—哲学"星丛状态，从而预示救赎乌托邦图景或兑现"改造世界"允诺。这揭示出，艺术和美学绝不是"避难所"或"庇护所"，毋宁说是"救护室"。正是在如此意义上，维尔默声称阿多诺不过是"对现代性的审美拯救"① 这一判定的深意获得了某种澄明或敞开：刻画和凸显了其美学的崇高历史地位、文明史关怀等，而且由此必然走向对"非同一性""绝望者""牺牲者"等的拯救和展露。譬如，阿多诺美学与他自己的社会学研究一样，"以认识事物的本质为目标"②。即使那种把"批判语言"视为"阿多诺美学的核心问题"③ 的观点，也与此本质契合。

阿多诺对晚期资本主义文明危机境域中的艺术和审美状况，连同与此深切关联的"文化工业"、社会伦理、政治等状况的批判和探索，其背后蕴藏着极其深刻的理论用意、现实关怀，尤其是艺术和审美批判以及文化批判的革新性变动，恐怕值得所有阿多诺美学和文化批判研究者反复捉摸。

一、"艺术真谛"：灾难的显现与"否定性本质"

在"彻底启蒙"和"高度文明化"而带来的普遍性灾难境域中，艺术和审美遭遇了前所未有之变局——由现实根基上讲就是艺术和审美赖以存在和协调的和谐经验基础坍塌或崩溃了，而这最特别地已由"奥斯维辛"标示出来，由此而陷入不确定性、不稳定性、破碎不堪、难以理解与反常等构织的漩涡之中。阿多诺说："自不待言，今日没有什么与艺术相关的东西是不言

---

① [德] 维尔默：《论现代和后现代的辩证法：遵循阿多诺的理性批判》，钦文译，商务印书馆2003年版，第49页。
② Adorno, Theodor W., *Gesammelte Schriften*: Bd 8, Frankfurt am Main: Suhrkamp Verlag, 2003, S. 11.
③ 陈瑞文：《阿多诺美学论：双重的作品政治》，五南图书出版股份有限公司2014年版，第14—15页。

而喻的，更非不思而晓的。所有关涉艺术的东西，诸如艺术的内在生命，艺术与社会的关系，甚至艺术的存在权利等等，均已成了问题。"① 进一步看，这种状况切切实实地揭示了现实与理论、对象与概念间的紧张矛盾和复杂困局，即艺术和审美的剧烈变化和发展，包括艺术和审美自身的堕落趋向以及其与主宰性社会意识形态的共谋趋向等，撑破、超出甚至悖逆了其基本概念和范畴框定的界限和疆域。既定艺术和美学思想难以对这种状况提供强有力的批判并洞穿其"虚妄性本质"，更难以为艺术和审美的新可能或趋向提供合法性布道。与此同时，这也映射出了传统哲学美学所固有的恒定不变、天真烂漫、唯名论的"艺术生存"观念。在此意义上讲，艺术必然不可避免地、历史地发展成为"反艺术（anti-art）"，或者说它必然导向艺术内部自我怀疑、否定、突破以及异质拓展等力量的膨胀和凸显，而这恰恰源于传统哲学美学所无视和掩盖的"艺术的继续存在与人类各种灾难之间的道德鸿沟，以及过去与未来之间的道德鸿沟"②。这些在根本上讲，深刻关涉到美学自身如何直面并克服和解决而非漠视这种"道德鸿沟"或"道德禁忌"，亦即美学如何在自律性与他律性的矛盾缠绕和交融中揭破和反思这种"鸿沟"或"禁忌"以及人类灾难的"同一性"奥秘，并同时实现对受难者、受迫害者等的发现、承认、关怀和拯救。③ 或许，就此将阿多诺称为"'非同一的特殊事物'的维护者"④，是极具文明史意义的。这些构成了非纯粹艺术以及非纯粹美学的关键性组成部分。"哲学本身是用来兑现动物眼中所看到的东西的"⑤，阿多诺对霍克海默所讲的这番话同样适用其自身的美学。或许我们可以由此窥视和体会阿多诺赋予其美学的责任和使命的崇高性、沉重性和深远性——发现、记忆和反思文明的动物性面相，即阴暗面或邪恶面。下面，我

---

① [德] 阿多诺：《美学理论》，王柯平译，四川人民出版社1998年版，第1页。
② [德] 阿多诺：《美学理论》，王柯平译，四川人民出版社1998年版，第568页。
③ Hyo-Seong, *Overcoming Reified and Administered Communication: A Critical Analysis of Theodor W. Adorno's Theory of the Culture Industry*, Northwestern University, 1987; Kathleen League, *Utopia in the Map of the World: Adorno, Radical Negativity, and Cultural Critique*, DePaul University, 2009.
④ [德] 维尔默：《论现代和后现代的辩证法：遵循阿多诺的理性批判》，钦文译，商务印书馆2003年版，第149页。
⑤ [德] 洛伦茨·耶格尔：《阿多诺》，陈晓春译，上海人民出版社2007年版，序言部分第4页。

们将围绕"否定性本质"与"艺术的真谛"展开论述,企图澄清和阐明阿多诺对灾难性现实境域中艺术本质变更以及其对这种现实境域之反应关系的思考和探索等。

(一)"否定性本质":灾难与"特定的否定"

"除了绝望能拯救我们外就毫无希望了。"① 在阿多诺所指认的日趋萎缩、颓废、宰制化、同质化时代境域中,传统艺术的"肯定性本质"已经不合时宜了:一方面由于囿于自身肯定性的意义生成机制以及自律性旨趣等,而形成了艺术和审美与否定性时代境域之间的"道德鸿沟";另一方面更糟糕的是,由此而造成对包括"牺牲者"和"绝望者"在内的灾难现实状况的肯定性地压榨和亵渎,如"非同一性"和"质的方面"等的解体和摧毁。与此同时,艺术的"肯定性本质",由于与启蒙和资本主义文明根深蒂固地攸关和契合在一起,故而它虽然企图通过逃离和摒弃复杂现实世界来实现所谓"升华、救赎和希望",但实质上却是对资本主义社会既定秩序、原则、逻辑等现实状况的妥协和臣属。因此,在如此这般"反常"的现实生活境域中,赫尔姆特·库恩(Helmut Kuhn)那种"艺术即赞美诗"观点恐怕要宣告寿终正寝。虽然其所赞赏的"肯定性本质"确实构成了艺术和审美的不容低估的有机部分,但是肯定性的诸种状况也已经达至令人难以容忍的地步。不过,阿多诺绝非意图否定和消除艺术,而是竭力呼吁、发掘和构筑一种新艺术和新美学,以兑现其思想的拯救允诺。②

从整体上看,"当代艺术"较之于传统基础正在经历质性蜕变和发展,这种蜕变和发展在阿多诺看来,最特别地体现在"性质相异的实体"上:一方面在形式上否定和对抗反常性现实世界,另一方面又企图"援助和改造现实世界"③。这提示并标明在这种"性质相异的实体"中,较之"解释世界"性质的"肯定性本质"所引致的"慰藉""拒绝"等概念,更能抓住"艺术真

---

① 此番话为阿多诺与阿诺德·吉尔逊对话中所说。引自 [美] 马丁·杰:《法兰克福学派的宗师:阿道尔诺》,胡湘译,湖南人民出版社1988年版,第224页,注释〔1〕。

② 参见 Roger Foster, *Domination and Disintegration*: *Adorno and Critical Social Theory*, University of Ottawa, 1999. p.146. 该博士论文论述阿多诺批判的社会理论,试图揭破这种理论切入"过剩现实"或"现实抽象"的介入能力和面向未来的筹划能力,尤其是惝然向艺术借力的关怀企图。

③ [德] 阿多诺:《美学理论》,王柯平译,四川人民出版社1998年版,第3页。

谛"的，应当是"改造世界"性质的"否定性本质"。这种"否定性本质"不仅与美学创始人鲍姆嘉通的"审美"概念初创意蕴深切相关，而且这种意蕴最特别地指向感性、知性、理性、想象力、欲求能力、情感力以及记忆力等诸多能力相缠绕与交融的复杂状态和结果。① 虽然鲍姆嘉通（Alexander Gottlieb Baumgarten）的"审美"概念被认为建立在理性主义哲学基础之上并且沿袭了理性主义"美在完善"等传统观点，但是其竭力达到认识的"完善状态"与"真理性"其间所隐含的强烈反思意味和实践指向却不容低估。就此而言，阿多诺将艺术和审美与认识、真理性等深层关联并突出起来的做法，并非意味着"哲学艺术化"或者说"艺术哲学化"，或可与创始人鲍姆嘉通所规定和赋予美学的历史使命和目的等遥相呼应。这有助于扫除和清理康德美学那种试图在"主体能动性"这一自诩"哥白尼革命"的关键领域和意义上攻克和解决传统美学危机问题，而造成了笼罩在美学理论之上的狭隘性理论外壳和阴霾。与此同时，这种"否定性本质"也是阿多诺对在反常性甚至灾难性现实处境中艺术和审美命运思考和探索的一个方向性呈示，或者说艺术和审美对如此这般现实状况的复杂反应和作用关系等的崭新需要和要求。因为一方面现存艺术和审美的纯粹精神化逃遁和超越，或者普遍性堕落和解体，已经无法足以掌握和协调，以及安顿和表现启蒙、文明、技术进程等所共同编制和熔铸的反常性力量和否定性现实。② 这就是艺术目前的"弥赛亚主义化"和"世俗化"现实境域，尽管其间已经蕴含并透露出艺术未来可能变成什么样子的信息。另一方面，正因如此普遍性危机，"否定性本质"在艺术和审美中逐渐被本质重要地开显出来，而且作为对"肯定性本质"的挑战、拯救和超越，而形成了艺术和审美的全新矛盾性、辩证性本质。直面并披露和反思复杂现实世界的灾难真相，阿多诺称之为"否定性艺术"或者"反艺术"。波琳·约翰逊（Pauline Johnson）认为，阿多诺实际上并没有真正赋予艺术这种实际的"否定"或"颠覆能力"，因为其旋即又反对和取消

---

① 参见北京大学哲学系美学教研室编著：《西方美学家论美和美感》，商务印书馆1980年版，第142—144页。

② 笔者曾经提出了这样一种观点：艺术作为一种精神样式，必须要能掌握和协调现实力量，尤其是物质力量，并且使其获得和谐安顿和自由表现，否则必然陷入危机。参见刘阳军：《网络文学的现状与取向》，载《重庆社会科学》，2015年第3期。

了其实际的"启蒙能力"并且远离"大众的需求"等。① 这种观点敏锐地捕捉到了阿多诺美学的悖论性理论外观，但恐怕同时又不可避免地、自负地漠视阿多诺理论工作的拯救性动机和文明史关怀。

在这里，我们有必要扼要谈一下启蒙和文明的阴暗面相与阿多诺哲学美学的历史定位和思想使命深切关联。所谓灾难或阴暗面相在阿多诺这里，最特别地通过对启蒙和文明的根本揭破和批判而刻画和标示出来②：启蒙和文明的狰狞、阴险面目，颇具象征意味地展露了启蒙和文明内部以自我保存为根底、以绝对理性为标尺、以"进步拜物教"为核心特征的赤裸裸的野蛮维度。或许在此意义上，包括哲学和美学、文化批判、伦理批判在内的"阿多诺作品"，代表了对人类残酷现实严格审视以及建立新世界的"新思想基础"。③《启蒙辩证法》开篇伊始就令人惊悚地宣告：人类迈向文明世界的同时，也卷入了新的神话、幻想、蒙昧、不自主以及恐惧之中，而这却被人们悖谬地、一厢情愿地刻画为"以各种方式相信'进步的观念'的世界"④。灾难不仅与"自给自足的、经验-理性的科学体系"缠绕，而且扎根"本身客观的、自上而下地被操纵的社会"。特别地，如此这般堕落到野蛮的踪迹隐秘地蕴含在西方启蒙和文明世界肌体之中，甚至启蒙和文明本身就建立在法国生理学家皮埃尔·弗鲁朗（Pierre Flourens）所忧虑的"三氯甲烷"的危害，尤其是其所表征和标示出来的牺牲和代价之上。⑤ 譬如，阿多诺所称的"交换社会""理性社会""同一社会"等深切折射了这一状况。晚期资本主义文明乃至现代文明的灾难面相或根基性困境，已经历史地构成艺术和审美所处的根本现实语境以及其所面临的最艰巨挑战。这根本上要求艺术与哲学

---

① [奥]波琳·约翰逊：《艺术的社会职能：阿多诺的美学思想》，见王鲁湘等：《西方学者眼中的西方现代美学》，北京大学出版社1987年版，第262页。

② 从《克尔凯郭尔：审美对象建构》《启蒙辩证法》《最低限度的道德》到《美学理论》等，可以说贯穿着阿多诺对启蒙和文明的深刻焦虑意识、批判意识以及拯救意识。这对理解阿多诺理论极其重要。

③ [德]皮特·纳勒：《"法兰克福学派与美国马克思主义》，见何萍、吴昕炜主编：《法兰克福学派与美国马克思主义》，人民出版社2014年版，第5页。

④ [德]霍尔格·波利特：《废除革命：对罗莎·卢森堡与西奥多·W. 阿多尔诺的评述》，见何萍、吴昕炜主编：《法兰克福学派与美国马克思主义》，人民出版社2014年版，第7页。

⑤ [德]马克斯·霍克海默、西奥多·阿道尔诺：《启蒙辩证法》，渠敬东、曹卫东译，上海人民出版社2003年版，第261页。

的共同联手。

传统哲学和美学由于自身对人类苦难的漠视以及其与启蒙和资本主义文明的内在契合性和一致性①，故而总是显示出"无能为力"和"力不从心"的窘态。正是在如此境况下，阿多诺特别地强调和凸显"灾难的绝对性"以及应对这种"绝对性"的时代迫切性和本质重要性，同时在此基础上重置并锚定了美学的新定位和新使命：竭力应对灾难性现实，预示朝向未来的可能性，进而最终指向拯救层面的"改造世界"。正因如此，"否定性本质"作为对"肯定性本质"的某种解救和超越，决定性地开显在艺术和审美之中。

阿多诺之所以如此突出否定性境域，同时又近乎激进地强调艺术的认识论和存在论意义，前面已略有提及：基于概念系或范畴论套路的传统哲学美学"没有对付苦难的能力"，因为它完全不能凭借"经验媒介"揭发和表现"苦难"，而与此严重缺陷相对照的是，艺术恰恰可以成为"对付苦难"的一种真理媒介。在充斥莫名恐怖与苦难的现实境域中，艺术究竟应当如何"对付苦难"，或者说苦难对艺术造成了怎样的冲击？面对现实世界的日益"病态化"和"疯狂化"，艺术那种传统"非理性"标签正在被清洗和摘除，并趋向"否定性本质"。同时，艺术将灾难或者说"尚未挽救的世界状况（Unheil——灾祸）"，通过被压抑之物、被迫害之物以及受难之物等的凸显和展现而予以"内在化"，由此而识别、刺破和记忆这般灾难状况。正是这一点，与那种实证主义式再现、逃遁性超越和"虚假幸福"拉开了最关本质的安全距离，而且奠定了艺术对灾难的客观性的否定性反应之"真理性地位"②。需要补充说明的是，阿多诺绝非把艺术当作哲学，更非以艺术代替哲学，其真正的意图在于企图在传统哲学美学面对苦难性境域所暴露出来的严重缺陷和危机的当口，挖掘艺术和审美层面的认识论、存在论潜能，以反思、改造和反哺哲学自身。就此而言，阿多诺在最重要的哲学著作《否定的辩证法》的序言中最关本质地突出了堪称"哥白尼的革命"的"批判的自我反思"概念和"哲学经验"概念③，恐怕并非孤例，根本上映照了阿多诺从哲学"回

---

① ［德］阿多诺：《美学理论》，王柯平译，四川人民出版社1998年版，第37页。
② ［德］阿多诺：《美学理论》，王柯平译，四川人民出版社1998年版，第33—34页。
③ ［德］阿多尔诺：《否定的辩证法》，张峰译，重庆出版社1993年版，序言部分第2页。

溯"到美学以及又由美学"返回"到哲学的历史和思想秘密①。

"否定性本质"表明：不能再像传统哲学美学那样听任"理性的狡计"和"肯定的辩证法"等而对灾难现实施行"放逐"或"招安"，要对此进行否定性地揭穿和展露。这种"否定性"不同于"俗气艺术"与死亡和危机的那种"肯定性关系"②，它摆脱了天真性和虚假性以及非理性等的困扰和纠缠。因此阿多诺甚至说："除了特定的否定之外，艺术作品没有任何真理；美学在今天就是要揭示这一点。"③ 这说明，一方面"否定性本质"是现代灾难性境域对艺术和审美的根本历史要求，另一方面艺术真理性最关本质地指向"特定的否定"，而且实际上阿多诺将"新美学"把握为当以这样的真理性为目标。而这些，是由阿多诺对艺术和美学的文明史地位和意义变迁的特定发掘与理论把握等所规约与限定的。

这里所说"特定的否定"源自黑格尔《精神现象学》，但在阿多诺这儿已经被赋予了别样的意蕴。霍克海默和阿多诺指出："'特定的否定'，不像怀疑主义不分青红皂白地把真假一律予以否定那样，用抽象概念的自主性来抵制错误的直观。特定的否定对绝对和偶像中尚不完满的观念予以拒斥，而严肃主义则不同，后者想用它本身无法企及的绝对理念来对照上述绝对和偶像。与此相反，辩证法却要把每一种图像解释为文字，它要人们根据图像的特点来识别它的虚假性，或者使其失去效力，或者使其符合真实。"④ 由这种对黑格尔"特定的否定"的批判，我们可以注意到如下几点：一是"特定的否定"绝非"怀疑主义"，二是"特定的否定"亦绝非"严肃主义"，与此同时也透露了"特定的否定"与"辩证法"历史结合的信息和契机。但是这是不是就意味着它走向"相对主义"呢？答案是否定的。阿多诺在《否定的

---

① Michael R. Kilivris, *Elective Affinities*: *Heidegger and Adorno*, Duquesne University, 2010. p. 116; Erich Hertz, *Dissonant Aesthetics*: *The Sakes of Experience in the Modernist Avant-Garde Abstract*, The University of Notre Dame, 2001. p. 223. 这两本博士论文可以管窥这一点。

② [德] 洛伦茨·耶格尔：《阿多诺：一部政治传记》，陈晓春译，上海人民出版社 2007 年版，第 79—80 页。

③ Adorno, Theodor W., *Gesammelte Schriften*: *Bd 7*, Frankfurt am Main: Suhrkamp Verlag, 2003, S. 195.

④ Adorno, Theodor W., *Gesammelte Schriften*: *Bd 3*, Frankfurt am Main: Suhrkamp Verlag, 2003, S. 195. [德] 马克斯·霍克海默、西奥多·阿道尔诺：《启蒙辩证法》，梁敬东、曹卫东译，上海人民出版社 2003 年版，第 21 页。

辩证法》中忧心忡忡地指出，晚期资本主义文明时代实质上就是怀疑主义、严肃主义、相对主义以及绝对主义等相缠绕、混居以及弥漫的时代。在如此境域中，黑格尔辩证法"最核心之处"那种负负得正的反辩证法本质或者说"否定的确证"，恐怕面临解体和终结之危局，尽管这种"反辩证法"于黑格尔庞大理论体系而言具有极重要的补充性意义。这里根因在于，"如果整体有魔法，如果它是否定的，那么对被概括在这个整体中的特殊之物的否定就仍然是否定的。它唯一的肯定的方面就是批判，即特定的否定，而不是突然转向的结果或幸运地被把握的确证。"① 更关键在于，黑格尔辩证法故意略去"多样性的整体性与多样性的他者"的辩证法。② 阿多诺在批判《精神现象学》的"整体是真实的"的著名判断时，道说了于否定而言的唯一正面就是"特定的否定"，而绝非"肯定性"。这深刻意味着，一方面唯有由作为"总概念性"的肯定性出发并作为先决条件，才会导向"否定之否定即肯定性"或"同一化的精髓"——"自我纯一或纯粹同一性"。这在阿多诺看来已经形成了西方传统哲学美学的理论路径依赖和思想传统，最特别地体现在"概念拜物教"或"概念帝国主义"，而且已经历史地具体化为"总体社会"。另一方面，"否定之否定"隐含的真正奥秘实际上应当是引向对"非同一物"以及其遭受"同一性强制"迫害和压榨的更广阔世界的关注，而非制造"新的幻象"。阿多诺这里真正意图在于，竭力刺破和戳穿这种"统一性"或"整体性"思想传统所隐藏的巨大欺骗性和破坏性奥秘，同时又尝试通过这种批判迈向使异质者、矛盾者、复杂者、易逝者等得以解禁、显露和昭示之途。需要指出的是，"整体是不真实的"③ 这一与黑格尔迥然有别的颠覆性判定，实际上乃阿多诺思索和发掘"特定的否定"的决定性条件。不过，阿多诺绝非完全否定或抛弃"统一性"和"整体性"或"总体性"概念而后快，因为这必然同时意味着美学批判、伦理批判、文化批判等的失效和瘫痪——而这历史地指向否定性现实批判基础上包孕整体性或总体性前景的"异质乌

---

① Adorno, Theodor W., *Gesammelte Schriften*: Bd 6, Frankfurt am Main: Suhrkamp Verlag, 2003, S. 161. ［德］阿多尔诺：《否定的辩证法》，张峰译，重庆出版社1993年版，第156页。
② ［德］阿多尔诺：《否定的辩证法》，张峰译，重庆出版社1993年版，第314页。
③ Adorno, Theodor W., *Gesammelte Schriften*: Bd 4, Frankfurt am Main: Suhrkamp Verlag, 2003, S. 55.

托邦"。

在"势不可挡的进步的厄运就是势不可挡的退步"①所标示的现时代境况中,"人们是否确实可能再进行一次正确的实践活动"?② 在此背景下,艺术和审美那种"特定的否定"的真理性,或许就体现在满足和实现对人自身这一整体性或总体性的表露和拯救,以及对人类正确生活或实践活动方向的不断修正和限定的历史需要与要求。因为诚如阿多诺《美学理论》所说,作为否定性精神样式但又非"纯粹、绝对精神",艺术才真正得以记忆、刺透和反思复杂经验现实世界尤其是否定性经验现实,并走向对既存现实世界的"特定的否定"。这无疑反映出艺术否定和拒绝对"现存事物"或"自在的肯定之物的崇拜"③,而竭力击碎和摧毁既有经验现实或社会秩序的"钢铁般外壳"(马克思·韦伯语)和凝固时空,从而在直面赤裸裸真相的同时实现对阿多诺所说的"彻底社会化的社会"或"总体社会化的社会"④ 中的被囚禁者、受害者以及被宰制者等的言说、再现和关怀。

在黑格尔那里,"特定的否定"是一种对象的辩证法,它本身就是对象自身运动,也即它最关紧要地关涉到对象的内在性。作为对黑格尔所说的世界历史进程和思维逻辑进程的双重反映,如此辩证法放逐和牺牲"否定本身",并通过其客观唯心主义的精致运作和转换而生产出"肯定性"和"内在性"。马克思窥破了黑格尔"特定的否定"的唯心主义天真和假象,最特别地体现在思维规定性对存在及其规定性的篡改、消解和褫夺,即"主、谓颠倒"论。如此,"绝对理念"反客为主地成了"绝对存在",而复杂对象或客体世界以及主体与客体之间的巨大鸿沟却被顺理成章地、合乎逻辑地排除和拒斥了。这在马克思对黑格尔"法哲学批判"的揭破和批判中得到了明确指认:政治规定、事物本身以及国家悉数沦陷为抽象思想和普遍性逻辑的掌中玩偶和围猎物。⑤ 在马克思这里,"特定的否定"完成了唯物史观意义上

---

① [德] 马克斯·霍克海默、西奥多·阿道尔诺:《启蒙辩证法》,梁敬东、曹卫东译,上海人民出版社2003年版,第33页。
② [德] T. W. 阿多诺:《道德哲学的问题》,谢地坤、王彤译,人民出版社2007年版,第4页。
③ [德] 阿多尔诺:《否定的辩证法》,张峰译,重庆出版社1993年版,第157页。
④ [德] 阿多尔诺:《否定的辩证法》,张峰译,重庆出版社1993年版,第313页。
⑤ 《马克思恩格斯全集》第3卷,人民出版社1998年版,第22页。

的决定性颠倒和反转。"特定的否定"在阿多诺这里，它根本上是面向否定性现实状况的历史需要，即西方现代社会仍然处在马克思所说的"史前史时期"①，而"史前史"则标示出这仍然是个体性、自主性、特殊性等遭受压迫和宰制的社会。需要指出，"史前史"在西方当代资本主义文明进程中正在凭借各种形式和力量疯狂渗透、延伸和扩张，而且变得越来越别具韧性和魔力：日益客观化、物化，充斥着"客观力量"②"物的力量"和"同一化力量"等。或许正是因为这一点，阿多诺特别强调"客体优先性"，以直面和反思客观普遍性和同一性力量而造成特殊性、异质性等尸横遍野状况，警惕和反击黑格尔那种招安、妥协和阉割之类的做法。由此，阿多诺实际上是坚持了"改变世界"之哲学的首要性，而且正是由此才能真正贯穿否定性现实境域，从而揭示其"不真实性"和"不人道性"，以改变如此这般社会整体状况，凭靠否定意识映照和刻画未来之可能。恐怕正是就此而言，阿多诺与马克思在实践上所秉持的"绝对命令"，或者说解放性及革命性路数保持了一致，即，"必须推翻那些使人成为被侮辱、被奴役、被遗弃和被蔑视的东西的一切关系"③。就此而论，那些热衷强调和扩大阿多诺与马克思的差异、分歧甚至敌对关系的观点，乃一种双重误解：既曲解了马克思"哲学美学革命"，同时更遮蔽了阿多诺的马克思主义质素。④

在启蒙和文明危机日益深重的当今境域中，艺术和审美过去所凭靠的那种"肯定性本质"，越发显露出严重缺陷以及由应对这般现实而爆发了严峻生存性危机，"否定性本质"由此被历史地揭示和凸显出来。在这里，我们必须切记，灾难日益深重的时代境域在给艺术和审美以深层冲击甚至"连根拔起"，或者说遭受"同化侵蚀"甚至"崩溃"危机之际，不仅意味着艺术"堕落"和"解体"等，而且更重要的是，作为精神样式的艺术业已丧失了对这般现实的自由驾驭、安顿和把握能力，并被控制和摆布，因而亟需施以

---

① 《马克思恩格斯全集》第 31 卷，人民出版社 1998 年版，第 413 页。
② Adorno, Theodor W., *Gesammelte Schriften*: *Bd* 4, Frankfurt am Main: Suhrkamp Verlag, 2003, S. 13.
③ 《马克思恩格斯全集》第 3 卷，人民出版社 1998 年版，第 208 页。
④ Dennis Robert Redmond, *Global Storm*: *Theodor Adorno's Negative Dialectics*, University of Oregon, 2000; Christopher Cutrone, *Adorno's Marxism*, The University of Chicago, 2013. 这两篇博士论文前言部分，就可以明了阿多诺与马克思主义之间的千丝万缕深层关联。

救治和重建。由此，"否定性本质"作为艺术应对否定性现实境域的新本质性需要和诉求，乃最关本质的历史拯救和重塑过程，既是精神的亦是实践的，就像阿多诺所说的"理论与实践的同一性"①一样，但绝非抽象给定的、外部灌注的。而这，深刻蕴含在"否定的辩证法"或"实践的辩证法"中："这一命题（引者注：'实践理性的第一性命题'）从康德开始，经过唯心主义者而直接通向马克思。实践的辩证法也要求废除实践，废除为生产而生产，废除错误实践的一般封面。这就是否定的辩证法具有反对官方唯物主义学说概念的特性的唯物主义基础。"②如此"否定性本质"，反映了艺术的真正要求在于"认识"③，更确切地说即"特定的否定"。这既是艺术和审美当代发展的核心诉求和根本需要所在，也是阿多诺寄予艺术和审美以理论使命和历史责任之厚望的体现。由此，这无疑深刻地映射并且某种程度上重塑了艺术和审美内部的诸种复杂关系以及内、外部的关系格局。

（二）"反艺术""真理性"与"乌托邦"

在充斥着颓废、疯狂、废墟以及神话的时代境域中，根据阿多诺判断，"特定的否定"必须而且应当是艺术"真理性"的核心聚焦点，甚至就是"唯一"。这种聚焦作为认识特性的"真理性内容"④，导向对艺术和审美自身的不断跨界和越轨，而这种跨越又在不断地拓展和形塑艺术和审美的新疆界与新版图，而这，必然导向阿多诺所说的艺术之"反艺术维度"⑤。从根底上讲，这与阿多诺理论的拯救动机以及"否定的辩证法"根基的"实践倾向"⑥等根本契合。

"反艺术"（Anti-art）是阿多诺美学的一个关键性概念，深刻关联着阿多诺对艺术和审美与复杂社会现实状况之否定关系的揭破和批判，而且某种意义上构成了阿多诺美学迷宫之理论外观的一个符号标记。"反艺术"在

---

① [德] T. W. 阿多诺：《道德哲学的问题》，谢地坤、王彤译，人民出版社2007年版，第3—4页。
② [德] 阿多尔诺：《否定的辩证法》，张峰译，重庆出版社1993年版，第391页。
③ 在阿多诺看来，认识批判就是社会批判，社会批判也是认识批判，而且认识批判根底上关乎实践批判。
④ [德] 阿多诺：《美学理论》，王柯平译，四川人民出版社1998年版，第441页。
⑤ [德] 阿多诺：《美学理论》，王柯平译，四川人民出版社1998年版，第146页。
⑥ [德] 施威蓬豪依塞尔：《阿多诺》，鲁路译，中国人民大学出版社2008年版，第32页。

《美学理论》中一般被认为指向"反世界"（Anti-Welt）倾向，即那种拒绝"悬搁"和"美化"复杂现实状况，并且寻求直面、刺破并呈现否定性现实境域，由此唤醒和激发改变现状的意识或潜能等。① 进言之，这已经宣告艺术和审美与现实世界之间过去那种妥协、和平、肯定关系的破产和坍塌，并且预示走向历史、伦理、文化的否定性关系。在阿多诺看来，面对当今表面繁荣美好实则蕴藏巨大虚假性和毁灭性的现实境域，如此"否定性关系"无疑已然成为艺术和审美与现实世界之间复杂关系状况的一个核心揭示、刻画和表述，与此同时在此基础上生成的历史批判、伦理批判和文化批判，实质上也构成了哲学美学的本质性诉求。阿多诺判定"艺术乃是社会的社会对立面"，深刻指认了这一"否定性关系"。② 不过，"反艺术"诚如阿多诺所说绝非指向斯宾格勒之流的敌视、反动，或者本雅明之类的逃遁，而是导向对西方现代文明，特别是资本主义"现代交换社会"发达和繁华表象背后的否定性奥秘的彻底击破和表露，而且这种击破和表露是凭靠"否定意识"或"批判的自我反思"，而绝非"肯定意识"或"绝对精神"达成的。需要指出，"反世界"诠释确实某种程度反映和揭示了"反艺术"概念的显性意蕴，而就该概念的复杂性、含混性而言，恐怕仍然需要进一步勘探和发掘。这是因为，"反艺术"概念的深远"构境"③、深层命意等与阿多诺其他理论著述存在深层关联，而实际上阿多诺自诩《美学理论》"再现我思想中的精髓"判定也映射出其美学与其他著述思想的千丝万缕关联。诚如阿多诺告诫克拉考尔时所言，理解其全部著作是领悟其每一著作之要旨的前提和基础。④ 由此观之，"反艺术"并非阿多诺随性炮制的、偶然的，它体现着阿多诺赋予艺术和审美以沉重的社会历史责任和思想使命等企图。⑤

"反艺术"或许根本上不是指向与现实世界的对立和对抗，也不是指向

---

① ［德］阿多诺：《美学理论》，王柯平译，四川人民出版社1998年版，引言部分第8页。
② ［德］阿多诺：《美学理论》，王柯平译，四川人民出版社1998年版，第13页。
③ 参见张一兵：《历史构境：历史与哲学对话》，载《历史研究》，2008年第1期。
④ ［美］马丁·杰：《法兰克福学派的宗师——阿道尔诺》，胡湘译，湖南人民出版社1988年版，第1页。
⑤ Edgar, Andrew, "An Introduction to Adorno's Aesthetics", *The British Journal of Aesthetics*, 1990 (1), p. 46—47.

"幻象"之类提示并凸显的与现实世界的那种"经验主义表象"关系①，因为这样容易诱使艺术和审美滑入阿多诺所不屑和憎恶的"纯粹精神"，或者短暂性、无用性、依附性幻象之中。"反艺术"在最关本质意义上乃指向艺术本身的本质性需要和要求，更确切地说是艺术面对"总体性社会生活"这一根本现实状况而生成的历史性需要和要求。进一步看，"反艺术"既是对艺术和审美本身的巨大挑战和冲击力量，同时历史地拓展并图绘艺术和审美的新版图或新边界，因为倘若对此加以拒斥、剔除和肃清，艺术必然不能"是其所是"而陷入萎缩甚至衰亡境地。就此而论，艺术和审美的变化和发展不是符合艺术概念、审美概念，而是对它自身的越界、革命和解放。这提示出阿多诺所秉持的是一种综合的、有机的、活态的复杂艺术概念，那种一劳永逸的、亘古不变的艺术概念和观念在这里遭到了彻底否定和颠覆。历史地看，在总体性、同一性及其历史化变种日益渗透和蔓延的现代文明境域中，一切艺术和审美都卷入巨大现代性漩涡或"世俗化、光明神话"，故都将本质性地涉及而且无力摆脱和超越"启蒙辩证法"。② 在这里，"启蒙辩证法"既包括"思想的历史"亦指向"实践或具体化的进程"。由此，艺术需要凭借并且发展"反艺术的审美观念（aesthetic concept of anti-art）"，以应对和迎击启蒙和文明的历史反转或辩证法的挑战和冲击。在如此境域中，"反艺术的契机"和"反艺术的维度"由此而成为一切当今艺术根深蒂固的、不可或缺的本质性要素。当今艺术欲实现真正变革和发展，就必须历史地破除和超越其自身的诸概念、诸范畴、诸思想框架和历史传统以及清规戒律等。在此意义上，阿多诺认为即便那种"取消艺术"或"解体艺术"观念，或许也意味着"真理性要求"③——说到底，"反艺术"深切关联着唤醒死者、拯救无望者等历史和思想双重使命。因为"反艺术"由根底上看源于对资本主义现代文明蕴藏的恐怖现实状况的贯穿和批判："全能的现实"与"无能的主体"的失衡、失调，"现实的过剩"即"主体的死亡""现实的毁灭"

---

① ［德］阿多诺：《美学理论》，王柯平译，四川人民出版社1998年版，第145—146页。
② ［美］弗雷德里克·杰姆逊：《晚期马克思主义》，李永红译，南京大学出版社2008年版，第139—140页。
③ ［德］阿多诺：《美学理论》，王柯平译，四川人民出版社1998年版，第52页。

"现实业已不现实"。而这恰恰反讽地构成"反艺术中的审美契机"①：像尼采在《偶像的黄昏》中所说的作为"唯一世界"或者"真实世界"的"虚假的世界"②。由此看，艺术那种记忆、穿透和拆解现实，以及救助和昭示被扼杀者、被压抑者以及遭破坏者等的力量，或许关键不在于与现实的对立和决裂以及肯定性超越，而在于对现实状况的透彻揭破和呈现以及否定性拯救。③那些沾染和浸透总体性现实经验的艺术，被视为了无生气的、日益独立化和官僚化的资本主义现代社会的对立面，虽然企图保持"拯救骸髅"的契机和希望，不过由于"世俗化"强制和理性神话力量以及"精神性"的缺失和匮乏等，或许这实质上只是通过艺术和审美自身的"承继特性""软弱特性"以及"含混特性"为凝固的现实世界提供辩护和粉饰。

"反艺术"在阿多诺这里，虽然同表象或幻象相区隔和分别，但同时也意味着艺术与表象或幻象的不可分割关联，这种关联最特别地体现在"否定性"上。表象或幻象的历史性及其昭显，有意味地戳穿和刺透"审美幻觉（Schein / aesthetic illusion）的虚伪性"④。而这历史地指向那种"总体性"或"整体性（totality）"的魔性奥秘深处，这般"总体性"被阿多诺判定为近代以降"超自然的力量或神力"，它不仅实质地影响了西方现代哲学和美学的前进方向、核心旨趣等，更可怕的是与启蒙和资本主义等形成"进步主义合力"，即"进步拜物教"或恩斯特·卡希尔所言的"理性癖"。由此，艺术需要而且应当通过否定性地抓住和表露经验现实中一般、普遍、主宰性原则或秩序而展现出自身的真理性本质，而不是极端抽象地伸张和强调个性和特殊性，却遮盖和漠视"一体化世界"⑤中居于统治性地位的普遍性、一般性奥秘。阿多诺指出："普遍的原则是个别化的原则。……每一个人的存在都应优先于它的概念；精神、个人的意识只应该存在于个人之中，与超个人因

---

① ［德］阿多诺：《美学理论》，王柯平译，四川人民出版社1998年版，第55页。
② ［德］尼采：《偶像的黄昏》，卫茂平译，华东师范大学出版社2008年版，第56页。
③ 参见［日］细见和之：《阿多诺：非同一性哲学》，李浩原、谢海静译，河北教育出版社2001年版。细见和之在"序：追寻肯定的阿多诺"中，明确指出了阿多诺追寻"肯定"，但不是凭靠肯定方式，而是否定方式。
④ ［德］阿多诺：《美学理论》，王柯平译，四川人民出版社1998年版，第153页。
⑤ ［法］马克·杰木乃兹：《阿多诺：艺术、意识形态与美学理论》，乐栋、关宝艳译，远流出版事业股份有限公司1991年版，第101、117页。

素不是一回事",而且"特殊性除非能改变普遍性,否则便达不到真正的优先地位。把特殊性绝对地设定为现存物的是一种补充性意识形态"①。如此,"反艺术"历史地指向"同一哲学"或"总体性思想"与"总体性社会"危机的根基性要求。这意味着,艺术对否定性现实世界的揭示和反思,有别于传统"讽喻""讽刺""现实主义"以及"批判现实主义"等,毋宁说就是一种灾难现实的客观记忆和内在爆破,特别是伦理关系批判及其预示。

至此,那种所谓"否定性",其意义无疑关联着如下判断:通过不折不扣的否定意识揭穿当今"一体化社会生活"的内在荒谬性奥秘,同时又由这般否定方面来紧紧锚定、把握住美好生活之可能。"反艺术"那种关涉到"反世界"或与世界对立的理解和诠释固然真切地反映了阿多诺对传统艺术与现实世界关系危机以及挑战的不满和焦虑,但或许更值得注意的是,"反艺术"根本上关涉到艺术的内部关系结构以及其与当今现实世界之间本质关系之悄然变动或革新。这种变动和革新,深刻标示了当今艺术和审美有别于传统的新特质、新格局与新常态:"反艺术"历史地带出了"真理性"问题。

"真理性"一方面企图拒斥"幻象",但同时又不得不凭靠"幻象"以助力炸裂和击穿总体性社会现实之坚硬内核而昭示自身。这是"特定的否定"题中应有之义。诚如阿多诺所说:"真理性即非虚幻物的幻象。"②"真理性"对阿多诺而言,不仅是艺术的本质特性,更承担其赋予艺术的历史重任和理论使命,即艺术和审美问题不是纯粹美学问题,而是真真切切关涉到哲学、政治、伦理、文化等诸领域,或者说处于盘根错节复杂关系网络、纽结以及关联媒介丛生等境域中的综合性问题,就是说它需要直面和应对当今"一体化"社会现实将其自身突出并推到新的历史位置以及理论风口,以及由此引致的新责任、新变局、新挑战以及新危险等。譬如,摆脱和超越"邪恶的概念魔法"③,就是阿多诺哲学美学批判和探索的艰巨现实和理论任

---

① [德]阿多尔诺:《否定的辩证法》,张峰译,重庆出版社1993年版,第311页。
② [德]阿多诺:《美学理论》,王柯平译,四川人民出版社1998年版,第229页。
③ [美]弗雷德里克·杰姆逊:《晚期马克思主义》,李永红译,南京大学出版社2008年版,第13页。

务，而这又特别地关涉到阿多诺缘何朝美学转向的深层动机和根本目的等①。

艺术与幻象之间存在着极其复杂而矛盾的关系。一方面，幻象无疑是艺术和审美的重要特性，尤其在当今这种否定性现实境域中前所未有地凸现出来。但问题的关键是，当今艺术这种"幻象特性"被强化成了"绝对"，迈向了黑格尔道说"艺术宗教"所提示的方向和道路。② 而这，无异于为灾难性现实编织了"虚假和谐"盾牌以及制造了"连续整一性"之魔性光环等。由此，这必然招致对和谐概念以及幻象概念的批判、挣脱甚至反叛。本雅明判定，美学唯名论所引致的这场幻象或表象危机将助力"游戏崇拜"，尽管可能付出"牺牲小说"之代价。悖论的是，游戏的无功利性、无目的性与和谐实际上皆为"幻象的产物"，而那种拒斥幻象、游戏崇拜的艺术，由于"否定性"或"批判性"等极度匮乏，或许只能步入"娱乐消遣"之穷途末路。同时，尽管艺术绝非止步于"审美幻象"，但是像"科学艺术（art of science）"所提示和呈现出来的那种反叛、清除和取代幻象或表象之现实倾向，毫不夸张地说就是一种"退化"和"反动"。但是，这种倾向却历史地折射和透视了传统韵味、距离、延续、超越等诸般概念，甚至艺术本质及其意义的历史性震荡甚至聚变等，也粗暴地泄露了科技理性以及技术生产力在艺术和审美变迁和革新过程中的作用日益突出甚至起着"支撑和形塑效用"。进言之，这种幻象特性，由于源于并且深切依仗着现实而非"虚幻物"，而与现实生活既真切相关又严肃对立。值得一提的是，面临当今西方现代文明反常和极端现实之冲击，幻象特性或许是可能出路之一。正是基于此我们以为，艺术绝不意味着实践自身的概念，或者其所拒斥的"具体化"，否则必将沦落为政治权力的附庸物或庸俗艺术，从而遮蔽其真理性品质以及其真诚允诺。艺术和审美作为一种"整一体（total unity）"，在坚硬的总体性现实面前，显得像跳梁小丑一般"荒唐"、"虚妄"、富于"幻想性"，也就是说灾难现实撑破并且径直暴露了艺术"整一性"或"总体性"幻象。之所以如此，关键在于艺术的自在性，这标示一种"连贯意义体"，而这种"意义体"

---

① Raymond Geuss, "Art and Criticism in Adorno's Aesthetics", *European Journal of Philosophy*, 1998 (3), pp. 297–298. Peter Uwe, "Aesthetic Violence: The Concept of the Ugly in Adorno's *Aesthetic Theory*", *Cultural Critique*, 2005 (60), p. 170.

② [德] 阿多诺：《美学理论》，王柯平译，四川人民出版社1998年版，第182页。

既生产幻象,以丰富和拓展"虚幻品性",同时又责难和抵制幻象。可贵的是,它透露了艺术和审美面对否定性现实境域时的自我不满和焦虑,以及谋求新变、突破的复杂踪迹和姿态。

另一方面,"幻象的危机"现实地呼吁并引向"幻象的救赎"。[①] 这标示出,今日幻象乃至艺术和审美本身需要获得与时俱进地,也即与当下反常和极端现实状况相适宜的改造和拯救,以更敏锐、有效,更具穿透力地应对这般现实的过剩、蔓延甚至泛滥状况。或者径直说,作为启蒙和文明的参与者、承载者以及创造者,艺术在当今西方现代资本主义时代遭遇巨大困境和危机[②],该如何生存和突围?如前所言,真理性问题当是最关本质问题。真理性需要凭靠"非虚幻物的幻象",幻象亦需要依仗可靠的客观现实。但问题在于:幻象之为幻象,它意味着实现无法实现的事物或者说未被制造之物的悖论,即说如何化假为真,化腐朽为神奇?恐怕这里的关键,当在于幻象如何首要地直面或诉诸否定性现实世界,而非抽象臆想或虚构之物。不像如传统那般假惺惺地关注现实状况,然实则是弃守、绥靖和空想,而作为实质性特征的"幻象的救赎",无疑在某种意义上回应了艺术和审美的生存权、核心旨趣变更等重大问题。

幻象旨在真理性救赎,"由导致人工制品或幻象载体的主动精神还原成受精神主宰的物质材料的那些东西",由此救赎对象即那些"被主宰的对象"。[③] 不仅如此,这般救赎并非着眼于超脱和逃离否定性现实而归隐"世外桃源"般的圣地或港湾,抑或"拒绝"或"慰藉",而是根本上立足揭穿和戳破"总体性"现实状况之真相和本质,以图表露和昭显被整合者、被区隔者、受压抑者等,而这显然本质地有别于柏拉图和亚里士多德那种与实质或作为真实存在的"纯粹精神"相对的幻象和经验世界,因为阿多诺所言"幻象"与社会经验现实以及奠基于这般现实和实践的精神都深切缠绕。而且最关本质的是,这种救赎就是当今西方现代文明危机向艺术和审美提出的客观

---

① Richard Wolin, "Utopia, Mimesis, and Reconciliation: A Redemptive Critique of Adorno's Aesthetic Theory", *Representations*, 1990 (1), pp.33—34.
② [美] 安东尼·J.卡斯卡迪:《启蒙的结果》,严忠志译,商务印书馆2006年版,第113—114页。
③ [德] 阿多诺:《美学理论》,王柯平译,四川人民出版社1998年版,第189—190页。

历史诉求和需要，而这已经成为当今艺术和审美的核心要素。同时需要警惕的窘迫状况是"偶然艺术"所提示或警示的那种"幻象的泛滥"或"幻象的废除"。悖论的是，"幻象的泛滥"或"幻象的废除"在某种意义上导向"真理性的复魅"。至此，我们或许可以说，幻象批判甚至幻象废除等，客观反映了今日西方总体性社会生活对艺术和审美的深层冲击，而且与"真理性"历史纠缠在一起。

真理性与解放、救赎或乌托邦等，最关本质、历史地缠绕和融合在一起，构成了有效应对反常和极端时代境域的新艺术、新审美的本质特质。① 这里需要特别说明，"从和谐中获取历史性的解放作为一种理想，一直是艺术的真理性内容之发展的重要方面"②，其中值得注意的是，如此这般解放、救赎或乌托邦往往奠基于废墟、灾难、不和谐或冲突等否定性历史批判之上，并由此才可确保充分的把握和"历史性的解放"，而如此"艺术真理性内容之发展"，如阿多诺所言当是对传统艺术和审美的否定性开拓和发展。诚如歌德所说，艺术的目的在荒诞的渣滓中。③ 马克·杰木乃兹将这种目的领会和把握为"否定的希望"④。恐怕歌德的判定就其广度和深度而言，业已超出了其原初意图和想法而具有了预示和适应阿多诺美学方向和目的的一般指涉。

在这里，简述一下真理性与社会历史的关系，以免产生真理性仅限于观念、肯定性、抽象性等误解或曲解。艺术真理性虽然难以避免与虚幻性、幻象性、想象性等之间纠缠，但有一点是确定的，即漠视或脱离社会历史，真理性必将烟消云散，因为"真理只有作为历史产物才存在"，而且根本地关涉到艺术作为"生成物（product of becoming）"这一历史本质⑤。在当今否定性现实境域中，真理性作为对如此现实境域的"特定的否定"，尤其聚焦哲学和艺术如何应对和反思如此现实境域，或者说哲学和艺术与这般现实的

---

① Julia Rothenberg, "Form, Utopia, and Feminist Performance Art: Toward a Rehabilitation of Adorno's Aesthetic Theory", *Telos*, 2006 (137), p. 40.
② [德] 阿多诺:《美学理论》，王柯平译，四川人民出版社1998年版，第194页。
③ [德] 阿多诺:《美学理论》，王柯平译，四川人民出版社1998年版，第572页。
④ [法] 马克·杰木乃兹:《阿多诺：艺术、意识形态与美学理论》，栾栋、关宝艳译，远流出版事业股份有限公司1991年版，第185页。
⑤ [德] 阿多诺:《美学理论》，王柯平译，四川人民出版社1998年版，第5页。

复杂关系问题，可以说深切提示和呈现了哲学和艺术面对当今西方现代文明史变迁和发展的本质要求。由此，这无疑扫除了艺术和审美身上那种非理性标签或历史尘垢，而特别地突出艺术和审美的真理性面相，并且由此得以瞥见艺术和审美的整体性、多维性以及认知意义等。艺术作为一种精神样式，当然同时也作为历史产物，确确实实地根系现代文明危机，特别是朝向当代西方文化迷失、没落、"魔狂化"等灾难性历史或现实[①]的"否定态度"和"严肃格调"，最关本质地指向对启蒙和文明之否定性面相的揭橥和批判。在此意义上，"作为批判的审美"[②] 的提法和观点反映了批判或评论内在地深根于历史经验、文化经验或伦理经验之中，虽然似乎悖逆传统，但却是极为深刻、合乎时宜的。或许由《美学理论》中如下这段话可以体会到真理性、记忆伦理与历史的复杂勾连："艺术是历史的记录。如果它和过去积累起来的痛苦记忆断裂开来，它会成为什么呢？"这里隐含了阿多诺的忧虑：在今日西方灾难日益深重时代境域中，艺术和审美不仅正在丧失"记录""贯穿"以及"批判"不人道、宰制、异化等诸种苦难的能力，而且正在赤裸裸、合理合法地阉割和矮化这种能力，与此同时把否定性现实、连同"抵制性的艺术"自身一同托管给"非理性保护区"。[③] 诚如阿多诺所说："艺术对进步合理的一体化社会中受压迫和受支配事物表示关切。遗憾的是，那种社会将抵制性的艺术同化和习俗化了，结果将其托管给一个非理性保护区，在那里严禁反思介入。这一点同艺术本身当属视觉领域的观念相得益彰，该观念得到人们的广泛接受，实际是一个被删除改过的美学定理。艺术不应当如此。艺术完全属于概念领域。"[④] 断裂和堕落等所引致的巨大焦虑，促逼陷入晦暗不明甚至消亡殆尽的真理性或反思性要历史地、辩证地开显出来。

历史哺育并确保了真理性，真理性反过来凭靠并贯透历史。随着作为主体和整体的人的陷落和倒退，历史或现实的滥用和过剩问题特别突出起来，

---

① [英] 巴托莫尔：《法兰克福学派》，廖仁义译，桂冠图书股份有限公司1998年版，原序部分第2页。

② [美] 安东尼·J. 卡斯卡迪：《启蒙的结果》，严忠志译，商务印书馆2006年版，第60页。

③ Peter Uwe, "Aesthetic Violence: The Concept of the Ugly in Adorno's *Aesthetic Theory*", *Cultural Critique*, 2005 (60), p.170.

④ [德] 阿多诺：《美学理论》，王柯平译，四川人民出版社1998年版，第364页。

尼采和阿多诺都识别出了这一危险状况——"总体体系"或者说"总体性生活"①。如此，艺术和审美中那种传统"非理性"和"超越"等精神要素和力量，恐怕业已难以自如、深切地驾驭和把握"无边的历史或现实"，真理性作为艺术和审美的本质特质由此而特别地显示出了切合时宜的文明史意义以及思想史意义。阿多诺由此断言，必须而且应当抛弃诸般哲学定理或原则，同时为艺术和审美中那种领悟和体会客观性、本质性的知性摇旗呐喊，而且判定凭靠历史生成、积累的途径而得以实现的"认知"，在美学中具有"首要性"，而这既突出了对真理性需要的历史性和必然性，也必将引起并突出美学核心使命的历史变动，即，"美学的首要任务就是确定个体艺术作品的精神实质；为此，美学不可求助于某个现成的，从哲学中提取出来的精神概念。"② 在这里，这种不同于传统的首要任务，特别地透视和体现了阿多诺对现代世界文化、伦理等危机状况批判任务在艺术和审美上的贯彻和落实，尤为重要的是尝试凭靠转向美学以补足和完满哲学诊断之缺憾。由此，阿多诺所说的"真理性"，本质地关涉到文化批判、伦理批判，映射了艺术和美学的理论重任和历史使命。这也印证了阿多诺如下伟大判断：艺术乃"真、善、美的竞技场"③。总之，在著名法兰克福学派学者马丁·杰所说的"破裂的整体"时代境域中，艺术和审美或唯有扎根并贯通否定性现实本身，或者说凭靠对充斥"绝望"和"毁灭"的社会生活的"特定的否定"，才可通向并澄明其真理性本质。

真理性在阿多诺这里深刻地提示并彰显着艺术和美学的实践性，而这一方面标示真理性自身的"客体（客观）优先"方向性和旨趣性等，另一方面则揭示了艺术和审美不仅是复杂综合体，而且参与并推动了历史的革新和发展，甚至近乎具有一种"由历史来决定的特性"④。与此同时，正因如此或许这又给作为精神样式的艺术和审美自身提出了更严峻的挑战和发展要求。艺术和审美倘若欲更有效地关注业已过剩、泛滥，甚至灾难性的社会生活现

---

① ［美］杰姆逊：《晚期马克思主义》，李永红译，南京大学出版社2008年版，导论部分第5页。
② ［德］阿多诺：《美学理论》，王柯平译，四川人民出版社1998年版，第579页。
③ ［德］阿多诺：《美学理论》，王柯平译，四川人民出版社1998年版，第111页。
④ ［德］阿多诺：《美学理论》，王柯平译，四川人民出版社1998年版，第604页。

状,就特别地需要由真理性这一本质维度来加强应对和提升,而这势必涉及艺术和审美的特质、功能较之于传统可能发生的历史性调整或变迁。

在今日反常和极端时代境域中,真理性根本地关乎艺术和审美的不可理解性(unintelligibility),特别是"谜语特质(enigmatic quality)"。这是因为艺术和审美并不像传统那样要么划归解释学界域要么汇入纯经验主义、神秘主义大流,而实际上是可理解性与不可理解性、可言说性与不可言说性、明确性与模糊性、稳定性与变异性等复杂缠绕和交织的矛盾综合体,而且还是社会综合体。艺术作为精神样式,其历史演化与笼罩在启蒙之光下的经验主义历史进程形成契合,由此也就记录和积累并贯通那种由理性作为"自在目的(an end in itself)"或终极标尺所引致的非理性、狂妄性的"一体化社会生活"经验现实。需要说明的是,艺术和审美的救赎体现在将如此这般现实"抛入"自身版图或疆域之中。由此,它便既是对同一性现实神话的揭破和批判,也是对如此神话的否定性解救。在此过程中,艺术和审美的"谜语性"一面获得了凸显和展现,特别地增添和强化把握否定性现实状况的"整体性""严格性"以及"神圣性",预示未来的隐晦性、不可理解性以及不确定性等。这或许是阿多诺对本雅明那种颇具怀旧主义色彩的艺术观念提出批评的深层缘由。艺术作为否定"事物世界"之物,在否定性现实世界面前既要不可避免地自我立法,同时又显现出"解释世界"姿态,以及"先验性的无能为力"。这需要"谜语特质",以调解、挽救和弥补这一缺憾,而不宜激进鼓吹和强调艺术和审美的非谜语、确定性、知解力等特质。"谜语"关涉到"非意向性",关涉到未知性、原初性以及未完成性等,但同时也意味着必然面对本雅明所说艺术和审美传统凋零和衰微,以及黑格尔所焦虑的精神无能和堕落在当今时代的弥漫与播撒,毋宁说启蒙与文明所蕴藏和引致的否定性现实境况。由此,"谜语"作为历史在阿多诺这里,恐怕不仅关乎对苦难、痛苦记忆以及现实的保存和批判,更关乎由这种否定意识来赎回和守护"过去的希望"[①]以及"现实的希望",特别通过这一点企图激活和把握日益黯淡的人类社会生活之希望和理想面相,并提示、修正和框定希望和理想

---

① Adorno, Theodor W., *Gesammelte Schriften*: Bd 3, Frankfurt am Main: Suhrkamp Verlag, 2003, S. 15.

的前进方向。

或许正是这一点,"谜语"也潜在地标示一种面对灾难性现实的隐微态度和解决途径,而不是如传统或庸俗解释那般视为一种神秘之物,或超脱世俗、不食烟火之"歧义物""虚空物"和"抽象物"。如阿多诺所言,其竭力萃取"谜语"的确切本义,而非其松散歧义性,即在其中表明一种隐晦的历史解决或出路之可能①,以求凸显和表露受难者、受压迫者等,并且预示一种可望前景。如此,真理性就在"谜语"这种既表现和显示同时又掩藏和遮盖,或者说既高深莫测又不言而喻的过程中获得了道说和反映。显然,"谜语"如欲试图达到表明一种颠覆、贯穿和克服"一体化现实"的解决之途,涉及到模仿或仿作等要素或维度。这不仅是因为作为行为范式的自我模仿或仿作乃一切艺术的共有特征,譬如"自我同一性(self-sameness)",或者说区别于概念认识之艺术即模仿性的,更是因为"谜语"触及艺术的真理性奥秘,即艺术应对和破解僵死现实生活的客观需要。艺术内在整体历史过程作为客观生成、构成过程,而非固定不变之实体,奠定了艺术之谜语特质的基础,同时也是解构和祛魅这个谜语过程和力量的动因。诚如康德所说,艺术应当属于"目的论概念",而且艺术自身能够显示或再现"自在物"或"自在存在"。由此,艺术通过"谜语"模仿或仿作现实生活,意图解开和揭破现实生活危机之谜。这里的关键在于,杜绝和防止艺术由"谜语"滑向或反转为作为其策源地的"神话"——整体性(总体性)和同一性"神话",也就是坚决避免沦为"总体性社会生活"的玩偶和陪衬甚至"卫道士"。这要求艺术摆脱和跃出非理性以及非理性构造物,而上升到"理性的自我批判"或精神层面,尽管非理性以及非理性构造物一度被非理性主义美学等奉为圭臬。如此,模仿、精神、理性等,与"谜语"历史地缠绕在一起,而且共同铸造艺术的意义和目的。难怪阿多诺说:"模仿和理性的造型乃艺术的谜语形象。"其中深意,或许正如马丁·杰道说"从未完全放弃的救赎"②所示,归根到底在于带出一种"救赎状态"。

---

① [德] 阿多诺:《美学理论》,王柯平译,四川人民出版社1998年版,第214页。
② [美] 马丁·杰:《法兰克福学派的宗师——阿道尔诺》,胡湘译,湖南人民出版社1988年版,第132页。

阿多诺焦虑地说道："解开艺术之谜的钥匙现已丢失，理解有关某些灭绝种族与文化的文学纪实的钥匙也不知道何在。"①"钥匙"就是"谜语"思想。这已经表明，直面业已沦落为"进步主义的总体性世界"，传统哲学美学已经丧失了有效应对和解决能力以及方案。艺术作为"谜语"的最终根据在于现代世界"谜语真相"，而"只有那种把最近的东西理解为同一的东西的人"②，或刺透和反思了如此这般"过剩现实"的艺术和美学，才能击碎和摧毁意识形态所竭力庇护和掩饰的总体性世界——绝对一体化或纯粹同一性神话。在这里，一方面指向"过剩现实"的"世俗化迷宫"奥秘，即破坏并以同一性神话的纯粹性、数量性以及可交换性等置换了人自身和事物世界的复杂性、多样性和神圣性，另一方面通过谜语激活并带出关于人自身和事物世界的复杂记忆、丰富想象以及美妙图景，而这同时也是强烈召唤和展开真理性的过程。所谓"真理性"，某种意义上就是对"谜语"，即特别是对那种可望而不可及的东西与已有东西之间形成的矛盾鸿沟、不确定区域所标示的东西的客观回应和揭示。这种"真理性"既非事实性、也非逻辑性。如此，这就需要凭靠哲学反思而非纯粹想象方式，也并非实证科学和实证主义哲学。可能要注意的是，在阿多诺看来美学并非超脱、凌驾于艺术之外或之上，它需要而且应当由本源上追踪和探究其复杂运动轨迹和无意识动态规律，以图从历史和哲学上抓住和阐明这般真理性。③ 在如此否定性现实境域中，真理性历史地意味着"特定的否定"或"具体的否定"。而这，由于表明这种真理性蕴含在"精致品性"以及"内在的一致性"中，最特别地涉及艺术的"气息或意蕴"④，故而冲击了当今流行美学既有框架、体系、话语以及观念等。进言之，就真理性而论，哲学与艺术无疑存在亲和性和一致性，而且可以说艺术的审美真理性与哲学真理性概念亦是历史契合的。这一点在德国唯心主义哲学那里表现显著，譬如谢林由艺术而析出的真理性概念，由

---

① ［德］阿多诺：《美学理论》，王柯平译，四川人民出版社1998年版，第223页。
② ［美］马丁·杰：《法兰克福学派的宗师——阿道尔诺》，胡湘译，湖南人民出版社1988年版，第133页。
③ Willlam D., "Art as a Form of Negative Dialectics: Theory´in Adorno's Aesthetic Theory", *Journal of Speculative Philosophy*, 1997 (1), p. 47.
④ ［德］阿多诺：《美学理论》，王柯平译，四川人民出版社1998年版，第226页。

此那种把德国唯心主义体系视作"思想型艺术"的做法是极为深刻的，这种体系给艺术和审美造成了侵害和损伤。由此，真理性内容并非仅是艺术所呈示出来的"意义"，毋宁说就是判定艺术自身真、假的"准则"。而目前的哲学美学思想状况所聚焦的却是直接性、实在性问题，这显然难以筑建一种能够促动、推进和实现艺术真理性内容之展示与昭显的深层关联。这历史地要求艺术与哲学的相通。或许正是在此意义上，真正的审美经验需要且应当转向哲学，而与审美真理性、反思性照面并实现自我提升和蜕变，而不是止步于非理性或经验层面。

真理性作为一种历史结晶和自我否定，是由艺术自身获得历史地传达和展现的，因为艺术唯有通过历史并以此为基础才能摆脱纯虚构性或虚幻性。这里映射的核心消息，即艺术的"肯定性本质"转向并跃升为"否定性本质"。因为"肯定性本质"一方面消除和扼杀其客观化事物，竭力将其由直接性和现实生活之复杂关系中分裂并抹除掉。其中热衷于自我破坏、消亡以谋求存活之做法和趋向，显然存在滑向波德莱尔（Charles Pierre Baudelaire）和爱伦·坡（Edgar Allan Poe）所标示的"艺术技巧统治论"或"艺术技巧拜物教"危险。另一方面，即更关键的是，艺术对充斥压抑力量的启蒙和文明以及其引致的凝固、僵死社会的抗议和批判，并不表明艺术拥有摆脱和凌驾于如此社会现实状况的特权地位，而是表明艺术面对"抽象总体性社会"时，应当由传统那种"肯定意识"中跃出并转向和上升到历史辩证的"否定意识"，艺术反思性由此特别地获得了昭示契机。艺术和审美过去那种逃遁、慰藉的超越和救赎，或许可以称作纯粹精神性调和、自保以及缄默等。实际上，艺术唯有凭借"否定性"以及"具体性"等，不折不扣地揭破和批判日益抽象、空虚的社会现实①，恐怕才能凸显自身的历史使命。阿多诺之所以如此反复言说"否定性"和"真理性"，根本在批判和防御本雅明《机械复制时代的艺术作品》后记中援引"为了艺术，哪怕世界毁灭"所深刻提示的"战争美学"这类趋向。② 如此，艺术挣脱了人类意义和目的规约与限定而反

---

① ［德］阿多诺：《美学理论》，王柯平译，四川人民出版社1998年版，第235页。
② 参见［德］本雅明：《机械复制时代的艺术作品》，王才勇译，中国城市出版社2001年版，第129、66页。

转、异化成了意义和目的神话本身,成为支配和主宰人类自身的化身——"理性的泛滥与疯狂":一切现世界艺术都将遭到审判。这必将引起美学体系、美学格局秩序等巨大震荡以及重组。① 正是在此意义上,"否定性"和"真理性"被历史地、伦理地揭示和澄明出来。倘若要弄懂今日艺术,恐怕唯有通过切实的历史批判、文化批判以及伦理批判等。因为总体性社会中,复杂文化关系、伦理关系等已经处于同一化、僵死化、可算计的解体危机中。

或许,我们可以说阿多诺哲学美学所作所为,可以概括为,找寻解开历史、现实与艺术关系困境的"钥匙"。这当是总体性生活时代哲学美学的新挑战和新课题,也是阿多诺何以如此强调美学必须以真理性为目标的根因所在。

真理性既关涉"否定性"或"肯定性"批判基础上的"否定性",也关涉"约定性"或"允诺性"。这既是艺术自身历史复杂性、综合性,特别是内在谜语特质使然,也是其直面总体性时代境域的历史要求。艺术过去执念于追求"妥协主义"或"和谐"乌托邦以及基于其自身逻辑而构建的唯美主义乌托邦以及回避和漠视现实苦难的非历史性的乌托邦等。在阿多诺看来,由于上述诸种乌托邦深层地臣属和妥协于资本主义文明支配性秩序、核心原则和基本逻辑等,故而看似与苦难现实状况势不两立,实则有意或无意地充当了既定社会意识形态的同谋或帮凶②,而这导致艺术和审美陷入日益被利用或挪用、异化处境中,所谓"调和""和谐"以及"超越"等乌托邦,恐怕不是守护和昭示,而是悖逆人类生活意义和价值。而这些状况,归根到底根源于文明固有缺陷:康德所言"知性"获得充分发展和实现,而实践理性或道德理性却受到压制和阉割而处于彻底缺席或先天不足状态。譬如,艺术浸染上《启蒙辩证法》所示文明"理性癖"("自我保存理性崇拜"):可计算性与有用性升为绝对权威,真理隶属于基于数学原型的科学体系。更关键的是,黑格尔严厉警告人们:以数学原型标示的"知性"和"知性体系"具

---

① Alexander, "Art and Enlightenment: Aesthetic Theory after Adorno", *German Studies Review*, 1993(2), pp.392—393.

② Peter Uwe, "Aesthetic Violence: The Concept of the Ugly in Adorno's Aesthetic Theory", *Cultural Critique*, 2005(60), p.170.

有根深蒂固外在性,故远不能触及事物世界之本质。这就是阿多诺哲学美学之所以如此强调"内在批判"或"内部批判"的文明史根据。真正允诺或乌托邦必须而且应当以直面、刺透和揭破"彻底被思维、数学化的世界"真相为根基,它关联着源于事物内在性或客体优先性的"真理性",而且构成了"真理性"不可或缺的根基。就此而论,艺术与"持续性灾难"或者说"进步的黑暗"间复杂关系必然以否定性批判、否定性指示或拯救为坚实底色。由此阿多诺判定:艺术或许依然是"对可能事物的追忆或回想,是一种对灾难或世界历史的想象性补救,是一种在必然性的魔力感召下不曾出现的、或许从来不会出现的自由"①。唯有如此,这般"回想""补救"以及"自由"等,由于业已上升到"否定的历史哲学"、现代科学真理批判等意义,故实质地区别于昔日那般所谓虚假的"调和""和谐"等。既然如此,我们应当如何在日益恐怖和惊悚之世界中生活?艺术和审美在其中扮演着何种角色以及究竟能带来何种意义呢?这是一个极具文明史和思想史意义的课题。

不过,诚如阿多诺在《最低限度的道德》中所说:"在错误生活之中不存在正确生活。"② 如果这样的话,前面所述真理性关涉到允诺性或乌托邦等便会遭到挑战,艺术允诺或乌托邦对于人们而言到底意味着什么,或者说对于阿多诺而言,这种允诺或乌托邦究竟意味着什么?根据维尔默研究,艺术作为"超凡脱俗的客体化的仿作",它可能使在错误生活中通过模仿或仿作(Mimesis)而存在正确生活这般信念获致最崇高的幸福体认③,这是阿多诺美学救赎思想的不容低估的部分。或许正是如此,面对日益极端和持续性灾难时代,阿多诺在《美学理论》中深刻断言,艺术即司汤达(Sendhal)所言说"幸福的允诺(promesses du bonheur)"④,而且只能是"一种被打破而不能实现的允诺"。因为如前所提到的,道德理性彻底缺失、知性日益泛滥和猖獗之现代历史进程构成这般允诺或乌托邦及其实现的阻碍和破坏。艺术

---

① [德]阿多诺:《美学理论》,王柯平译,四川人民出版社1998年版,第236页。
② Adorno, Theodor W., *Gesammelte Schriften*: *Bd* 4, Frankfurt am Main: Suhrkamp Verlag, 2003, S. 43.
③ [瑞士]埃米尔·瓦尔特-布什:《法兰克福学派》,郭力译,社会科学文献出版社2014年版,第196页。
④ [德]阿多诺:《美学理论》,王柯平译,四川人民出版社1998年版,第523页。按照阿多诺所言,这一断言意味着艺术的乌托邦维度。

的"和谐的理想"或"解放性"决定性地存在于"毁灭性生活反思"中。正是在此意义上,阿多诺说:"艺术中所出现的东西,不再是和谐的理想或其他什么理想。艺术的解放性看来主要存在于不和谐与矛盾之中。"① 更重要的是,艺术蕴藏着深刻的伦理拯救意味。如阿多诺所言,"艺术对幸福的允诺不止意味着,迄今为止的实践妨碍了幸福:幸福在实践之上。实践和幸福之间的深渊由艺术作品中的否定性的力量来测定。"② 这里传达的真理性要义,即,实践和幸福双重批判,归根结底导向实践和幸福双重解放。就此而论,维特根斯坦(Ludwig Josef Johann Wittgenstein)那种不幸者之世界与幸福者之世界压根就是两个世界之断言,无疑是极为深刻的。如此,幸福与真理性内在而历史地关联在一起,《启蒙辩证法》将其表述为"幸福将真理包含在自身之中"。更关键的是,这般真理性允诺或乌托邦,实际上不仅仅表明艺术属于目的论概念,而且它使受难者、被摧毁者、被奴役者等的出场和昭示具备了正当性和合法性。

阿多诺在《美学理论》中颇有意味地指出,"当今各种矛盾的核心是,艺术必定是乌托邦,也愿意做乌托邦",而且咄咄逼人、密不透风的现实功能背景越是妨碍和阻遏,艺术便越是坚定不移、义无反顾地"做乌托邦"。但问题是,如果乌托邦凭靠艺术而实现自身,便又反之截断和遏制了乌托邦本身,由此艺术又不应是乌托邦。事实上不仅如此,在乌托邦被犬儒主义冷漠、虚无主义绝望、极权主义狡计以及庸俗主义热忱等所摆布和亵渎③,或者甚至如雅各比(Russell Jacoby)所说的"乌托邦之死(the end of utopia)"的"冷漠时代(an age of apathy)"④ 境域中,或许首要的当是识破和批判诸种虚假允诺或乌托邦的历史奥秘,以便历史地透视、澄明并通向真理性的乌托邦。由此,艺术和审美如阿多诺所言恐怕真正带给我们的当是认识或真

---

① [德] 阿多诺:《美学理论》,王柯平译,四川人民出版社1998年版,第151页。
② [德] 阿多诺:《美学理论》,王柯平译,四川人民出版社1998年版,第21页。Adorno, Theodor W., *Gesammelte Schriften*:Bd 7, Frankfurt am Main:Suhrkamp Verlag, 2003, S. 26. 译文有改动。
③ [美] 詹姆逊:《未来考古学:乌托邦欲望和其他科幻小说》,吴静译,译林出版社2014年版,第3—9页。
④ 参见 [美] 雅各比:《乌托邦之死:冷漠时代的政治与文化》,姚建彬译,新星出版社2007年版,第五章。

理，特别是历史批判、文化批判、伦理批判等基础上的乌托邦力量，而且这一认识或真理与"谜语"和"名称"概念历史交融在一起。这是对艺术和审美的历史处境和发展状况的根本透视和把握。

需要指出，关于否定性本质、真理性、乌托邦、谜语等概念，我们还将在后面结合"灾难性现时代"对形式与内容、主体与客体等的冲击和影响，而继续展开补充性、拓展性探讨。

二、形式与内容：否定性缠绕与形式革命

在《最低限度的道德》副标题所标示的"毁坏的生活"或者说"灾难性现时代"境域中，艺术和审美形式与内容以及它们的复杂历史关系遭到了深层冲击和挑战，既有传统秩序和格局被撕裂和破除，而这意味着已有形式与内容及其关系生态已经难以适应"一体化"社会现实状况，或者说已经逐渐被同化或收编入既有支配性社会秩序体系，同时也映射了艺术和审美亟待"否定性变革"的历史要求。需要强调的是，关于形式与内容关系问题探讨，不仅是基于形式与内容历史处境，包括新发展要求、新趋势、新使命等状况，更重要的是基于阿多诺理论工作的整体安排和根本任务、根本目的以及其探索的实际状况。其中，诊断和反思西方现代文明危机，同时否定地预示可能的出路或前景，乃阿多诺哲学美学艰辛探索的总任务与总要求。

形式与内容问题深刻凸显了阿多诺"改变世界"之哲学美学思想，而非众所周知的"认识世界"之哲学美学思想。这一问题，由根本上看绝不限于侠义的艺术和审美问题，实际就是在由西方现代文明困境为问题和功能背景下的综合问题：传统哲学"批判性无能"和"颠覆性匮乏"问题日益尖锐，需要转入艺术和审美领域以寻觅颠覆性和补救性力量与途径，凸显艺术和审美自身"否定性本质"，同时补充、修复和完善哲学诊断和反思工具。关于该问题的思考，根底上讲就是在如此深层语境和考量下而展开的。在此意义上，阿多诺判定："理论与经验彼此互相修正。"① 这一判定或许深刻透露和映射了艺术和审美领域与哲学之间互相修正、补救之隐微企图，即艺术与哲学

---

① [德] 阿多诺：《美学理论》，王柯平译，四川人民出版社 1998 年版，第 593 页。

互通和互哺。由此，在阿多诺这里，形式与内容问题已经超越或溢出了既往传统范畴、框架以及理论路数和话语界域，而被历史地引向艺术和审美与现代世界困境复杂关系问题这一课题。在"总体理性的神话"[①]日益渗透和扩散的资本主义现代社会境域中，形式和内容问题探讨，不仅关乎艺术和审美自身革新，更关乎作为精神样式的艺术与总体性社会现实关系的革新和重塑。

下面，我们将竭力领会和把握阿多诺关于艺术和审美应对"灾难性现时代"过程中的形式和内容问题所展开的有别于传统、富于历史厚重感的独到思考和探索，尤其是尝试揭露和呈示阿多诺对形式和内容的历史定位、意义开掘以及使命赋予、关系重塑等。需要说明的是，我们这里并不谋求面面俱到的论析和阐明，而是希望有所侧重、有所突破地开掘和清理出一条简明脉络和线索，尽管阿多诺对此展开了多方面、多层次、多维度的思考和探索。

（一）形式与内容Ⅰ：危机、概念、关系

在奥斯维辛所透露和提示那般死寂沉沉或冰冷的、日益一体化或同一化的现代世界里，艺术和审美与现实之间和解或调和的经验基础解体和消失了，特别是它在这般境域中丧失介入和干预现实的能力而陷入"瘫痪"，导致其自身存在由此变成"失根"的"浮萍"，或斯拉沃热·齐泽克（Slavoj Zizek）所说的"飘荡的能指或形式"。艺术既有形式和内容及其关系由此也陷入困境：既定秩序和格局遭到内爆和毁坏而面临历史性洗牌和重塑，一切处于因过剩历史或现实的挤压而带来的"能指或形式等待"中。如此这般困境，不仅仅意味着艺术和审美与现实世界的激烈矛盾以及其变动、发展状况与美学传统理论的紧张和冲突，而且还指向总体性生活实践或晚期资本主义实践对允诺或乌托邦的妨碍和阻隔。在此意义上，阿多诺的思考和探索绝不标示着艺术和审美局部或者部分意义上的调整和更动问题，毋宁说是整体意义上的更易、转换以及革新问题。

在对抗性、冷漠性以及不幸时代境域中，我们首先遭遇的问题是艺术存亡问题，核心就是艺术和审美形式与内容问题，或者说形式与内容危机。这一点前面略有论及，这里做进一步补充和拓展。阿多诺提出了一个著名判

---

① ［美］马丁·杰：《法兰克福学派的宗师——阿道尔诺》，胡湘译，湖南人民出版社1988年版，第120页。

断,即"奥斯维辛之后写诗是野蛮的"①。这里传递了两大信息,首先,此判断标示着人类不仅已经陷入而且仍将继续处于"奥斯维辛状态"。按照奥斯维辛及其类似事情不再重现来安排思想和行动,乃现代世界"新的绝对命令"②。这构成了阿多诺哲学美学的底限伦理和核心动力或要求。实际上马克思"史前史"概念早已提示了这一信息。其次,更关键的是,此判断折射出作为"提喻"的"写诗"③ 即"艺术"与"奥斯维辛状态"关系危机。特别地,已有艺术精神样式已经难以诗意地安顿、把握和驾驭奥斯维辛现实状况,而被撑破、陷入坍塌。其中那些因与占据统治地位的意识形态共同体维持"同谋"或"暧昧"关系而获得苟延残喘契机,这一状况最关本质地提示出艺术应当记忆和展露什么样的现实这一根本问题:伦理危机。或许正因如此,阿多诺在《否定的辩证法》中却略显和缓地断定,奥斯维辛之后不再"写诗","也许是错误的"④。这里传达的真正意思即艺术革命问题。艺术及其映射领域业已偏离甚至悖逆人类生活意义和价值而岌岌可危,故特别紧迫和首要的当是艺术和审美如何在这般不幸、毁灭、虚无以及虚假诸如此类灾难现实的揭破、遏止以及终结等历史过程中实现和拓展自身而又不损耗和牺牲自身独立性和反思性——或者彻底地说,哪怕以自我毁灭和消亡来提示和把握希望之可能。如下判断深刻点出了缘何奥斯维辛之后继续"写诗":

> 在一切哲学、艺术和启蒙科学的传统中间会发生这种情况(引者注:"文化失败"),这不单单是说这些传统及其精神缺乏把握和改变人们的力量。在这些领域本身,在强调它们的自给自足的要求中存在着非真理性。奥斯维辛集中营之后的一切文化、包括对它的迫切的批判都是垃圾……任何为维持这种应彻底谴责的和破旧的文化而辩护的人都成了它的同犯,而那种否定文化的人则直接推进了人们的文化所表现出的那

---

① Adorno, Theodor W., *Gesammelte Schriften*: Bd 10.1, Frankfurt am Main: Suhrkamp Verlag, 2003, S. 30. 此命题演绎情况,可参见赵勇:《"奥斯维辛之后"命题及其追加意涵》,载《文艺研究》,2015 年第 11 期。

② [德] 阿多尔诺:《否定的辩证法》,张峰译,重庆出版社 1993 年版,第 366 页。

③ Rolf Tiedemann, "Not the First Philosophy, but a last one: Notes on Adorno's Thought", *Can One Live after Auschwitz? A Philosophical Reader*, New York: Stanford University Press, 2003, p. xvi.

④ [德] 阿多尔诺:《否定的辩证法》,张峰译,重庆出版社 1993 年版,第 363 页。

种野蛮状态。①

阿多诺隐喻性地提出两点：一是哲学、艺术和启蒙科学传统及其精神缺乏把握和改变人们的力量；二是"非真理性"和"彻底谴责的和破旧的文化"或"文化野蛮状态"。然而，问题症结恰恰就在这里，因为"艺术的消亡"不仅发生在否定性现实境域中，更糟糕的毋宁说是安宁、和平境域，或者说"乌托邦"状态中。这当作何解释呢？按照阿多诺的说法，"艺术的消亡"幸存于摆脱了野蛮文化的社会中，或者如《新音乐哲学》所说"艺术只会消亡给和平的人类看"②。这深刻预示了两点：首先指向艺术突变和革新，其次暗示艺术归根结底实现于现实世界中，而最终扬弃自身。更需要注意的是，可能如施威蓬豪依塞尔所分析在于作为其刺激和对抗方面的灾难现实基础被合理的、幸福的社会所克服和消除，从而艺术遭到正当地"消亡"、和解式地"扬弃"。③ 即生活本身消磨或战胜了艺术和审美及其图景。但或许根本上还是在于，面对这种"乌托邦"状态，艺术和审美固然可以肯定性地揭示和呈现它，但其首要任务当是以否定意识反思和把握这般状态，以警惕和防止"乌托邦神话"或"乌托邦拜物教"，并且引致和捕捉更好的允诺或乌托邦。由此，所谓"艺术消亡于乌托邦"，说到底就是以消亡来明志和定向，以标示艺术和审美的"否定性本质"以及其真理性特质、现实性定向。或许正是在此意义上，阿多诺在《美学理论》中意味深长地说，"和平社会"或"非对抗性社会"有可能重拾并复兴艺术，社会和劳动分工所确立的既定支配性美学逻辑、原则以及秩序格局，恐怕需要彻底击破和超越。由此，应当掘开和揭破以康德为核心所确立起来的与启蒙神话保持暧昧关系的强大知性美学传统，重启并重铸鲍姆嘉通美学那种对立于"作为理性认识能力原则"之逻辑学的"完善人的低等认识能力即感性"传统④，归根到底需要理性传

---

① [德] 阿多尔诺：《否定的辩证法》，张峰译，重庆出版社1993年版，第367页。
② Adorno, Theodor W., *Gesammelte Schriften*: Bd 12, Frankfurt am Main: Suhrkamp Verlag, 2003, S. 24.
③ [德] 施威蓬豪依塞尔：《阿多诺》，鲁路译，中国人民大学出版社2008年版，第142页。
④ [德] 施威蓬豪依塞尔：《阿多诺》，鲁路译，中国人民大学出版社2008年版，第171页，注释[18]。

统和感性传统双重回归与解放，而这历史地关系到艺术和审美形式与内容及其关系生态的历史经验消长、功能强弱与进退变动以及意涵增减等状况。我们到底该如何领会和把握阿多诺所说的"艺术消亡"，这特别地凸显为艺术形式与内容辩证法问题。

关于艺术消亡或终结的看法，我们不妨由与《启蒙辩证法》几乎同时期撰写的《最低限度的道德》入手，因为这可能更有助于澄清和解释阿多诺对在"合理性化、自动化、完全宰制化"① 现实境域中艺术和审美之尴尬处境的那种富于历史、文化、伦理意义的批判等。阿多诺在《最低限度的道德》中惊世骇俗地提出，"毁灭艺术"同时意味着"拯救艺术"②，或者说"拯救艺术"不可避免地关涉到艺术革新与毁灭辩证法问题，尤其体现为形式与内容辩证法问题。显然，就像《最低限度的道德》正、副标题时刻地警醒并提示着试图弄懂其思想的人们那样，这一骇人论断当在复杂"毁灭性生活"境域背景下作为"文化总体状况的提喻"而加以领会和把握。"毁灭艺术"首先指向现实和理想的双重过剩与毁灭，即艺术以及其所代表的文化的剩余与没落，特别是艺术与现实灾难之间那种历史关系生态的崩塌，以及艺术介入和干预这般现实世界的途径或道路的堵塞和断裂。在"灾难性现时代"和"毁灭艺术"这般意蕴既关联到艺术对灾难的记录和揭橥以及艺术自身的"象征性自我毁灭"等，但进一步看，也关切到阿多诺一再强调的"真理性本质特性"或"认知意义"和"否定性乌托邦"等。③ 这提出一项历史要求：艺术既严肃反思历史、现实，也涉及到艺术之间的相互评价和反思，此乃哈罗德·布鲁姆"影响的焦虑"④ 的奥秘。艺术由根底上吁求和昭示"真理性内容"以及"谜语形式"，这一点强烈地意味着艺术传统的破裂与终结，

---

① ［英］巴托莫尔：《法兰克福学派》，廖仁义译，桂冠图书股份有限公司1998年版，第51页。

② Adorno, Theodor W., *Gesammelte Schriften*: Bd 4, Frankfurt am Main: Suhrkamp Verlag, 2003, S. 83.

③ 参考 Julia Rothenberg, "Form, Utopia, and Feminist Performance Art: Toward a Rehabilitation of Adorno's Aesthetic Theory", *Telos*, 2006 (137), p. 40.

④ 参见［美］哈罗德·布鲁姆：《影响的焦虑》，徐文博译，生活·读书·新知三联书店1989年版，第3—16页。

关涉到一种类似于中国古代"内审美"① 观念的"非外表性的美"②，由《最低限度的道德》中《趣味即争议》这篇箴言可以获得确证和澄清。这与那种助长和怂恿虚假性和主观性的相对主义或折衷主义、享乐主义等美学实质地区隔开。需要注意的是，阿多诺对"毁灭艺术"的强调和凸显还有两点值得关注。一是提醒人们，"绝对者"对于艺术和审美的不可或缺性，《启蒙辩证法》强调断不可像西方现代哲学那般粗暴驱逐甚至取缔"绝对者"，它关系到艺术对社会现实状况的对抗、揭破和反思之真实性、未来性问题，因为绝对者作为否定性概念是现存社会现实状况的"真实他者"。二是它关联着审美表象与非表象辩证法的消息，这种关联源自艺术具有经验和认识双重性，同时也基于表象以及其拜物教特征的幻想化、绝对化以及对它强烈抵制和反抗的复杂历史和现实状况。"毁灭艺术"在某种意义上揭示了摧毁甚至取消表象，同时秘密地透露和展开这般毁灭和沉沦中"非表象化的美"，尤其是文化、伦理拯救性和解放性意义及图景。就像黑格尔所说的表象与本质辩证法那样，阿多诺也从"荒谬的艺术状况"③ 中敏锐地发掘了这种历史辩证法，更确切表述，即，艺术"自我毁灭""非表象化"的趋向以及"安抚作用机制"的解体等，实际上就是"拯救艺术"。因为，"生活的肉体的、无意义的层次是苦难的舞台，这种苦难在集中营里毫无安慰地烧掉了精神及其对象化文化的一切安抚作用"④。艺术的消亡或终结一方面"提喻"人类社会生活之不幸、沉沦时代状况，另一方面基于此而要求一种既不安抚又不缓和苦难，同时又能给予希望和觉解的艺术⑤。因此，阿多诺坚定地说："音乐给历史以合法性，因此历史就有可能排斥音乐。但这再一次给垂死的音乐以合法性，并给它以悖谬地继续存在的机会。在一个虚假的世界里艺术的灭亡是虚

---

① 王建疆在《老庄人生境界的审美生成》、《审美的另一世界探秘》等著作中根据中国古代这一独特审美观念和现象提炼出了此概念。
② Adorno, Theodor W., *Gesammelte Schriften*：Bd 4, Frankfurt am Main：Suhrkamp Verlag, 2003, S. 83.
③ Adorno, Theodor W., *Gesammelte Schriften*：Bd 4, Frankfurt am Main：Suhrkamp Verlag, 2003, S. 82.
④ [德] 阿多尔诺：《否定的辩证法》，张峰译，重庆出版社1993年版，第366页。
⑤ Adorno, Theodor W., *Gesammelte Schriften*：Bd 10.1, Frankfurt am Main：Suhrkamp Verlag, 2003, S. 451.

假的。"①

在这种"艺术已无可救药"② 现实状况中,"毁灭艺术"即"拯救艺术"命题,说到底就是艺术和审美直面"灾难性现时代"时,一面惨遭荼毒、自甘堕落、陷入进步陷阱,同时又特别地聚焦形式与内容的历史重组与重生,或突破与革新问题。"艺术已无可救药"决定性地标示艺术本身以及与艺术相关联的一切东西,譬如艺术内在生命,艺术与社会关系,艺术存在权利,艺术和审美的地位、功能、使命等,较之于既往传统业已发生根本性调整和变更。需要指出,阿多诺关于艺术和审美与否定性现实关系危机批判,尤其是传统哲学美学批判、形式与内容危机批判,蕴含了极其深刻的唯物论"出场学"观念,譬如传统形式介入否定性现实的伦理条件问题。下面,我们竭力立足阿多诺哲学美学实际状况,进一步领会和把握阿多诺关于形式与内容问题的思想的真义。

在否定性现实境域中,艺术和审美形式与内容遭到了深层冲击和挑战。一是就消极方面而言,既有形式和内容关系的秩序和格局遭到解构或收编和同化,并且昭示了艺术"建制化""技术化"和"世俗化"式微的政治—文化综合体根源。由此,形式和内容问题不再限于艺术和审美固有疆域,毋宁说是"理性、合理化的道成肉身"问题——"社会机器"或同一性社会魔法巨无霸或幽灵的无边无际渗透。二是就积极方面而言,复杂否定性现实必然撑破和撕裂传统,而历史地要求形式和内容关系问题与时俱进地自我调整(如扩容和再定位)、更新与改革,以历史批判地介入和应对否定性现实境域,从而为人们提供希望和理想的否定性指引。需要说明,这里强调"否定"概念,旨在区别和超越传统那种所谓主观的、虚假的"拒绝"和"慰藉"等,以凸显艺术和审美严肃的理性品格和现实品格。如此这般坚实品格,说到底源于凭靠"自我反思的理性"或审美理性抵制、拆解并跃出"工具或实用理性(instrumental rationality)"支配的压抑性经验生活和环境③,以及由此迈向对更好、未来事物以及自然或直接性的否定性拯救的历史诉求

---

① [德]阿多诺:《新音乐的哲学》,曹俊峰译,中央编译出版社2017年版,第221页
② [德]阿多诺:《美学理论》,王柯平译,四川人民出版社1998年版,第66页。
③ [德]阿多诺:《美学理论》,王柯平译,四川人民出版社1998年版,第489—490页。

和社会需要。进言之，形式与内容问题不可避免地带动并深切关涉到艺术和审美的整体变动和更易：一是源于整体经验基础已经演绎为"形而上学的历史"和"精神匮乏的经验世界"。二是形式与内容关系问题根深蒂固地指向艺术与复杂现实世界的总体文化—伦理关系。与此同时另一根基性问题亦凸现出来：艺术和审美对人类苦难的漠视长期以来遭受遮蔽，如此范式意义上的缺陷和限度折射了应对否定性现实境域的思想和历史奥秘，而这特别典型地关系到启蒙和资本主义等所共同催生的道德理性缺席、冷漠泛滥的现代社会。如此，形式与内容问题最关本质地呈现在艺术与颓废、野蛮以及宰制之社会现实世界的缠斗、超克之过程中，而这种缠斗和超克以作为完整经验—概念、整体意义世界的艺术为根本条件。

形式在西方传统美学史上，向来被视为艺术和审美最关本质的要素，并且一度在语言哲学、形式主义等思潮助推和促动下而达到登峰造极的地步。① 长期以来，谈到形式一般都会联想起平衡、对称、协调，以及和谐、优美、神韵等诸般肯定性概念或观念，而且更关键在于已经形成了根深蒂固的形式及其意义和伦理传统。这种传统，源于坚固的唯心主义根基，即精神的拜物教——艺术和审美被推向封闭、独立的"纯粹精神"一端，而这恰恰是以疏隔人自身以及苦难现实为代价，但这绝非说艺术和审美无关乎精神这一特质，只是应当警惕被唯心主义和现代主义搞得声名狼藉的"精神"②。诚如阿多诺所说："唯心主义者把精神捧上了天，却想使有精神的人受难。"③ 形式遭遇否定性现实境域时，一切都不再不言而喻而面临着无计可施、无处遁形的窘境和危机：形式精神的缺失难以把握和安顿包括科技进步带来的社会结构和生产方式剧变在内的现代世界。这种窘境和危机集中聚焦在其性质及其意涵上。形式首先由性质上发生了实质性更动和蜕变。传统形式在某种意义上，指向或贴近肯定性精神的形式，譬如极力强调形式给人带来的愉悦感和美感以及由此而形成与现实经验的和解与肯定关系。这在阿多诺看来在灾难尚未彻底或赤裸裸地爆发并击毁完整经验现实世界之前，或许仍然能作为人

---

① 如卢卡奇在《当代现实主义的意义》（1962年）中"形式在现代艺术中受到过分强调"观点，就客观映射了艺术形式的这般历史处境状况，虽然这一判断本身阿多诺并不认同。
② ［德］阿多诺：《美学理论》，王柯平译，四川人民出版社1998年版，第156页。
③ ［德］阿多尔诺：《否定的辩证法》，张峰译，重庆出版社1993年版，第391页。

类的理想慰藉或遮羞布而继续堂而皇之地存在。而奥斯维辛的爆发宣告了这一切的终结,因为这象征并标示出西方现代启蒙与文明所铸造的同一性社会或总体性生活对传统形式及其精神的肆意僭越和瓦解。由此,既往那种导向肯定性精神的形式显然已经难以应对这般"灾难性现时代"以及越界与整合的时代,因此形式迫切需要与时俱进、本质重要地转换和革新。这就历史地呼吁超克肯定性精神,同时导向否定性精神的完整形式。形式由此不再蜷缩在既定传统界域之内,而是寻求跳出并超越这种传统,竭力历史地追求杂质性、碎片性、矛盾性、不和谐、异质性、多样性等质性精神①,企图通过此般形式的诸否定性特质以直面和展露包括"抽象和飘荡的多样性"(如资本统治)、"沟通的障碍"、"科技进步神话"以及"原始主义的天真质朴"② 在内的灾难性现实状况的现代形而上学传统与资本主义现代社会共谋奥秘。或许正因如此,阿多诺说:"在某种新音乐中,记忆的残余碎片被连在一起以替代在其自己固有力量的基础上发展起来的直接的音乐素材。乐曲不是通过展开实现的,而是通过它所冲开的裂缝(其结果就是碎片)来实现的。"③ 形式如此这般变更,已经意味着其性质由以往所遵循和固守的那种自闭性、和谐性、完整性以及连续性等,悄然而历史地转向了对开放性、间断性、残缺性、不规则性、突变性等的尊重和开显。需要指出,为有效应对现代文明聚变和发展潜能以及困境,阿多诺绝非简单地转向并依仗不确定性、不可见性以及破碎性等,而是决定性地批判和超克以往形式传统:既坚持和巩固否定性精神底限伦理,同时又不稀释和减弱肯定性精神。阿多诺关于德彪西后期音乐风格的评价提示了这一意蕴:"它是再一次暗示音乐的时间进程的一种尝试(引者注:时间进程的辩证法),同时又不致因此而牺牲掉游动性的理想(Ideal des ISchwebenden)。"④

形式性质上的历史变更必然进一步昭示和具体化为形式自身意蕴的更

---

① [德]阿多诺:《贝多芬:阿多诺的音乐哲学》,彭淮栋译,联经出版事业股份有限公司2009年版,第119页。
② [德]阿多诺:《新音乐的哲学》,曹俊峰译,中央编译出版社2017年版,第267页。
③ [德]阿多诺:《新音乐的哲学》,曹俊峰译,中央编译出版社2017年版,第294页。
④ [德]阿多诺:《新音乐的哲学》,曹俊峰译,中央编译出版社2017年版,第295—296页。

迭、延展，而这一方面体现在形式既定意涵的废退与延续，或优胜劣汰，譬如像斯特拉文斯基（Igor Fedorovitch Stravinsky）面对灾难却依然企图凭靠呆板复古主义的理想形式达成妥协与和解的做法，以及韦伯恩（Anton Webern）"音乐拜物主义"① 做法，就当给予清算和批判；而如勋伯格（Arnold Schonberg）竭力以挖掘形式合理因素或形式变革，助推苦难发声、揭破以及显露的做法则当加以历史地、创造性地改造和利用。另一方面更在于其意涵的纳新与图变。在阿多诺看来，在美学史上被视为"想当然"和"思考甚微"的，然而又极其重要的"形式"，乃"所有逻辑性契机的综合整体，或者在更为广泛的意义上，是艺术作品中的连贯性"。② 诚如阿多诺所言："形式概念往往是包括一切的。"在这里，艺术形式概念似乎包括了关涉到"逻辑性契机"和"连贯性"的一切艺术要素，特别是现代文明聚变和发展潜能以及其危机对形式意蕴的综合形塑和扩容，譬如钢琴技术对器乐声音、节奏的新塑造，剪辑和摄影技术对电影图像的塑形等。那种执迷于形式并将其整体化的美学传统由此而遭到批判，与此同时一种新形式美学之可能性，或许唯有寄望对此实施爆破并清理和凿穿通向被形式化、被概念化的复杂对象或客体领域的道路。而这一点在如下论断中也可获得确证：形式就是"各种细节的审美综合体"③。不仅如此，形式还是"分散细节的非压制性综合物"，"它将这些东西保留在它们那分散的、歧义的和矛盾的状况之中"④，等等。在"灾难性现时代"境域中，艺术形式日益历史地凸显为一种否定的"认识形式"或"谜语"。这些基于否定性境域而做出的诸种揭破、批判以及发掘，深刻提示形式之意蕴由那种模糊的、宏大的、封闭传统意蕴螺旋式转向综合的、无调的、开放的意蕴，尤其是强调对于急剧变化的现实状况的形式意义上的历史匹配和否定性反应。

艺术内容在西方美学史上远不如形式那般辉煌无限，但是也受到像黑格尔、杜威等著名美学家的青睐和推崇。在马克思·韦伯所言"意义的丧失"

---

① ［德］阿多诺：《新音乐的哲学》，曹俊峰译，中央编译出版社2017年版，第220页。
② ［德］阿多诺：《美学理论》，王柯平译，四川人民出版社1998年版，第245—246页。
③ ［德］阿多诺：《美学理论》，王柯平译，四川人民出版社1998年版，第435页。
④ 参见［德］阿多诺：《美学理论》，王柯平译，四川人民出版社1998年版，第247、250页。

和"自由的丧失"所标注的现时代境域中,艺术内容如同形式一样被不可避免地推至风口浪尖,即艺术究竟应当如何有意义地、自由地反思和展现这般灾难性现实状况。这根本地关涉到艺术内容界域问题,因为艺术也面临"意义缺失"①和"精神痉挛和萎缩"等危机。在对以往艺术内容传统的检省和反思基础上,阿多诺最关本质地发掘并突出了艺术的"真理性内容":某种意义上属于否定的历史哲学和文化哲学以及道德哲学性质的内容。譬如,这种内容包括"破碎的超验""贫乏""世俗性""日常寓言""醒悟"以及"无法预测性"等。②特别地,这种"真理性内容"与包括伦理性内容在内的"社会性内容"历史地"互为中介"③,而且与精神、语言、形而上学等深切攸关。譬如,阿多诺批判所谓"新艺术",乃是对"形而上学意义"的遗忘和悬搁④,就映射了这一信息。这种"真理性内容",作为应对西方现代文明之持续反常、极端状况的历史、文化和思想产物,暗示和反映了艺术崭新内容空间的开拓和展露,而且一定意义上引起艺术整个内容传统和格局的动荡、调整和变更。由此,"真理性内容"的突出和强调不仅激活、刷新和改写了艺术内容的传统面相,甚至标示和廓清了与传统的某些本质差异,也映射了阿多诺对艺术和审美与灾难现实状况之关系问题的独特思考和探索:艺术与哲学的互补和互通,以达至构筑并巩固防御的底限伦理、提示或预示希望的可能性。归根结底,这就要求构建一种能有效应对现代社会聚变以及危机的"现代艺术"形态:现代社会"不仅被现代艺术所表现,而且也可通过现代艺术去理解、认识,并通过现代艺术去批判"⑤。

我们在上面分别扼要引出了形式与内容的危机及其新变,但这并不意味着我们秉持形式与内容截然两分之类庸俗观点,更不能表明旨在孤立、隔绝状态中展开勘探和思索,同时远不能确证对二者的论析完整性。下面,我们

---

① Adorno, Theodor W., *Gesammelte Schriften*: Bd 10.1, Frankfurt am Main: Suhrkamp Verlag, 2003, S. 450.

② 陈瑞文:《阿多诺美学论:评论、模拟与非同一性》,远足文化事业有限公司2004年版,第212页。

③ [德]阿多诺:《美学理论》,王柯平译,四川人民出版社1998年版,第441页。

④ Adorno, Theodor W., *Gesammelte Schriften*: Bd 10.1, Frankfurt am Main: Suhrkamp Verlag, 2003, S. 499.

⑤ [德]阿多诺:《新音乐的哲学》,曹俊峰译,中央编译出版社2017年版,第205页。

将进一步厘清和呈现形式和内容及其关系在资本主义现代文明境域中所遭受的冲击和挑战，尤其是新要求、新走向等。

阿多诺说："形式与内容相异，但又互为中介。"① 由此，那种基于差异和区别的形式与内容庸俗二分法，显然是既悖逆"否定的辩证法"基础上的艺术认识论观念，也不符合艺术和审美变化和发展状况。与此同时，那种基于一致性和共同性而抹杀差异和张力的虚假和解论也是荒谬的，否则不可避免地面临康德所谓空洞或自足游戏困境。诚如阿多诺所说："在驳斥……庸俗的二分法的同时，我们一直坚持这两者的整一性。同样地，与这种认为形式与内容巧合……相对立的是，我们也一直坚持这两者在一种中介语境（context of mediation）中的差异性。"② 虽然一方面形式关联到审美整一性（unity）以及同一性，即便那种激进地追求开放性和未完成性的艺术也不可规避和逃脱，但是即便如此也不存在不变、给定的所谓"尽善尽美的形式"或者"内容"，或许正是如此这般激进形式概念，引发了艺术与经验现实世界的绝对割裂和阻断以及艺术和审美危机。这里根因在于形式唯心主义或拜物主义，即强制性、纯粹化、封闭化等。这里深层意义上就牵涉到形式与内容的应然辩证关系，即内容既是外在对象，同时又蕴含或内在于形式之中。形式自身就是内容的历史积淀和标志，内容奠定形式的生命根基并形塑着形式，同时形式相当程度上也影响内容的真实表述、传达以及显现。由此对于作为社会精神样式的艺术和审美而言，形式与内容处于复杂缠绕和交织矛盾状态，过去那种泾渭分明、截然两分机械和庸俗做法显然已经悖逆和歪曲艺术和审美实际之规律和发展状况等。或许可以说："艺术作品既非纯粹的刺激，亦非纯粹的形式，而是这两者之间交互运动之过程的凝结物。该过程是社会性的。"③ 在形式与内容关系问题中，阿多诺关于社会现实与自律性以及形式与精神、概念、偶然性等关系的思考和探索乃我们关注的焦点，因为这不仅蕴藏并且呈现着形式与内容复杂历史关系的变动症结和秘密，更显著地关涉阿多诺美学之基本性质和意义，特别是"拯救"动机、范式革新意义、

---

① ［德］阿多诺：《美学理论》，王柯平译，四川人民出版社1998年版，第438页。
② ［德］阿多诺：《美学理论》，王柯平译，四川人民出版社1998年版，第257页。
③ ［德］阿多诺：《美学理论》，王柯平译，四川人民出版社1998年版，第229页。

文明史意义等。

在支离破碎交换关系、资本增殖、嗜血利润以及虚假人类需求渗透和支配的资本主义社会境域中，艺术和审美的生命奥秘或许在于"社会现实与自律性"①的历史辩证法。因为当前艺术危机境况归根结底就是以"审美幻象"与"进步幻象"为核心的社会意识形态和社会物质力量共同体秘制和酿造的，延承了《启蒙辩证法》"基本哲学范畴"的《新音乐的哲学》可以确证这一点。② 正是在如此境况中，阿多诺强调欲刺透和破解艺术和审美危机，或许不可避免地要突破和跃出传统概念和观念，并且把艺术和审美深度地回置、转入西方现代文明历史境域中，更确切说就是晚期资本主义文明境域。之所以如此，根源在于艺术和审美与近代以降西方启蒙和资本主义进程的根深蒂固渊源以及内在亲和性传统等。自律性在这般境况下不再拘泥和受制于精确性、和谐的形式传统，而是指向艺术日益独立于现代社会的意识形态特性：阿多诺所说"资产阶级自由意识的一种功能"，而且在如此语境下艺术作为资本主义精神劳动产品与其赖以生存的社会不论在形式上还是内容上都以拒绝和对抗方式而反讽地宣告了皈依和臣属。或许出于此，阿多诺由根本上发掘并强调"自由的无调音乐"之"不经修改、不做妥协的自由观念"的本质重要性。③ 艺术与社会这般皈依和臣属关系由于秉持"不介入"或"旁观"的肯定性、暧昧性立场和姿态而暴露出赤裸的虚妄性、欺骗性以及残暴性。正因如此，阿多诺的《新音乐的哲学》和《美学理论》等一再强调艺术作为"社会对立面"或者"自律性的社会存在"，需要而且应当通过社会现实的揭破和批判来奠定，即以否定方式来回应和对抗聚变现实、否定性现实，包括复杂屈从、扭曲关系状况，同时保持想象和憧憬潜能。如此，艺术和审美才能历史地挣脱和破除商品拜物教、进步拜物教等支配，而获得主体—客体解放意义的生存样式或道路。

"社会现实与自律性"这一双重性，深刻地透露了艺术和审美处在内在形式原则与社会经验内容之间复杂张力与场域中这一信息。阿多诺如是说：

---

① ［德］阿多诺：《美学理论》，王柯平译，四川人民出版社1998年版，第385页。
② ［德］阿多诺：《新音乐的哲学》，曹俊峰译，中央编译出版社2017年版，第340页。
③ Adorno, Theodor W., Gesammelte Schriften: Bd 16, Frankfurt am Main: Suhrkamp Verlag, 2003, S. 497—498.

"艺术作品的决定性特征……是作品如何恰如其分地反映出它们自身与其内部所有合理性契机之间的张力。"① 这提示出：艺术和审美唯有真实地扎根、切入社会生活世界，对聚变现实、现实危机的批判以及更好秩序或合理性的预示才具有可靠的形式基础。艺术的社会意义，根本上就是凭靠形式结构来说明、规制和批判广阔现代生活世界所带来和引致的：艺术的"社会现实"根源于复杂的社会情境，包括分裂、毁坏的历史和道德，但艺术形式律绝非通过掩盖或美化如此的历史情境，实际上是对此予以批判地赋形和表露以及想象而获得"社会现实"。由此，艺术和审美说到底是凭靠社会、历史、道德等做底色和基础，同时也是对这些现实要素的批判和筹划，当然也就蕴含了历史哲学、文化哲学以及道德哲学等诸层面的客观理解与诠释诉求、需要。这一历史蕴涵或意味，标示了艺术和审美的综合的谜语特质以及真理性特质等，特别地凸显和昭示了他律或他者神话支配、主宰的资本主义文明境域中艺术和审美的历史、伦理责任和使命：不仅在于严肃、彻底地对抗和反思，更在于不打折扣、否定地拯救和展望。

艺术"社会现实与自律性"，在"一体化""行政化"②"技术生产化"等日益严峻的资本主义社会境域中，涉及到拜物性或"物神性"、生产性、交换、意识形态等诸要素，而且这些要素深层地折射出艺术和审美与"灾难性现时代"之间复杂否定性历史关系奥秘之消息。先看拜物性或"物神性"。那种玩弄艺术霸权主义或法西斯主义的做法，譬如所谓"为艺术而艺术"以及"为了艺术，哪怕世界毁灭"（法西斯主义宣传语）等，必然助长艺术自身走向矮化、悖逆人和艺术自身以及境况（语境）主义的拜物主义和封闭主义道路，这毁坏了艺术形式自律性、精神丰富性和独立性等。不过，拜物性于艺术而言又是作为其"精髓的具体化"③ 以及真实性（包含社会真实）的条件而存在的，更紧要的是，它关涉并突出了艺术真理性的时间性以及精神维度。诚如阿多诺所说，"艺术作品的品质在很大程度上取决于……生产过程对其人工制品的崇拜程度"，此般拜物性突出的是"严肃性"、时间性，而

---

① ［德］阿多诺：《美学理论》，王柯平译，四川人民出版社1998年版，第135页。
② ［法］马克·杰木乃兹：《阿多诺：艺术、意识行条与美学理论》，乐栋、关宝艳译，远流出版事业股份有限公司1991年版，第77、101、117页。
③ ［德］阿多诺：《美学理论》，王柯平译，四川人民出版社1998年版，第176页。

且特别地促使艺术能够"打破现实原则的魔力而成为一种精神实体",而绝非止于"快感"。① 由此看来,拜物性或"物神性",特别对艺术和审美的独立性、真理性以及精神性等而言,具有一定支撑和塑造作用。它引出了"生产性"或者说"制作性"问题,这正是阿多诺思索艺术与社会的关系时所强调的东西,即特别地突出"生产领域",而非"接受领域"或"影响领域"。之所以如此,根源在于艺术"对象化"或"拜物主义特性"乃人类社会现代分工狂潮之产物,而这种与启蒙和资本主义契合的分工浪潮带给艺术和审美之独立意识形态标识和进步的同时,艺术和审美也特别地卷入了魔幻的"生产领域"以及"交换领域"。鉴于此,阿多诺认为欲在如此境域中勘察和洞穿艺术形式与内容复杂关系历史奥秘,恐怕就得凭靠刺穿"艺术生产"神话:形式与内容的双重解魅与再神话化。艺术与社会之关系是实质而内在的,并非某种符合概念装置的外在统合和强制嵌入,因为实际上揭破和批判"概念系"与特殊现象之间那种强制性和统治性传统关系,需要最终转向凭靠美学或艺术哲学与实际艺术作品所蕴藏的批判和解放潜能,并由此反思性地发掘和阐明艺术与社会之间真实、应然关系。此乃阿多诺晚期著述《美学理论》中颇具普遍性意义的基础性议题。② 艺术反映并包含着社会生产力制导下的社会历史——艺术实际上就是一种"社会生产",而且"技术生产""意识形态生产""生命生产"乃至"乌托邦生产"等业已渗透其中,如此就时间维度而言艺术保存并昭示着最富孕育性,同时又稍纵即逝的历史瞬间或契机。艺术"特定的否定"属性和意义由此具有了历史根基,而阿多诺所言"接受领域或影响领域"钝化和灼伤了艺术自身,大概表达对"历史的滥用"或"过剩的历史",包括"过剩的现实",即资本主义意识形态奴役和渗透——生产或制造平庸性、冷漠性和同一性的魔幻机器——的愤懑与抗议。由此,艺术不可避免地成为社会实践的一种图式,即真正的作品都是艺术自我革命。或许正因如此,这又凿穿了艺术被社会收编和招安的通道:进步主义的"社会整合"或"中立化的普遍化"。如此,艺术真理性遭到毁坏和解体,因为"艺术的真理性是对屈从的否定,艺术的基本原则——完美无

---

① [德]阿多诺:《美学理论》,王柯平译,四川人民出版社1998年版,第572—573页。
② [英]罗斯·威尔逊:《导读阿多诺》,路程译,重庆大学出版社2016年版,第17页。

瑕的精确性的原则——驱使它趋向于那种屈从"①。马克思在《剩余价值论》中俨然意识到并警示了这种毁灭性灾难:"生产性劳动"的意识形态化泛滥与蔓延,助长和鼓吹艺术和审美在资本主义社会境域中"功能主义化""多元主义化"以及"实用主义化"等,拖垮和瓦解艺术和审美的精神、意义体。② 但同时需要注意,艺术作为人工制造物确实具有拜物性和生产属性,只不过这仅就仿作理性或模仿理性意义而言,同时说到底也是就"世俗化艺术"或"无意义的艺术"③ 而言。如此生产性或制作性,一方面反映出艺术和审美在现代资本主义文明境域中"异化"生存状态和困境,特别地已经成为越来越独立化和他者化的资本主义社会生产系统,尤其是资本主义意识形态生产体制的结构物或功能物,"艺术生产"成为一种普遍性、表征性、权力性神话。另一方面折射了在如此境域中需要凭靠并刺透这个"生产神话",才能触碰和洞悉艺术和审美困境的奥秘,以凸显和昭示那种能够挣脱、揭穿和呈示资本主义神话的艺术,以及关注和反思这种艺术生产经验的美学的范式更迭和文明史意义。这说明,艺术"自律性与社会现实"这一双重性处在既相互依赖又彼此冲突的缠绕状态中,而且昭示了阿多诺美学的生存论路向信息。

艺术和审美被裹挟或陷入由科学、民主、进步、博爱、资本等相互缠绕而秘制成的西方现代政治—文化—艺术综合体,说到底乃启蒙和资本主义社会综合体。譬如在这里,科技理性遭到了篡改和挪用,广泛而深层地渗入和扩张到社会肌体和根基处,艺术和审美也陷入"理性神话"。针对这种状况,阿多诺以为艺术绝不是那种独断的、精神枯萎的"文化矫正方法"或"科学的补充",因为"理性是科学和艺术共有的东西,它在这两个领域中显现着自身"④。这里还蕴含如下深刻信息:形式与内容的极端紧张问题,即艺术如何有意义地安放和把握启蒙和资本主义社会综合体,包括聚变的物质力量及其带出的困境。譬如,美的观念和形式通过批判地吸收其对立面即作为"美

---

① [德] 阿多诺:《新音乐的哲学》,曹俊峰译,中央编译出版社2017年版,第221页。
② [德] 阿多诺:《美学理论》,王柯平译,四川人民出版社1998年版,第389—390页。
③ [德] 阿多诺:《美学理论》,王柯平译,四川人民出版社1998年版,第572页。
④ [德] 阿多诺:《美学理论》,王柯平译,四川人民出版社1998年版,第567页。

的暴力"的"丑"而得以扩展和壮大。①

(二) 形式与内容Ⅱ：位置、使命、意义

我们上面部分主要探讨在"灾难性现时代"境域中艺术和审美形式与内容及其历史关系的尴尬处境以及历史新变等，或者说由形式与内容关系的角度来勘察和洞悉艺术与审美所遭受的冲击和挑战。由艺术形式与内容关系层面侦测和捕获对社会现实的否定和批判意蕴，乃法兰克福学派特别是阿多诺美学的基本路数。② 下面，我们着重从形式与内容来考察和检视阿多诺关于艺术和审美的位置、使命以及意义等的思考。阿多诺深刻断言："艺术体验方式的历史连续性的每一次断裂，每一次遗忘，每一次新的开始，都标志着一种对社会的反应方式的转变。"③ 艺术辩证法绝非封闭的，艺术历史绝非"提出问题和解决问题的单纯的连续过程"，艺术体验方式和反应方式更绝非绝对主义、宗派主义以及无政府主义和犬儒主义的。这提醒我们关于位置、使命以及意义等问题探讨，或许不宜先行地圈定在艺术和审美范围之内，因为它深层地关涉到阿多诺对"无望者的拯救"和"美好事物的否定把握"，乃至对启蒙和资本主义文明危机的深切焦虑和关怀等，而这始终渗透、贯穿和缠绕在阿多诺关于艺术和审美之历史位置、使命、意义等思考和探索之过程中。譬如，对现代文明、思想中"极端恶"传统的深刻批判、防御等，就贯穿阿多诺整个思想进程中。④ 否则，我们不仅遮蔽和悖逆阿多诺，无法真正通达其缘何如此思索与安顿艺术和审美的历史、思想奥秘，而且会陷入其彻底反感的天真、虚妄的理论霸权与主观幻象中。

正是在如此境况下，艺术和审美的位置、使命以及意义等问题，不可避免地关涉到历史、政治、文化以及道德等问题。也就是说，阿多诺这般思索并非仅着眼于艺术和审美生存和发展问题，更着眼于其在现代社会生活意义和价值的昭显、拓展、提升与实现进程中所处位置以及扮演的角色，而这顺

---

① [德] 阿多诺：《美学理论》，王柯平译，四川人民出版社1998年版，第464页。
② 曹卫东等：《20世纪德国马克思主义文艺理论研究》，北京大学出版社2012年版，第243页。
③ [德] 阿多诺：《新音乐的哲学》，曹俊峰译，中央编译出版社2017年版，第239页。
④ Espen Hammer, "Adorno and extreme evil", *Philosophy & Social Criticism*, 2000 (4), pp. 75—76.

理成章地要求由其时盛行的非理性主义传统以及无政府主义倾向，转向突出"真理性"或"认知特性"与艺术和审美经验以及社会经验的反思性结合。这种结合在艺术和审美形式与内容问题上，历史地呈现出与传统有别的、与时俱进的新要求、新取向等。

在阿多诺所言启蒙与文明"岌岌可危"时代境域中，艺术和审美的位置已经由过往那种相对独立、自主而逐渐转向附庸和臣属，由整体自由的生命体、意义体、精神体沦陷为单向度的功能体、标准体以及抽象物，由神圣者、主权者转换为膜拜者、从属者。或许我们现在要反思的问题当是艺术"防御性问题"：面对已经以及即将来临的野蛮性，"技术标准如何传承下去"、旨趣和方向究竟如何调整等。此般变换状况标示艺术和审美之自我瓦解、堕落等危机，譬如"素材的中性化"及"主体的非精神化"等，因此欲化解和摆脱如此危机就需要历史地确立艺术和审美的新方位：艺术和审美的主要矛盾和挑战在于急剧膨胀和极端巨大的资本主义现代文明，即现代文明表现和批判以及美好事物可能的预示和筹划的需要与不充分、不平衡、不完善的艺术发展之间的极端紧张。在阿多诺如下判断中获致一定揭示："在音乐的最近阶段的潜在的可能性中，显示出了它的地位的转换。音乐不再是内心世界的表述和写照，而是一种对待现实——这个现实不同于它从前所认识的现实——态度，它不再在意象中把现实调和起来。"① 这历史地要求艺术既保持对聚变现实和灾难性现实的深刻穿透和批判，又保持有意义的独立性和自律性。而且，这构成了思考和探索艺术使命和意义问题的基本方位。阿多诺强调艺术使命不在于像传统那样追求"和解性与总体性"，但绝不意味着彻底拒绝和排斥"调和性力量"和"遗忘性力量"②，而在于现代文明的揭示和反思，而这最特别地体现在受难者、受压迫者、牺牲者等的拯救和解放。也即艺术和哲学的迫切使命，乃"意味深长地承认不幸"，并且揭破和反思"不幸"或灾难状况，而非先行地传递和呈现"更美好的状态"信

---

① ［德］阿多诺：《新音乐的哲学》，曹俊峰译，中央编译出版社 2017 年版，第 236—237 页。

② ［德］阿多诺：《新音乐的哲学》，曹俊峰译，中央编译出版社 2017 年版，第 230、231 页。

息。① 这在根本上，取决于阿多诺哲学和美学那种实践性和现实性定向，也即"改变世界"的哲学之首要性。由此，阿多诺认为艺术的真正意义需要而且应当在真理与非真理、社会复杂关系应对以及新世界之预示等层面展开思考和探索。② 而这彻底地说不仅折射或提示人类生活意义和未来方向，而且激活并扩展了预示和追逐这种意义和价值的潜能。

艺术位置说到底就是艺术的社会地位：艺术在社会分工体系、科学—法律综合体③，即资本主义现代社会共同体中享有何种地位或权力？这一方面虽然由艺术和审美自身规律和原则作为基础性支撑和根基，但其实即便这种规律和原则可能也不尽然按照其自身逻辑和路径而变化和发展；另一方面受道德理性匮乏的启蒙和文明历史进程的掣肘和贯穿甚至支配，近代以降艺术和审美在某种意义上构成了启蒙和资本主义体系的响应者、承载者、传播者和助推者。譬如，阿多诺说贝多芬的音乐形式，本质上是由19世纪前后社会阶级精神即启蒙和资本主义精神而促成的。④ 正是在如此语境中，《美学理论》认为艺术和审美自身一边被学科化和专业化，或者说规范化、范畴化、合理化，宣告艺术自身由混沌、杂糅逐渐走向文类自觉、解放，另一边则映射出某种自我封闭，被功能化或者说意识形态化、世俗化以及区隔化：文类自觉和解放过程是一切关系凝固和同化过程。由此来看，艺术和审美所处位置说到底就是由启蒙—资本主义社会综合体所奠定和规约的，可以表述为：附庸、臣属以及工具—功能性位置。艺术如此这般位置状况，注定其直面充斥野蛮性、堕落性的现代世界境域，或许除了逃遁、漠视和美化，可能别无他途。鉴于此，阿多诺以为欲击穿和反思灾难日益深重现时代，艺术和审美恐怕需要再启蒙，也就是要恢复和重建艺术直面和反思现实的维度，由此以重新确立艺术和审美的根本姿态和担当：既拒绝臣属于同时又不抽离和阉割现实世界，特别地，既直面和承认同时又不失原则高度地反思灾难或"坏的

---

① ［德］施威蓬豪依塞尔：《阿多诺》，鲁路译，中国人民大学出版社2008年版，第169页。
② ［英］罗斯·威尔逊：《导读阿多诺》，路程译，重庆大学出版社2016年版，第4页。
③ ［法］米歇尔·福柯：《规训与惩罚》，刘北成、杨远婴译，生活·读书·新知三联书店2007年版。阿多诺"同一性"话语与福柯权力话语存在异曲同工之处，即其批判矛头都指向事物的合理化和宰制化，也即现代理性泛滥和霸权及其毁灭性后果，虽然路径相异。
④ ［德］阿多诺：《贝多芬：阿多诺的音乐哲学》，彭淮栋译，联经出版事业股份有限公司2009年版，第93页。

现实"。这种恢复和重建绝非主观主义的布道，而是以艺术和审美实践以及批判实践状况为基础并通过这一实践而历史地昭示出来。

艺术和审美危机所引出和突出的新位置或新角色这一历史诉求，深切关涉到艺术使命和意义的根本性更易和变动，而这特别地渗透和贯穿着阿多诺那种作为包括审美著述在内的自己所有理论之基础的否定"现存否定之物"，同时又否定地把握"美好事物之可能性"① 的"核心动机"以及其带出的文明史关怀。

在奥斯维辛所隐喻和提示的一体化、同一化等弥漫的时代境域中，艺术使命和意义已经由传统那种以肯定性使命和意义为标示——譬如，"作品要求肯定，此乃艺术等于一种超越艺术的自在存在的特质……艺术在本质上是一种肯定性的意识形态"② ——在批判和超越"肯定性使命和意义"基础上，而转向以否定性使命和意义为标示，这深刻地触及了艺术和美学之基本性质与意义的悄然历史变动和更新：作为"哥白尼革命"的"否定辩证法"基础上的"否定美学"。

艺术不仅关涉"审美形式"，也关涉"认识形式"，而且深切地指向和引向现实和实践。诚如阿多诺所言："艺术之所以暗示现实，是因为艺术是一种认识形式。"③ 这深刻提示出，阿多诺何以历史地发掘并突出艺术真正要求我们的就是"认识"，也即由黑格尔一脉"艺术—认识"传统继承、阐发和改造而来，其深层缘由在于"暗示"和"反思"现实世界。实际上，齐美尔和霍克海默早已判定传统哲学漠视人类灾难的根基性缘由，在于其追求连续性、天真性的概念统治和表象世界。阿多诺关于本雅明"黄金时代"批判就反映了这一"哲学的破坏性"信息："远古与现代的结合范畴，与其说是黄金时代，毋宁说是灾难。"④ 这呼吁哲学的现实性和开放性潜能，而这特别地反映在对艺术直面现实的潜能的深层需要与激活。如阿多诺在《美学理论》中说的，哲学亟需艺术来补充和改造自身，譬如祛除同一性强制、"概念拜

---

① Adorno, Theodor W., *Gesammelte Schriften*: Bd 4, Frankfurt am Main: Suhrkamp Verlag, 2003, S. 26.
② [德] 阿多诺：《美学理论》，王柯平译，四川人民出版社1998年版，第276页。
③ [德] 阿多诺：《美学理论》，王柯平译，四川人民出版社1998年版，第441页。
④ Adorno, *Aesthetics and Politics*, New Left Books, 1997, p. 112.

物教"等，以有效、真切地面向和应对事实或现实本身，特别是现代文明之理性拜物教、进步拜物教等困境。与此同时，艺术也需要哲学来塑造和升华自身，尤其是借助概念以开启非抽象、非纯粹的"认识形式"。阿多诺就是在艺术与哲学相互深层需要和完善以及它们共同应对聚变、苦难的现代世界的高度和格局中，定格艺术和哲学的历史方位和实现道路等。或许正因如此，阿多诺断定艺术不应当由严禁反思介入的"非理性保护区"来托管和保卫，"艺术完全属于概念领域"[1]。这是马丁·杰所说阿多诺整体思想向美学"退却"或"转向"得以可能的核心环节所在，也是阿多诺缘何把《美学理论》视为旨在"再现我思想中的精髓"[2]的关键缘由所在。艺术与哲学此般历史辩证关系透视和折射了当今艺术新需要、要求、趋向等，即《美学理论》所言：一切艺术作品是出于透彻、充分和完整体验起见而永不停歇思想的哲学，而且最关紧要的是艺术就是认识，由此艺术就是"真理的综合体"，如此才能穿透花样别出和冗杂坚固的艺术"自然状态"[3]而弄懂和理解"当今西方艺术"。"真理性特征"在阿多诺看来，与艺术的救赎或拯救深切而本质地关联和融合在一起，但不再径直指向"肯定乌托邦"，而是与否定和批判野蛮性现实的"否定乌托邦"。著名学者库特·仑克（Kurt Lenk）在《阿多诺的"否定乌托邦"》中提示出，艺术的认识功能最特别地凸显在对受支配、受控制和行政管理世界体系中的紊乱经验、受压迫经验以及异质经验，还有受同一性原则摆布的"抽象思维"等的揭破、表述和拯救。[4] 如此这般真理性与拯救性突出地呈示和展现在艺术形式与内容层面，尤其是形式层面，因为根据阿多诺的观点，形式即是社会劳动之标志乃至现代世界的"提喻"和"否定"，艺术存在理应归功于真理性的形式。这最关本质地指向"完整批判经验"的发现和恢复。[5]

在充满工具理性、整合神话、文化败落等霍布斯鲍姆所言"现代野蛮主

---

[1] [德] 阿多诺：《美学理论》，王柯平译，四川人民出版社1998年版，第564页。
[2] [德] 阿多诺：《美学理论》，王柯平译，四川人民出版社1998年版，第604页。
[3] Soper, Kate, "Deborah Cook, Adorno on Nature", *Radical Philosophy*, 2012（172），p. 58.
[4] [德] 施威蓬豪依塞尔：《阿多诺》，鲁路译，中国人民大学出版社2008年版，第169—170页。
[5] Carl B. Sachs, "Adorno: The Recovery of Experience (review)", *The Journal of Speculative Philosophy*, 2007（4），p. 330.

义"或阿甘本所道说"活死人"① 时代，艺术形式不再以追求和谐、和解、秩序、"自然"等为突出特征，因为这实际上无异于漠视、强化和巩固既定的反常和极端现状，而业已转变为以破碎不堪、紊乱无序、对立矛盾、非常规状态等为根本特征。但这绝不意味着乌托邦的"大冷漠"和"大拒绝"时代来临：阿多诺决定重新挖掘和激活艺术的肯定性潜能，"绝对否定"突出的对毁坏、不幸、野蛮之现实的底限伦理应对和原则高度批判就标示出这一点。这里颇具反讽性同时需要警惕的是：艺术在"社会总体性及其全能性"神话面前，往往表现出"绝对的抗拒意识"与"绝对的非意识形态"或者"对立性姿态"与"顺从者"的"犬儒主义"。② 由此，艺术和审美突出地以不可解释、反常和极端形式或结构关系来承认、揭穿和反思"极端和野蛮时代"，同时由此来否定地激活和昭示新希望、新生活之可能，尤其是防御伦理构筑和巩固。或许正因如此，阿多诺把形式视为"真理的展露"与"作为反野蛮行径的维度"。③ "取消艺术——封闭的艺术——成了一个美学问题"④这一判断就蕴藏了此般意义：社会现实刺破和击碎艺术这一精神样式，包括传统程序、体验方式和反应方式等。就此而论，阿多诺那种艺术能否继续生存取决于一种"新形式美学"出现之可能性的观点，乃极富深远意义。

在精神分裂和悬搁、现实整合或统合魔力泛滥的时代境域中，"真理的展露"与"作为反野蛮行径的维度"，显然不仅是就艺术形式和内容层面而论，就是对艺术和审美之历史趋势和未来走向的本质性洞察和发掘，也是对艺术和审美历史使命和真理性意义的真切揭露和把握。所谓"真理的展露"，在阿多诺看来本质上就是指向对分散的、歧义的、矛盾的状况以及那些受压制、受破坏和受奴役等事物世界的真实记忆和保存，以及否定性想象和预示。这种展露，说到底就是一种蕴含文化、政治、道德以及历史等要素或意味的社会批判和拯救，因为形式代表改变经验存在（being）的法则，也即所谓"自由"。而这种展露最特别体现在"作为反野蛮行径的维度"。可以由如

---

① Giorgio Agamben, *Remnants of Auschwitz: The Witness and the Archive*, New York: Zone Books, 2002. p. 42.
② ［德］阿多诺：《美学理论》，王柯平译，四川人民出版社1998年版，第400—401页。
③ ［德］阿多诺：《美学理论》，王柯平译，四川人民出版社1998年版，第250—251页。
④ ［德］阿多诺：《新音乐的哲学》，曹俊峰译，中央编译出版社2017年版，第234页。

下这段话透视"反野蛮行径维度"涉及艺术自身非真理性批判、形而上超越批判以及自然—表象批判的信息：

> 部分和整体的联系，它们在整体里的消减，以及在它们有限的运动里对无限的关怀，是形而上超越的再现……贝多芬的艺术获致其形上实质性，因为他运用技术来产生超越。这是他的普罗米修斯、唯意志论、费希特成分的最深层意义，也是这成分作为非真理的最深层意思：对超越的操纵、强制、暴力。这很可能是今天为止我对贝多芬获得的最深洞识。这与艺术作为表象的本质深相关联。因为，无论超越在艺术里的呈现无论多么具体、多么不只是意象，艺术仍然不是超越，而是制品，人做的东西，根本而言：自然。审美的表象永远意指：自然作为超自然的表象。①

这种维度表明艺术既对启蒙和文明过程起促进和推动作用，同时也以其"纯然的存在"对其危机进行实质地揭破和批判。还需要指出，艺术形式作为"真理的展露"，其前提就是形式本身即为内容的保存和积淀以及否定，而这恰恰是艺术中"对象优先"或"客体优先"思想的要义所在。譬如，特殊性、矛盾的发展和完成以及预示和谐等在内的形式范畴，与作为内容的"经验对象"或"活生生的事物"等已经内在、本质地缠绕和融合在一起。或许正因这一点，贯彻和施行"真理的展露"，历史地要求包括体验方式和反应方式在内的形式自身的解放，因为唯有形式变革才能更有效地刺透和贯穿充满"坚固东西"的现代世界，而这意味着拒绝凭靠形式来缓解、掩盖和粉饰异化和物化现实，而走向以否定形式"承认"与"合并"异化和物化现实，从而历史地谋求批判和拯救。② 由此，艺术的任务相较于传统某种意义上就是凭靠批评和自我反思来切入和关怀人类生活意义和方向。如此这般情状，正是阿多诺面对日益破裂、僵滞以及合理化时代境域，为什么不屑于并

---

① ［德］阿多诺：《贝多芬：阿多诺的音乐哲学》，Rolf Tiedemann 编，彭淮栋译，联经出版事业股份有限公司 2009 年版，第 148 页。
② ［德］阿多诺：《美学理论》，王柯平译，四川人民出版社 1998 年版，第 253 页。

且严厉批判人们惯于说艺术激发愉悦和快感,尤其是"形而上超越"所标示的哲学美学传统,却不断强调艺术之真理性本质特征的历史哲学、文化哲学以及道德哲学等关切所在。

"反野蛮行径维度"归根结底要落实在"拯救"上。阿多诺所道说艺术"救赎状态",即"一切皆如其所是,但一切又全然有别"①,说到底与"真理的展露"相通,而且唯有由此才可获得最关本质的澄明和道说。即最特别地指向受宰制者、无望者以及被摧毁者等自由、应然的发声、敞开和显现,而非指向执念于逃遁的、超俗的所谓"神话世界"或"神圣王国"。但需要注意,这种"救赎"作为"真理的展露",应当而且必须以对"精神孱弱、思想不孕"以及充斥"暴力和奴役行径"之现实状况的凛然直面和坚决否定为基础。② 救赎之为真理,一方面奠基于对否定性现实的人自身缺席奥秘或更美好世界之"异化和扭曲状况"③的彻底追问和窥破,另一方面又拒绝基于现存状况的虚假解决和允诺,而由现存状况所历史地、否定地揭示和指明的应然状况或乌托邦状况来对现存状况进行特定否定,同时防止这种乌托邦状况的现存标准化和自我约束的失效。或许布洛赫"乌托邦美学"与阿多诺"否定美学",就乌托邦保卫和渴望意义而言默会相通和契合,二人的通信对话录或可佐证这一点。这突出了阿多诺美学的实践性和超越性基础,因为这种救赎或乌托邦是作为能够历史地实现、具有自我批判性机制的他者而存在,如此通过艺术路径而达成的既定社会困境诊断与批判才真实、可靠,即库特·仑克所总结的"否定乌托邦"。诚如阿多诺所道说:"唯有着眼于可能事物、更美好事物,才能把握现存事物。"④ 如此这般作为真理的救赎,根本上关涉到阿多诺的文明史批判和关怀立场。

---

① Adorno, Theodor W., *Gesammelte Schriften*: *Bd* 7, Frankfurt am Main: Suhrkamp Verlag, 2003, S. 16. [德] 阿多诺:《美学理论》,王柯平译,四川人民出版社1998年版,第10页。译文有改动。

② Adorno, Theodor W., *Gesammelte Schriften*: *Bd* 4, Frankfurt am Main: Suhrkamp Verlag, 2003, S. 176.

③ Adorno, Theodor W., *Gesammelte Schriften*: *Bd* 10.2, Frankfurt am Main: Suhrkamp Verlag, 2003, S. 793.

④ Adorno, Theodor W., *Gesammelte Schriften*: *Bd* 20.2, Frankfurt am Main: Suhrkamp Verlag, 2003, S. 601.

根据阿多诺判断，艺术和审美所面临主导性境域已经由肯定性境域转变为否定性境域。这种否定性境域，按照霍克海默判断就是"理性和科学"本身所引致的普遍性危机，譬如"个人生活进入了闲暇的转变"①。几乎由个人生活到社会各领域，统统都被卷入或抛入了理性、科学和启蒙等所形成的滚滚普遍性洪流之中。这种洪流推动人类由野蛮和神话步入启蒙和文明的同时，也把人类引向了由理性、科学和启蒙等共同编织和铸造的更具恐怖性、毁灭性的新野蛮和神话状态。由此，阿多诺以为所谓"意义"和"一体性"以及"和谐"和"整体"等，包括那些蕴藏或助长此类幻想或侥幸的任何形式，必须而且应当接受不折不扣地历史清理、批判和重造。阿多诺坚决判定，"奴隶制、种族灭绝、对个人生存的蔑视"等之类野蛮行径由雅典时期以降"一直未在艺术中留下任何痕迹"②。故而"反野蛮行径的维度"根本上关涉到道德、政治以及文化等意义，历史地要求艺术之救赎或解放维度：说到底就是凭靠否定形式——最富孕育性、表现性的结构关系和语言素材等，譬如阿多诺判定"音乐的解放首先关系到表现性"③——而对包含艺术自身野蛮状态在内的灾难状况进行反思和展露，由此便呈示了艺术诊断和把握现时代的那种现实性。艺术形式作为"反野蛮行径的维度"，其真理性在上述意义上获得了特别的凸显和昭示：艺术—哲学。

所谓意义（meaning）就是"意向的客观载体或负荷者"。意义共同体与艺术的精神，亦即艺术"诸契机的完形结构（configuration）"深切相关。面对奥斯维辛所表征和暗示的否定性现实境域，艺术试图把肯定性、积极意义赋予或复归于现实生活，无疑是彻头彻尾之"肯定性的谎言"④。这种谎言状态或者意义被抹杀状态就是当代真实状态。用阿多诺的话说，即："我们名副其实地生活在虚无之中，但不能给这种虚无附加上任何积极的意义。"⑤ 就此而言，这就要求当今艺术应当具有"批判性自我反思"，特别表现在对日

---

① 参见［德］霍克海默：《批判理论》，李小兵译，重庆出版社1989年版，第2—3、262页。
② ［德］阿多诺：《美学理论》，王柯平译，四川人民出版社1998年版，第278页。
③ ［德］阿多诺：《新音乐的哲学》，曹俊峰译，中央编译出版社2017年版，第235页。
④ ［德］阿多诺：《美学理论》，王柯平译，四川人民出版社1998年版，第264页。
⑤ ［德］阿多诺：《美学理论》，王柯平译，四川人民出版社1998年版，第267页。

常惯例上的肯定意义、艺术中的意义概念以及所有意义构成的范畴的拒斥和摒弃。但艺术作为意义复合体，它仍然是通过破坏性、激进性形式或非常规形式，也即解体和摧毁意义，来达成对被理性凝固和耗尽的灾难性、过剩性现实——尤其是"后期资本主义总体"的历史批判和表现，并由此而获得对新意义的提示和把握。需要说明的是，在意义不可避免地、普遍地丧失之后，那种竭力与外在现实和解与妥协的企图或尝试注定是毁灭性的幻象，上述提示和把握在虚幻性现实碎片与艺术形式整体性之间的断裂和对抗面前，恐怕只能是"彻底否定"。基于艺术作为结构和意义复合体所遭受的严峻挑战和冲击状况——"意义危机"，传统哲学美学业已难以适从："艺术在将来兴许可行的唯一途径，是看它是否能够逃脱预先给定的一般原理的支配"。阿多诺《美学理论》避开康德"目的"而谈"意义"，其核心考虑就在这里。

形式一体性与和谐之类观念，显得似乎不合时宜。在阿多诺断言启蒙和文明"全面自然"时代，艺术不得不提防"和谐的理想"，"因为它意味着艺术已经全托付给这个备受支配或行政管理的世界"，而且即便审美自律条件下的对立状况，也是"自然的支配作用的一种延伸"[①]，如《启蒙辩证法》所说的，"文明"就是"将一切转变为单纯的自然"，并且将这般"自然"延续和建构为"持续的、有组织的强制力"。艺术肯定性契机与"自然的支配作用"深切关联。与此同时，由传统看，阿多诺发现"和谐"在传统哲学美学那里也隐藏着危险性根源，即被视为"绝对的整体"中的对异质性（heterogeneity）的胜利以及虚幻积极性之标志。颇为糟糕的是，这种把和谐的快感和意义投射和附加到受压抑、受破坏对象之上的危险倾向，已经成为晚期资本主义"虚假社会"艺术和文化之现实状况。如此艺术和文化所塑造和预示的积极性效果、关系以及肯定性意义在充斥"死亡神话""总体性神话"等境域中，已然暴露出其欺骗性和虚妄性之真实谜底。支持被压制者而反抗概念支配的做法在古典主义那里就已经被视为戒律和禁忌。由此看，在当今境域中，出于应对和反思现实虚假性、抽象性、恐怖性以及同一性等历史需要，艺术必须保持对所谓诸如"和谐理想"的谨慎和提防，以防止沦为

---

① [德] 阿多诺：《美学理论》，王柯平译，四川人民出版社1998年版，第274页。

"全能现实"或"过剩现实"的权杖或同谋。

拒绝意义、拒绝表述、拒绝和谐等如此特征的艺术，与所谓虚无主义、绝望悲观主义等无涉，实质为客观的历史要求，即"既不抚慰又不缓解苦难的艺术"①。就现实性而言，艺术使命和意义大致可以表述为：突破和超越自然神话和社会神话以及其背后数量主义、资本主义、进步主义等支配性逻辑，由此便不得不凭靠《启蒙辩证法》和《最低限度的道德》所示的"社会性他律性"来实现人与自然的双重拯救和解放，归根结底通达自我反思性和解放性实践。或许只能如阿多诺、本雅明所要求那样真正领会并把握人与自然的复杂关系，包括人与人关系的自然化问题，才能否定地刺透和贯穿鼓吹"遗忘过去"、以便追求和适应当今任何新事物及其客观发展进程②的"彻底启蒙与文明社会"。总之，在"持续灾难性现时代"境域中，艺术使命和意义性质已然由以往那种肯定性状态而历史地、有所超越地转向否定性状态，而这终究要凭靠"新形式美学"来标示，但这绝非意味着乌托邦禁忌或禁令，毋宁说特别地体现为乌托邦的否定性审判和反思。③因为就批判理论自身而言，其终极志向也是在于改造社会整体或追寻更好生活。

三、"主体—客体"："主体和客体彼此渗透的星丛"

下面，我们将着重从主体与客体层面探讨阿多诺关于否定性时代境域中艺术和审美的更迭和革新，或者为应对这般现实境域主体与客体关系的深刻变动以及由此引致和带来对哲学美学与现实关系的更动等。

主体与客体问题，在阿多诺这里说到底关涉到"本体论问题"④，或者说存在论问题，而绝非仅仅意味着认识论问题。需要指出，这个问题彻底地说

---

① Adorno, Theodor W., *Gesammelte Schriften*: Bd 10.1, Frankfurt am Main: Suhrkamp Verlag, 2003, S. 451.
② Adorno, Theodor W., *Gesammelte Schriften*: Bd 8, Frankfurt am Main: Suhrkamp Verlag, 2003, S. 230.
③ Adorno, Theodor W., *Gesammelte Schriften*: Bd 4, Frankfurt am Main: Suhrkamp Verlag, 2003, S. 177.
④ 俞吾金、陈学明：《国外马克思主义哲学流派新编》上卷，复旦大学出版社2002年版，第171—172页。

是由"彻底启蒙的世界"或现代文明自身困境而历史地凸显和展露出来的①，当然也是哲学美学面自身缺陷和限度等问题的反映。主体与客体问题显然不仅是理论问题，而且是实践问题，或者说存在论意义上理论与实践统一问题。事实上，阿多诺所道说艺术和文化批判的"历史辩证转向"，根本上就是由理论转向实践。②"音乐受制于历史辩证法，它也参与了这种辩证法"③论断，亦揭示了这一信息。主体与客体问题无疑本质地关联到阿多诺哲学和美学的存在论定向：虽然因阿多诺思想追求彻底性、持续性甚至绝对性否定而企图由肯定层面展开领会和把握殊为不易，但不可否认这一问题由存在论意义上有限地通达并开显出由主体与客体"互惠"和"非同一"等缠绕关系所折射的那种肯定性、救赎性意义的基底。需要注意，主体与客体问题史无前例地呼吁构筑牢靠的"道德防御墙"："在坦率的唯物主义动机中幸存的只是道德。"这与"主体第一性的解体"以及"客体优先性"折射出的"新的'唯物论'"④和"改变世界"的哲学首要性内在契合：伦理关系修复和重铸。那种惯于由认识论意义解读和阐释阿多诺主体与客体复杂关系的做法，可能由此而面临终结性重估。或许正是在此意义上，阿多诺一再强调美学应当以真理性为目标，根本上就是"特定的否定"：瞻望、揭破以及抗拒现代文明和社会主体与客体扭曲或异化自然关系状况以及否定地把握和通向主体与客体双重解放，但这绝非本雅明那种逃遁式的、非历史的"绝望的非现实性"。

探讨主体与客体问题，无论如何也绕不开自诩"回避一切美学论题"的"反体系"《否定的辩证法》。因为该著述最关本质地奠定了阿多诺思索这一问题的思想基底以及该问题的基调和方向，尽管如阿多诺所道说其哲学看法断不可直接套用于艺术和审美领域。⑤需要说明的是，这里绝非企图突出《否定的辩证法》与《美学理论》前后呼应、递进和承继的"体系关系"，

---

① Marder, Michael, "On Adorno's 'Subject and Object'", *Telos*, 2003（126）, pp. 41–42.
② Adorno, Theodor W., *Gesammelte Schriften*: Bd 10.1, Frankfurt am Main: Suhrkamp Verlag, 2003, S. 23.
③ ［德］阿多诺：《新音乐的哲学》，曹俊峰译，中央编译出版社 2017 年版，第 178 页。
④ ［日］细见和之：《阿多诺：非同一性哲学》，李浩原等译，河北教育出版社 2001 年版，第 133、148 页。
⑤ ［德］阿多诺：《美学理论》，王柯平译，四川人民出版社 1998 年版，第 441 页。

毋宁说如阿多诺与克拉考尔对话中坚持把理解其全部著述作为读懂其每一著述之前提和基础的观点所示：相互补充、反思和完善的关系。《否定的辩证法》所要阐发的关于主体与客体问题的核心思想，扼要说来如日本学者细见和之所示，即以"非同一性事物"为枢轴，颠覆和解除主体的暴力支配和霸权统治，聆听"客体的声音"以及昭示主、客体关系之"原史"。① 这里恐怕需要凭靠《否定的辩证法》所标示的存在论根基处的哲学与艺术之相互作用、互相通融奥秘的破解和澄明来体悟：侦测和把握阿多诺缘何面对充斥人自身的异化、堕落与物的迅猛扩张和膨胀的西方现代社会而有所热望地转向艺术和审美领域的晦暗线索和深层动因。这既是批判和改造传统哲学和美学的思想需要，也是诊断和疗救启蒙和文明的历史需要。

主体与客体问题在西方传统哲学和美学那里，往往最关本质地表现为"主体第一性"思想传统，在阿多诺看来就是同一性哲学传统，乃至唯心主义哲学传统。阿多诺斩钉截铁地揭示出"唯心主义"与"禽兽"或"动物"的内在必然关联：

> 一种道德自决的能力被派给人类，作为一种绝对优越性——一种道德利润，但同时被秘密变成统治权的名义——对自然的宰制。所谓人有立法支配自然的超验名分，其真面貌在此。康德所说的伦理尊严是一种差别规定，是针对动物。它倾向将人视为例外于自然，造成其人性随时有骤变成非人之虞。此说没有为同情留下余地。康德主义者最憎恶的莫过于想起人之类于禽兽。唯心论者谩骂唯物论者时，都有这个禁忌作祟。禽兽之于唯心主义体系，实犹犹太人之于法西斯主义。将人当动物谩骂——这是如假包换的唯心主义。无条件、不计代价否认动物有得救的可能，是它的形上学不容商量的界限——贝多芬那些阴暗的特征与此确有关联。②

---

① ［日］细见和之：《阿多诺：非同一性哲学》，李浩原等译，河北教育出版社2001年版，第75—76页。
② ［德］阿多诺：《贝多芬：阿多诺的音乐哲学》，彭淮栋译，联经出版事业股份有限公司2009年版，第153—154页。

其最核心特征如"绝对性概念的统治和偏好"① 所示："哲学帝国主义"② 与主体—客体伦理的陨落。这种传统，实质上是以破坏、遗忘以及遮蔽甚至牺牲对象或客体鲜活而复杂的客观历史以及实践状况为代价，换取主观、外部意义世界的完整性、封闭性、连续性以及纯粹性等"统治权的名义"，由此造成理论与实践、主体与客体的疏离或隔断状态。《否定的辩证法》和《美学理论》等早已预示：黑格尔、胡塞尔等哲学美学，就此而言堪称典型范例。由此看，在这种哲学美学界域中，那些被界定为或贴上例外、偶然、异类以及杂质等标签，如种族灭绝、蔑视个人生存之类事件注定处于封存或拒绝之中，或许只能归入禁令或禁忌之内。难怪阿多诺令人震惊地宣告：人类野蛮行径一直以来都遭受艺术封杀和禁忌。③ 更可怕的是，艺术与"哲学帝国主义"的媾和：艺术法西斯主义所鼓吹和施行的纯粹同一化和绝对一体化原理与当今深度主体化、总体性社会生活的"选择性亲和性"。即说，阿多诺要求美学面向复杂现实状况的本质直观和修复能力。④

主体始终处于绝对性和霸权性地位，客体则处于绝对的被表述、被支配和被统治地位：主体与客体之间巨大"道德鸿沟"和"自然帝国"。福柯《知识考古学》"导言"中所道说"主体哲学传统"也暗示出这一信息。鉴于此般思想和文明困境，阿多诺提出与此相对的"客体优先性"著名观点。这一观点被多数研究者视为"认识论乌托邦"，如哈尔哈特·施威蓬豪依塞尔、马丁·杰伊等。"客体优先性"作为阿多诺《否定的辩证法》明确倡导和阐述的纲领性观点，凸显其企图由认识论乃至存在论层面突破"主体第一性"哲学美学传统：主体与客体关系的如此本质性更动必然指向本体论或存在论意义的革命性澄清和开显。特别需要注意，这里绝非竭力以客体取代或替换主体而篡夺其所占据的"皇位"，毋宁说旨在颠覆和废除整套"等级制度"⑤ 或具备强制规范功能的"规则体系和秩序"，以及历史地诊断和把脉

---

① Adorno, *Against Epistemology: A Metacritique*, London: Polite Press, 2013, p. 28.
② [德] 阿多尔诺：《否定的辩证法》，张峰译，重庆出版社1993年版，第189页。
③ [德] 阿多诺：《美学理论》，王柯平译，四川人民出版社1998年版，第278页。
④ Feola, Michael, "'Redemption of the Many in the One': Adorno, Damaged Life, and Aesthetic Reparation", *Soundings-An Interdisciplinary Journal*, 2010 (3), pp. 213—214.
⑤ [德] 阿多尔诺：《否定的辩证法》，张峰译，重庆出版社1993年版，第178—179页。

充斥着"交换价值""自然支配作用"以及"绝望和毁灭"诸如此类的现时代状况:"唯物辩证法"范式的凸显。阿多诺斩钉截铁地判定:"正是由于转向客体的优先地位,辩证法才变成了唯物主义的。"①

阿多诺意味深长地说:"认识的乌托邦是把非概念与概念相拆散,不使非概念成为概念的对等物。"② 这里既反映出"非概念"或客体,包括作为客体的主体以及其他实践活动等的"总体性性幻象"厄运:"现存东西的封闭内在性关联"神话③或主体魔法下的"同一性神话"。同时,也折射了阿多诺对主体与客体关系的伦理限度和历史限度洞察:直面客体与重返主体,而这迫切地召唤艺术和审美力量。下面,我们试图在如此这般复杂历史和思想境况中领会和把握"客体优先性",特别是"客体优先性"与艺术和审美的幽微关联。

由认识论上看,"客体优先性"凸显了"差异优先性"这一意蕴④。该论断触及《主体与客体》所说的主体与客体间的非支配关系,同时又相互介入的"区别状态"或"自由交往状态"⑤,也一定地通达《否定的辩证法》所言"事物的辩证法"与"方法的辩证法",就此而论无疑是深刻的。问题是,把"客体优先性"领会和把握为"差异优先性"是否全然反映或触及了"客体优先性"的奥秘呢?特别地,"客体优先性"实现了对"关系"概念的本质性开启与历史性昭示,即"主体—客体":包括概念本身、理论本身在内的客体乃一种关系性、过程性、生成性的历史实存,主体与客体之关联也由此而决定性地转向复杂、矛盾、多维、立体的"星丛"关联,或凸显为相互"构成"、扭结和缠绕的艺术状态。其中,蕴含着生成与完成、对立与一致、特殊与普遍以及肯定与否定等诸种力量。诚如阿多诺所言:

---

① [德] 阿多尔诺:《否定的辩证法》,张峰译,重庆出版社1993年版,第190页。
② [德] 阿多尔诺:《否定的辩证法》,张峰译,重庆出版社1993年版,第8页。
③ [德] 阿多尔诺:《否定的辩证法》,张峰译,重庆出版社1993年版,第403页。
④ 郑伟:《经验范式的辩证法解读:阿多诺"否定的辩证法"研究》,北京师范大学出版社2015年版,第153页。这种释读,特别地基于对阿多诺"否定辩证法"的认识论发掘而获得的深度洞察。
⑤ 上海社会科学院哲学研究所哲学研究室:《法兰克福学派论著选辑》上卷,商务印书馆1998年版,第210页。

> 客体……向对它置身其中的星丛的意识敞开内心。……对事物身处其中的星丛的意识相当于对这个星丛的译解，这个星丛一经出现，它便已在自身中带有个别……客体中的历史只能靠一种知识来拯救，这种知识留意客体在它同其他事物关系中的历史的地位价值，即某种已被意识的并被知识改造的东西的现实化和浓缩化。在客体的星丛中，对客体的认识是对客体自身中积淀的过程的认识。作为一个星丛，理论需要围绕着它想打开的概念转，希望像对付一个严加保护的保险箱的锁一样把它突然打开：不是靠一把钥匙或一个数字，而是靠一种数字组合。①

如此，阿多由本雅明那里借用并经本质性改造的"星丛"概念——譬如"星丛"总是与"论说文"相关联，包括"真理的印记""历史的意义"等②——恐怕其认识论、存在论意图就在于竭力图绘和把握由"主体—客体"所表征和标识的主体与客体复杂关系状况：同一性与非同一性缠绕状态，即"终极二元性"和"终极同一性"以及"超越性的第三者"必须彻底否弃掉③。这说明，阿多诺试图凭靠"星丛"而不折不扣地透视和把握主体与客体及其复杂关系那种实际现实特点、结构、脉络、意义取向等状况，特别是主体与客体双重解放，而且深刻预示着："主体与客体的分离不能靠还原于人类甚至还原于绝对孤立的人来消除。"④ 因为这般"把客观性还原于主体"的所谓"认识论反思"，说到底是一种遗忘和扼杀客体以及其与主体间复杂关系的"浪漫批判"。由此，所谓"客体优先性"，在最关本质意义上可能指向"关系优先性"（实践关系），由此而在认识论意义上构成了对那种遵循以"因果性设定形式逻辑的原则"和"无矛盾性"或"赤裸裸的同一性原则"⑤的"主客分离式"认识论的本质性击穿和克服，因而助益于诊断和勘探"持续灾难性现时代"。或许在上述意义上，"差异优先性"这一归结和指涉，固

---

① ［德］阿多尔诺：《否定的辩证法》，张峰译，重庆出版社1993年版，第161页。
② 张亮：《福柯、阿多尔诺和跨文化研究观念》，见何萍、吴昕炜：《法兰克福学派与美国马克思主义》，人民出版社2014年版，第137—138页。
③ ［德］阿多尔诺：《否定的辩证法》，张峰译，重庆出版社1993年版，第172—173页。
④ ［德］阿多尔诺：《否定的辩证法》，张峰译，重庆出版社1993年版，第50页。
⑤ ［德］阿多尔诺：《否定的辩证法》，张峰译，重庆出版社1993年版，第230页。

然深刻反映了"客体优先性"的一些要义,特别地凸显了基于"经验范式"而与"平等"和"自由"等概念的深切关联,但同时仍然有悖于阿多诺所强调"差异不能被绝对化"①和"同一性具有根深蒂固的真理性"的告诫等,恐怕难以全然道出"客体优先性"的认识论奥秘,尤其是由以克服和超越那种否定和拒斥矛盾必然性的"主客分离式"传统。而且一再隐性强调和闪现的"关系"概念,最关本质地通向艺术和审美领域:主体与客体的"自由关系"状态。我们可以通过阿多诺对布莱希特和柏格森批判来领会和把握:

> ……不仅客体被感知的方式依赖于这种个性化即区别化,甚至区别化本身就是由客体决定的,可以说,在区别之中客体要求自己彻底的恢复。同样,客体需要的主观反应的方式反过来要求不断地修正客体。这是在自我反思中、在精神经验的骚动中进行的。隐喻地说,哲学客观化的过程垂直的和时间内的,以与科学的水平的、抽象量化的过程相对。柏格森的时间形而上学大抵如此。②

需要进一步指出,"客体优先性"作为阿多诺宣称"哥白尼革命"的核心构件③,标示了哲学美学认识论传统的撕裂和刺破,必然指向存在论意义的崭新开显,因为这关系到存在论根基处的革命和澄清,尽管阿多诺竭力规避甚至拒斥"本体论"。或许正是在此意义上,巴迪欧(Alain Badiou)《瓦格纳五讲》断言"否定辩证法"是对唯物辩证法的深化和拓展④,它意味着:主体与客体问题最特别地奠定在"唯物辩证法"上,更确切说乃"非同一性"或"非同一者"所标识和表征的存在论基底之上⑤。这种基底,归根

---

① 上海社会科学院哲学研究所哲学研究室:《法兰克福学派论著选辑》上卷,商务印书馆1998年版,第220页。
② [德]阿多尔诺:《否定的辩证法》,张峰译,重庆出版社1993年版,第46页。
③ 上海社会科学院哲学研究所哲学研究室:《法兰克福学派论著选辑》上卷,商务印书馆1998年版,第212、215页。
④ 转引自肖绍明:《不可能性之真——巴迪欧论阿多尔诺的否定辩证法》,载何萍、吴昕炜主编:《法兰克福学派与美国马克思主义》,人民出版社2014年版,第176—183页。
⑤ 吴晓明:《阿多诺对概念帝国主义的抨击及其存在论视域》,载《中国社会科学》,2004年第3期。

到底指向"实践关系"或"对象化的活动",尽管有研究者认为这种指向匮乏本质一贯性,而且未获彻底的澄清。这在如下"哲学理想"和"哲学经验"中获得了切实昭示:"对人们实践的解释将因为人们在实践而成为多余的"①,以及"不以任何模式为准的对象的多样性纷纷涌现出来,或者说哲学正在寻觅这种多样性;哲学真正沉浸于多样性中……哲学无非就是以概念反思为中介的、完整的、未经删减的经验"②。正因如此具有实践性、对象性的存在论视域,"客体优先性"摒弃封闭性和抽象性而导向开放性和现实性:"完整的、未经删减的经验",即艺术与哲学融合的实践。由此,才可能真正击中并跃出"主客分离式"哲学美学认识论传统或者黑格尔那种"还原或超越主体与客体的存在论":《启蒙辩证法》和《否定辩证法》揭示出该传统与资本主义精神和秩序的内在历史缠绕。譬如,"交换社会"把主体的客体化或"去人化",连同艺术和审美的冷漠特质一起推向历史顶峰。

"客体优先性"作为"哥白尼革命",其使命和意义究竟何在呢?由根本上看,它隐藏着阿多诺诊断和救治西方现代文明危机这一深层意图:艺术和哲学不仅未振作起来,反而陷入堕落困境中。在阿多诺看来,"同一性哲学"或"本原哲学"非但无法、无力诊断和救治启蒙和文明危机,反而是"目的理性神话暴力"③以及"绝对的一体化"等灾难的"策源地""制造者"和"辩护者"。就此而论,阿多诺针对性地提出以"否定的历史哲学"为根底、以"客体优先性"为核心纲领的"否定辩证法",其真正企图在于:整体自由地、历史批判地把握和呈现启蒙和资本主义文明危机,拯救和瞻望蕴含实践自由意识、完整的人、神圣自然、幸福社会在内的"美好世界"。如阿多诺所言,"客体优先性"所揭示的"非同一性","不单是意识的解救,也是和解的人类的解救"。④

于阿多诺而言,更关键的问题在于"客体优先性"所意味的认识论乌托邦要历史地贯通和把握一切客体或对象领域,根本上要求拯救和激活艺术直

---

① [德]阿多尔诺:《否定的辩证法》,张峰译,重庆出版社1993年版,第48页。
② Adorno, Theodor W., *Gesammelte Schriften*: Bd 6, Frankfurt am Main: Suhrkamp Verlag, 2003, S. 62.
③ [德]哈贝马斯:《现代性的哲学话语》,曹卫东译,译林出版社2004年版,第131页。
④ [德]阿多尔诺:《否定的辩证法》,张峰译,重庆出版社1993年版,第189页。

面现实的潜能：蕴藏着对现实进行全然、浑然地，而且不折不扣地、未僵硬化地、未畸形地体验和认识的潜能。由哲学到艺术如此自然的过渡和穿越，本质上得益于阿多诺《否定的辩证法》"序言"就业已创造性地提出的"哲学经验"概念①：概念反思的形而上与艺术反思的形而下共在的"主体—客体星丛"或联通之道。由此看，格雷特尔·阿多诺和罗尔夫·蒂尔德曼把施莱格尔的名言"被称之为艺术哲学的东西经常二缺一：或缺哲学，或缺艺术"作为《美学理论》的题词②，或许已经超出施莱格尔的原意而被赋予或注入新意义：阿多诺始终一贯强调的艺术与哲学间互塑性、互哺性。需要进一步指出，阿多诺竭力打通和联结哲学与艺术和审美领域，彻底说其核心动机和决定性目的或可归结为"主体与客体两重解救"："瞻望恐怖、抗拒恐怖，用不打折扣的否定意识牢牢把握更美好事物的可能性。"③

正是在如此境况下，阿多诺展开对艺术和审美现实状况的截然不同于传统美学的思考和探索，艺术和审美由此获得了"仿作理性"意义上的新定位和新意义：主体与客体问题势必呈现出"真理性"状况和风貌——"超越表现的显现者"或"不属于表象的表象层面"、"希望的真实性"以及"被支配者与自然或材料的支配的辩证法"等。④ 艺术以仿作和合理性的辩证造型为核心标识，而且艺术真理性最关本质地意味着个别者、特殊者以及非同一之物等的客观绽放和昭示，要紧的是这只能凭靠那种基于"特定否定"的哲学反思来确保和获得。⑤ 之所以如此说，原因还在于《音乐与语言残稿》所示：音乐的历史在于它成为它自己的主宰而无可避免地发展了对自然的宰制以及其"配器化（Instrumentalisierung）与它产生意义"的不可分性。由此，我们理应在艺术参与认识或者说艺术真理性意义上来领会和把握主体与客体

---

① ［德］阿多尔诺：《否定的辩证法》，张峰译，重庆出版社1993年版，序言部分第2页。
② ［德］阿多诺：《美学理论》，王柯平译，四川人民出版社1998年版，第610—611页。
③ Adorno, Theodor W., *Gesammelte Schriften*：Bd 4, Frankfurt am Main：Suhrkamp Verlag, 2003, S. 26.
④ ［德］阿多诺：《贝多芬：阿多诺的音乐哲学》，彭淮栋译，联经出版事业公司2009年版，第308、309页。
⑤ Adorno, Theodor W., *Gesammelte Schriften*：Bd 7, Frankfurt am Main：Suhrkamp Verlag, 2003, S. 192、193. ［德］阿多诺：《美学理论》，王柯平译，四川人民出版社1998年版，第222、224页。译文有改动。

问题，而这聚焦于艺术与"主体—客体"概念的亲和性。"主体—客体"概念，最特别地表现在对奥斯维辛所提示"命运与支配的世界"（"只有人里面的魔是人性的"）的特定否定和历史超克：主体与客体既相互中介和缠绕，同时又相互独立和区别，而且颠覆和超越"同一性"统治秩序。① 而这根本地关涉到艺术在面对和反思人类生活灾难之思想事业中的历史使命和意义。

  由《否定的辩证法》之"序言"以及"超越纯哲学同实体或形式科学领域的公开分离"的"决定性动机"，或许可以透视出阿多诺对"主体—客体"概念所寄予的深刻用意："真理，即主体和客体在其中彼此渗透的星丛，既不还原于主观性，也不还原于存在，即海德格尔打算模糊其同主观性的辩证关系的存在。"② 具体而言，一方面竭力克服以往哲学和美学自身的"公开分离"缺陷和"纯哲学"限度，另一方面努力尝试直观和弥合充斥"艺术异化或消亡""个体解体""集体退化"等启蒙和文明危机状况的撕裂和刺激，即"实体或形式科学领域"的冲击和挑战。就传统哲学美学而言，特别地突出为主观主义与客观主义二分的歧义性，主体与客体关系以主体意识形态霸权为标志而走向分裂幻象和魔性，或者说"主体与客体的虚假同一性"③，而且这种关系被抽象地列为不言自明性的禁忌。阿多诺刻画了艺术和审美中如下状况：主体与客体均为契机，其间关系是历史辩证、缠绕以及互惠的，而且指向一种旨在获取"平衡""同一性"同时又是不稳定和不牢固的"平衡关系"，如此本质地通向艺术的谜语特质而致使其完整的真实性或真理性的捕捉和把握不得不凭靠"解释性的理性"或者干脆说"哲学的阐释"。如此，阿多诺一方面竭力戳破和揭露传统哲学美学所形塑和构造的那种魔幻性和禁忌，扭转、修正和重塑美学的历史方向和任务。譬如，《美学理论》判定："美学的任务，就在于探索记录这些要素（引者注：艺术作品结构、技法、观念者、客观性以及真理内容等）的地形。"④ 另一方面企图由此以透视和发

---

① Lui, Catherine, "Art Escapes Criticism, or Adorno's Museum", *Cultural Critique*, 2005 (60), p. 217.
② ［德］阿尔多诺：《否定的辩证法》，张峰译，重庆出版社1993年版，第127页。
③ ［德］阿尔多诺：《否定的辩证法》，张峰译，重庆出版社1993年版，第348页。
④ ［德］阿多诺：《贝多芬：阿多诺的音乐哲学》，彭淮栋译，联经出版事业公司2009年版，第309页。

掘艺术和审美现实状况所折射和标示出来的新经验、新趋向以及新样貌等，以更好地反哺哲学。而这里关键就在于艺术真理性与哲学的内在通融性和契合性，这种真理性相当程度上在于揭破和表露现实中主体与客体"剧烈解体和暴力冲突"，同时否定地映射出突破和跃出如此现实困境的客观解决方式或方法，即通达主体与客体和谐状态的可能方式或路径。因为"艺术性的任务经常包含着客观的解决方式，这当然不是任何数学式的确切意义上的解决方式，也非单义的解方程的方式"①，而且更本质地关涉到艺术和审美的存在论意义，以及维尔默所道出和提示出的艺术在与占统治性地位的"现代性理性形式"进行破解和抗辩，由"用和解哲学对抗非理性主义"潮流和方案解放出理性批判和实践批判的过程中历史角色和使命问题②。毕竟在阿多诺那里，艺术和审美一方面已经被历史地置于与启蒙和资本主义复杂缠绕的文明进程中，另一方面深层蕴藏着历史认识、超越、解放和拯救性潜能，因而对哲学自身能力结构以及其面对现代性危机而具有不可替代的改造、完善甚至革命意义。

艺术和审美引致或带出的"主体—客体"状态，最彻底而且最关本质的意蕴指向自然和人类的双重拯救和解放。这在阿多诺《主体与客体》如下判断中获得了提示和反映："主体与客体的关系应该处于人们相互之间以及人们及其对立物之间的相安无事状态。相安无事是彼此不存在支配关系的但又存在各自介入的区别状态。"③ 此番断言，把主体与客体之关系历史地引向"具体乌托邦状态"，诚如阿多诺《美学理论》所言，在与经验现实关系中艺术救赎状态意味着："一切都如其所是，但一切又全然不同。"④ 就存在论而言，如此这般"乌托邦状态"由根基上看，最特别地奠基在实践活动或对象性活动这一枢轴和核心之上，尽管此般枢轴和核心在阿多诺这里并未获得彻底、全面的澄清和昭示。主体与客体之完整历史关系的应然、完满呈现和展

---

① [德] 阿多诺：《美学理论》，王柯平译，四川人民出版社1998年版，第288页。
② [德] 维尔默：《论现代和后现代的辩证法》，钦文译，商务印书馆2003年版，德文版前言部分第3页。
③ [德] 霍克海默、阿道尔诺等：《法兰克福学派论著选辑》（上卷），商务印书馆1998年版，第210页。
④ [德] 阿多诺：《美学理论》，王柯平译，四川人民出版社1998年版，第10页。Adorno, Theodor W., *Gesammelte Schriften*: *Bd* 7, Frankfurt am Main: Suhrkamp Verlag, 2003, S. 16. 译文有改动。

露，虽然受制于阴郁和黯淡时代境域、病态性存在方式、偏执性认识和话语方式等，而艺术和审美作为一种认识和存在方式，凭靠阿多诺所声称的精神性和现实性、真实性与虚幻性等，而实现对主体与客体如此自由、整体关系的领会和把握以及仿作和重塑。由此，阿多诺对艺术真理性的历史强调，或许不仅关涉到现代文明普遍性困境，包括人与自然、人与人之间不自由和奴役关系状况的揭橥和批判，也指向和含摄着对更好社会生活，如主、客体之间的完满状态，施以特定否定地把握和预示。如此，艺术使命和意义恐怕不只关乎康德《判断力批判》所言"联结和桥梁作用"、黑格尔《美学》所言的"绝对精神的肉身""具有令人解放的性质"等，更多地指向参与人类生活意义危机的诊断和破解，特别是自然和人类的双重拯救和解放。主体与客体的"否定辩证法"，特别隐微地指向、支撑并昭示这一拯救和解放，绝非意味着彻底绝望、彻底悲观和彻底犬儒化如此这般的所谓"绝对否定的陷阱和泥淖"。①

下面探讨语言性与集体性主体等问题，以深化和澄明"主体—客体"视域、意蕴结构等。根据阿多诺判断，包括图像语言和文字语言在内的语言性乃是真正艺术主体：语言性或语言性存在。由此，创作者、生产者以及接受者等，则是通过语言而存在的"虚假的主体"。艺术语言性既指涉个体性，又因与集体经验联结而指向集体性。海德格尔把语言视为"存在之家"或许由此可以看出其中的隐晦踪迹。艺术和审美主体既非纯粹经验主体，亦非"哲学的超验主体"。如此语言性主体并未否定和遮蔽掉主体与客体之间非同一性关系，毋宁说暗示和引出其中的"历史辩证法"或"实践辩证法"。在"真实的艺术和审美"中，自上而下的整一性与自下而上的整一性，以及一体性、单面性与多维性、多样性之间的矛盾和对抗，包括语言性的存在方式，显然绝不会彻底走向终结或消失殆尽。而这与如下状况密切关联：现实历史中主体与客体处于交融和分离复杂糅合状况，特别是日益走向分裂和对抗状况——人和艺术自身也处于"分裂状态"或"解体状态"。"主体—客体"概念由此关涉到"艺术和审美真理性"的揭露和预示：既映射和证实了客体普遍受奴役状况及其优先性的历史、本质要求，同时也说明和意味着通

---

① 参见［德］阿多尔诺：《否定的辩证法》，张峰译，重庆出版社1993年版，第188—189、374—376页。

过语言形式律而呈现基于分解和过滤客体世界的"幻象性批判"或"客观性批判"以及"乌托邦批判"。如此，艺术由根本上要通过"主体—客体"这一途径来抵达和抓住真理性，而且此般真理性在主体历史地觉醒和解放之前难以觉察和洞识。这便引向对"天才""独创性"以及"奇想"等主体性审美概念的重审和批判：主体解放或"主体—客体"自由浮现的障碍清除作业。"天才论美学"的误区在于，否认"制造或构造契机的重要意义"，过分强调艺术绝对原初地位以及艺术的创造性（natura naturans）等：主体陷入"绝对造物主"境地，客观性或客体遭到扼杀和封存。① 这助长了如下观念或做法：一是艺术有机性和无意识性的"非理性主义化"，二是凭靠个体性对抗不合逻辑的普遍性，并转移对社会现实的关注。不仅如此，由于启蒙和资本主义世界日益理性而疯狂地走上"去人化"和"反启蒙"的歧路，"天才"概念与主体自由、神学特性、拜物教等历史地裹挟在一起，显著地暴露出其意识形态化和浪漫主义化特权。鉴于此，恐怕唯有强调和发掘"否定历史哲学"，尤其是"主体—客体"意义潜能，"天才"概念的真理性或救赎特质方可由艺术和审美对象或客体的开放性、可信性以及自由性等交织和缠绕状态中获得昭雪和显现。

"独创性"概念历史地受到"天才"概念牵连，但显然不止于此。"独创性"概念最特别地反映出如下状况：它与艺术乌托邦特质或新事物、新世界关系亲近，而且与启蒙和资本主义社会里自由特权主义、生产神话，尤其与"消费品的霸权"根本一致，尽管艺术自律性竭力廓清和割裂"独创性"与市场社会或交换社会的亲和关系。② "消费品的霸权"或者商品拜物教历史地意味着，一种特别是以独特性、新奇性以及新鲜感等为崇拜对象的伪多元主义文化，或者干脆说是资本主义驱动、填充和主宰的文化意识形态。"独创性"概念如今状况，已经退却到艺术和审美领域之中，虽然业已本质地关涉到艺术和审美的救赎状态——"独异状态"或"主体—客体"状态，但不可否认，它与资本主义意识形态复杂历史纠葛也给艺术和审美留下了通向绥靖、虚假以及屈服的后门或缺口。再看一下"奇想"概念。"奇想"作为创

---

① ［德］阿多诺：《美学理论》，王柯平译，四川人民出版社1998年版，第294—295页。
② ［德］阿多诺：《美学理论》，王柯平译，四川人民出版社1998年版，第297页。

造、"虚构"以及"建构"艺术存在物的能力或观念，不仅关联到艺术和审美主体克服和破解现实危机的潜能，特别映射出对资本主义劳动分工体制神话的否定和跨越，由此构成对那种与"所有超越现实之物的联系"遭到割裂，而且局限于"复制既存之物的范围"的现代科学理想的批判和反哺。需要指出，"奇想"概念绝非意味着漠视和亵渎历史和现实状况，毋宁说是以历史和现实之物为媒介而又与其本质区隔开来。诚如阿多诺所示："对艺术来讲，取得非存在物的唯一途径是通过存在物的媒介。"① "奇想"与社会劳动或实践彼此纠缠，而且与批判性反思或"真正的反思"历史地关联在一起。反思蕴藏在艺术和审美内部，绝非外在嵌入和强制的，那种犬儒性、虚假艺术和审美在机械复制、理性宰制等共同构织的"虚假世界"或"表象世界"面前缺乏刺透和反思的资质。这一点深刻提示出阿多诺对艺术和审美的根本要求：抵制并超越把"感性知觉与理智理解"相分裂的认识论伎俩，包括堕落、平庸的艺术和审美自身。由根本上讲，"奇想"概念意味着"发明艺术作品创作方法和解决问题途径的才能"，以及开凿"自由的领地"。如此，"奇想"概念一定意义上预示了"主体—客体"意义潜能。此外，艺术客观性与具体化问题也是不可低估的。阿多诺道说的艺术"过程本质"表明其自身就是一个历史辩证过程，特别地显示为主体与客体历史辩证过程。艺术客观性在新古典主义（Neoclassicism）、深度文明危机等推动下而日益突出起来，甚至发展到了激进和极端地步：在法西斯主义艺术和审美观念中就可以获得确证——"废墟的审美化"。法西斯主义如下这番话映射了这一信息："只有主体的退位，才会在这个成熟的自由主义时代里为万物创造安全和福利的条件。"② 最彻底地看，"客观性的理想化"无疑就是艺术的"自我异化"（self-alienation）。而事实是，客观性与主观性是历史缠绕和交融的，主体不可被连根拔除和彻底"退场"，否则就是主体与客体的双重灾难。"审美具体化"的深层矛盾性，显著地体现在艺术整合和统合作用下主体与客体、形而上的永恒性要求与形而下的历史性要求、辩证关系与和解关系等之间的历史悖论和矛盾。需要保持警惕的是：艺术和审美具体化与社会具体化之间的同谋结构——

---

① [德] 阿多诺：《美学理论》，王柯平译，四川人民出版社1998年版，第299页。
② 转引自 [德] 阿多诺：《美学理论》，王柯平译，四川人民出版社1998年版，第301页。

艺术和美学历史地生成为"反艺术"与"反美学"。特别地，主体与客体间复杂悖论和矛盾，也深刻地昭示艺术和审美的内在乌托邦特质。综上所述，"主体—客体"概念传递或反映出主体与客体的"实践辩证法"或者说"否定辩证法"信息。艺术之为艺术，关键在于持续性地否定、反叛和越界。

以上几点探讨，映射了阿多诺对艺术和审美中"主体—客体"问题的独特思考和探索，特别深刻地引出和提示艺术和审美对人类生活危机批判、关怀和救赎这一本质性责任和意义。下面我们将进一步探讨艺术和审美面临启蒙和文明危机境域时的反思性、拯救性意义，尤其是对人与人以及人与自然等关系展开内在批判和否定性救赎这一信息。法兰克福学派著名学者维尔默批判霍克海默和阿多诺由人与自然关系推导人与人关系的做法，该批判由历史哲学、道德哲学以及哲学美学等角度看，尚有进一步澄明和阐释的空间。彻底地看，如此认识论层面的理论外观批判，显然未完全、真切触及"启蒙辩证法"的存在论根基即所谓实践或对象性活动，尽管彼时此般根基绝非处于全然澄明和展开状态。启蒙和文明危机，突出地体现在人与自然关系恶化及其泛滥，尤其是那种控制性、支配性和统治性关系，已经深度而合理地浸透和蔓延至启蒙和资本主义领域：正在朝向"人与自然关系"倒退。《启蒙辩证法》竭力坚持启蒙与资本主义双重批判，恐怕也是源于此。[①] 这构成了阿多诺探讨"主体—客体"问题的最深刻历史和现实境域。

在"虚弱无力存在状态""理性和技术霸权主义"以及"纯粹同一性原则"和"纯粹一体化控制"等日益泛滥的文明境域中，艺术和审美到底应当怎样拯救人类自身？或者说面对如此重重困境究竟应当塑造或期许什么样的主体与客体关系呢？阿多诺在《主体与客体》中明确指出："拯救人类的唯一途径就是通过主体意识。"[②] 这里传递出两点信息：（1）"主体第一性"传统的颠覆和瓦解，即主体与客体之间那种独裁性和霸权性关系必须废除和终结，而这构成"客体优先性"诞生的核心条件。（2）"主体意识"需要历史地觉醒、解放和重铸，由此而通向充分自由、健全和谐以及完满幸福的新主

---

① [德] 维尔默：《论现代和后现代的辩证法》，钦文译，商务印书馆2003年版，第7页。
② 上海社会科学院哲学研究所哲学研究室：《法兰克福学派论著选辑》上卷，商务印书馆1998年版，第210页。

体意识——"主体—客体"。由此看来,包括人与自然以及人与人等关系在内的主体与客体关系之历史重塑和再造,在否定性时代境域下乃拯救和解放人类自身的根本途径。在艺术和审美中,这特别地反映在"客体优先性作用"或"首要作用"上,而且本质地关联到艺术和审美自身的历史重塑。艺术作为一种"认识形式",需要整体地把握和安顿社会现实这一客体:艺术乃包含并改变着经验世界要素的"人工制作物",进言之就是"分解与重构的双重过程",在此过程中现实被赋予应有权利或地位,包括原形毕露和意义塑形。由此,艺术无疑是对现实的"遮蔽性"和"全能性"或"虚假性"等真正揭露和把握:"持续灾难性现时代"艺术不可避免地反映、沾染以及积累着"总体化的现实"或"全能的现实",尤其是受压制者、受破坏者等的记忆或经验。特别地,艺术和审美中"客体优先性作用"或"首要作用",根本在于"协助生活摆脱支配的潜在能力",而且往往在"摆脱种种客体的过程中显现出来"①,尽管艺术和审美同时对"客体优先性作用"的否定和解构亦是显而易见的。在此需要指出,如此"优先性作用"绝非意味着浪漫主义、空想主义以及个人主义和庸俗主义等所鼓吹和惯用的那套架空并毁灭现实的解决方案或愿景,而是深刻地突出艺术和审美的"社会现实与自律性"这一历史辩证双重属性②,即直面和反思现实,以及基于如此现实而否定地预示和展望更好世界的潜能。如此双重属性深刻指向:艺术和审美对主体与客体关系的深度历史地重置和重铸,即由支配性关系中突破和解放出来,而走向非统治性或隶属性的、如其所是的"和平"关系。这要求主体与和客体双重解放,即"主体—客体"状态——需要首要诉诸现实生活中主体与客体的解体状况或"同归于尽"状况:"全能的现实与无能的主体之间的失调引出这一情境:由于现实经验超出主体的控制,现实变得不真实了。现实的过剩就等于现实的毁灭。通过扼杀主体,现实本身变得毫无生气。"③ 说到底,这通向阿多诺所说的"救赎状态",而且根本地映射出艺术和审美切入或介入社会现实并以反思这般现实为基础的真理性要求和志向。相反,艺

---

① [德] 阿多诺:《美学理论》,王柯平译,四川人民出版社1998年版,第441页。
② [德] 阿多诺:《美学理论》,王柯平译,四川人民出版社1998年版,第385页。
③ [德] 阿多诺:《美学理论》,王柯平译,四川人民出版社1998年版,第55页。

术和审美退出或矮化现实经验世界,必将沦为犬儒主义、虚无主义等占据的领地,而历史地丧失"拯救骷髅"或者拯救受囚禁者、被榨干者以及受破坏者等的潜质。① 艺术和审美的这种救赎性和真理性,根本说来就是指向人类生活意义和终极价值定向的否定性展露以及允诺性指引。

"主体—客体"概念既关涉到艺术和审美救赎和解放问题,也关涉到启蒙和文明危机的诊断和疗救问题:不可避免地依靠和仰仗"转向主体"②,以铸牢和夯实能防止、抵制以及对抗奥斯维辛这般灾难的"正当意识"以及独立而成熟的人之观念。阿多诺企图凭靠艺术与哲学间历史互通和互哺,以实现对现代文明危机的历史诊断、批判和拯救:对那种能够奠定、支撑以及引致人与自然、人与人之间全面、普遍自由关系的理性的历史呼吁、激发以及挖掘和展露等。③ 我们可以尝试通过如下这段话来体认这一意蕴:

> ……为人类考虑,艺术的非人性化(Unmenschlichkeit)必须胜过世界的非人性化。艺术在尝试揭开这个世界为了吞掉人类而构想出的谜语。世界就是斯芬克斯,艺术家就是失明的俄狄浦斯,艺术作品就类似于他的聪明的回答,这一回答把斯芬克斯推下了深渊。这样看来,一切艺术都与神话相对立。在艺术的自然"素材"中已经包含着这一"回答"。这一个永远包含在素材之中的可能的和正确的回答,虽然有些模糊不清。给出这一答案,把已经存在的东西表达出来,并以本身一直包含在那个多义的戒命(Gebot)之中的"一个意义"来实现那个多义的戒命,这同时就是新的戒命,这一新的戒命因实现了旧的戒命就已经超越了旧的戒命。④

---

① Ross, "Dialectical Aesthetics and the Kantian Rettung: On Adorno's *Aesthetic Theory*", *New German Critique*, 2008 (104), p. 55.

② Adorno, Theodor W., *Gesammelte Schriften*: Bd 10.2, Frankfurt am Main: Suhrkamp Verlag, 2003, S. 676.

③ 这在马克思《1844 年经济学哲学手稿》中就有本质性反映和揭示。马克思提出了"对自然的人道的占有""为了物而同物发生关系""按照美的规律来塑造对象性的世界""全面、自由关系""自由的实践"等观点。这构成了阿多诺哲学和美学的深层企图和动力。

④ [德] 阿多诺:《新音乐的哲学》,曹俊峰译,中央编译出版社 2017 年版,第 239—240 页。

第四章 "文化工业专制主义"批判：生产经验与消费经验

霍克海默和阿多诺在《启蒙辩证法》中竭力把由尼采到克拉格斯的启蒙批判一脉与由黑格尔、马克思、韦伯到卢卡奇的资本主义批判一脉施以马克思主义化的糅合和融通①，如此凭靠这般双重批判而企图窥探、揭破启蒙与资本主义复杂渗透、纠缠的现代文明危机奥秘。就此而论，那种断言阿多诺开启由否定和拒绝工业文明和启蒙理性出发的"批判资本主义的全新思路"的观点②具有一定合理性。如此"危机奥秘"，说到底就蕴藏在现代文明自身历史进程中，更为确切地说，根植于启蒙和资本主义固有精神原则、固有逻辑和固有动力的历史展开过程。它根本上指向社会合理化或区隔化、科技进步、文化民主化和自由化等诸般力量的"神话化"。譬如，"文明乐观主义"③神话、"娱乐工业体系"或"文化工业"（Kulturindustrie）神话以及马尔库塞所说的"压抑性文明"神话等。特别需要说明的是，如维尔默业已提示出法兰克福学派学术传统具有复合特质，霍耐特也讲经济学解释模型、社会心理解释模型以及文化—意识形态解释模型等相互补充、相得益彰④：阿多诺哲学和美学探索最关本质地反映出如此复合特质。阿多诺深刻指出："与审美自律性思想密切关联的自由思想，有赖于支配作用而存在；的确，

---

① [德] 维尔默：《论现代和后现代的辩证法》，钦文译，商务印书馆2003年版，第7页。
② 张一兵：《阿尔诺：永远的思想星丛——纪念阿多尔诺诞辰110周年》，见何萍、吴昕炜主编：《法兰克福学派与美国马克思主义》，人民出版社2014年版，第16页。
③ 王凤才：《从批判理论到后批判理论——对批判理论三期发展的批判性反思》，载何萍、吴昕炜主编：《法兰克福学派与美国马克思主义》，人民出版社2014年版，第208页。
④ Axel Honneth, *Die zerrissene Welt des Sozialen. Sozialphilosophische Aufsätze*, Frankfurt am Main: Suhrkamp Verlag, 1999, S. 32 – 36.

自由乃是一种普遍化的支配作用。这对艺术作品来讲也是如此。艺术作品越是想方设法摆脱外在目的，越是受到组成创作过程的自设原则的制约。艺术作品也正是如此反映和内化了社会的支配作用。若牢记这一点，那么在批判文化工业的同时就不可能不批判艺术。"① 经由"文化工业"批判，不仅可以进一步领会和把握阿多诺艺术和审美批判的文明史意义，或许亦可通达如此神话或魔力时代境域中艺术和审美困境的"伦理缺失"奥秘。

需要强调的是，阿多诺哲学和美学探索、文化批判等，尽管其思想根基存在一定含混性、矛盾性问题，但绝不表明其企图把"理性社会""极权社会"以及"交换社会"等，还原为纯粹的、甚至与人自身相隔绝的"理性自身"。细见和之《阿多诺》就蕴藏着如此具有浪漫主义、虚无主义等危险的解读倾向。或许源于此，阿多诺最关本质地强调艺术和审美直面和切入现代文明危机状况的反思性和拯救性潜能，尽管艺术和审美自身也不可避免地卷入如此危机之中：作为经验者、承受者以及共谋者。其中，"文化工业"历史地构成艺术和审美赖以生存和发展的提喻式语境："同一性"支配原则和逻辑、生产机制和"进步拜物教"（如商品崇拜、消费迷恋）。"文化工业"批判同时意味着艺术和审美批判。"文化工业"批判必须而且应当坚守阿多诺《最低限度的道德》所阐述的原则："迄今的文化业已败落，但这绝不证明要促成它的败落。"②

我们关注"文化工业"批判，归根结底在于挖掘、激发和释放艺术和审美的批判性认识、拯救性或救赎性潜能，特别地由此以回馈和反哺哲学，而达至对"文化工业"所提示"无意义性"现代世界的刺透和戳穿以及否定的拯救和筹划。

一、启蒙批判："思想的历史"与"进步拜物教"

我们前面有所侧重地讨论了艺术和审美在启蒙和文明的巨大变化和危机

---

① [德] 阿多诺：《美学理论》，王柯平译，四川人民出版社1998年版，第32页。
② Adorno, Theodor W., *Gesammelte Schriften*: Bd 4, Frankfurt am Main: Suhrkamp Verlag, 2003, S. 49.

冲击、挑战下的深度调适、更动甚至革命等问题。这里将转向艺术和审美所处社会文化语境，而这特别地聚焦于阿多诺反复批判的"文化工业"：既指向艺术和文化生产和消费的形式，同时也提喻了现代性危机语境。由此，我们尝试凭借"文化工业"批判，特别地窥破和捕捉艺术和审美与充斥恐怖、野蛮的现实世界之间关系危机[①]的深层奥秘。

阿多诺何以硬要把"文化工业"连同艺术和审美一起，作为启蒙批判与资本主义批判的核心标靶，或者说作为现代文明危机的典型症候或表征？"亲和性是启蒙辩证法的要旨。"需要警惕的是，如此这般"亲和性"（如"对范畴机器的同一性图式的确定的否定"）让"启蒙辩证法"摆脱退缩成"幻想"和"外部的无概念的措施"同时，也把它带入"同一性哲学"和"唯心主义"泥淖。[②] 我们从其海德格尔（"现代神话的制造者"）批判中便可管窥端倪：

> 海德格尔是受体系强制的反理智论者，是在哲学基础上反哲学。正像目前的宗教复兴不是它们学说的真理中而是从宗教最好应具有的哲学中获得神灵启示一样。只要人们进行追溯，不难发现思想的历史就是一种启蒙的辩证法。正是由于这个原因，海德格尔非常绝对地拒绝停留在历史的任何一个阶段上——像他青年时期也许被诱使去做那样——而是带着韦尔斯时代的机器跌进拟古主义的深渊，而在这种深渊中一切就是一切并能意指一切。海德格尔想占有神话，但他的神话仍然是20世纪的神话，仍然是被历史揭露的幻想。这种幻想之所以引人注目，乃是因为根本不可能使神话与现实的合理化形式调和起来（每一可能的意识都和现实纠缠一起）。海德格尔式的意识惦念着神话的地位，仿佛这种意识可以具有这种地位，同时又不和神话同类。[③]

这里有几个关键信息需要注意：（1）"思想的历史就是一种启蒙的辩证

[①] [德] 阿多诺：《美学理论》，王柯平译，四川人民出版社1998年版，第278页。根据阿多诺考察，人类遭受的灾难或苦难，由古希腊以降便一直受到艺术的漠视、歧视和拒斥。
[②] [德] 阿多尔诺：《否定的辩证法》，张峰译，重庆出版社1993年版，第267—268页。
[③] [德] 阿多尔诺：《否定的辩证法》，张峰译，重庆出版社1993年版，第116—117页。

法",而且这种历史就是"体系强制"的历史;(2)"每一可能的意识都和现实纠缠一起";(3)"拟古主义神话"非但无法逃脱与调和现代文明"现实的合理化形式",反而被现代性历史所撑破和证伪,陷入"20世纪的神话"。由此看,启蒙批判最关本质地指向"思想的历史"或"海德格尔式的意识"历史与"现实的合理化形式"历史双重批判:"文化工业"乃一种"启蒙辩证法"。"文化工业"批判意味着意识批判和现实批判。最彻底地看,该批判当剑指西方整个工业文明的思想基础和现实状况,而绝非拒斥,更非否定和颠覆生产力进步和人类的解放逻辑,因为如此批判所揭示和道说的启蒙和资本主义双重批判必须是以人和自然的解放为根本基础和最终目的,否则阿多诺将难以历史而本质地洞穿现代文明危机以及否定地展露新希望和新愿景,而且势必陷入其所极端深恶痛绝的虚无主义、犬儒主义魔咒。与此同时,"文化工业"批判由现实性意义上映射和披露了艺术和审美之生存和发展状况的某些本质性信息:在"持续性灾难现时代"或者说资本主义文明境域中的历史生成逻辑、体制转换、使命更迭以及意义重铸等,而且实质地溢出艺术和审美既定传统。

由启蒙批判看,一个提喻性的总裁决是:从确保和实现人、自然的全面解放和全面自由发展看,"文化工业"就是"作为大众欺骗的启蒙"。[①] 我们将由此总论断,特别地窥视和透析艺术和审美困境的深奥玄机,以及尝试凭靠启蒙批判和资本主义批判而凿穿和剥离覆盖在其认识性、拯救性等潜能之上的重重迷障。

欲弄清这一总论断及其隐藏企图和延涉性意蕴,需要先行领会和把握"启蒙理性"概念的根基性秘密。在霍克海默和阿多诺看来,启蒙的根本目标即"摆脱恐惧,树立自主",启蒙的纲领即"唤醒世界,祛除神话,并用知识代替幻想"。归根到底,"启蒙理性"就是指向"以征服、支配自然为出发点,以科学知识万能、技术理性至上为特征,以人类中心主义为核心,以历史进步为目标的文明乐观主义"[②]。这里需要补充的核心信息是:"启蒙理

---

① [德]马克斯·霍克海默、西奥多·阿道尔诺:《启蒙辩证法》,渠敬东、曹卫东译,上海人民出版社2003年版,第134页。
② 王凤才:《从批判理论到后批判理论——对批判理论三期发展的批判性反思》,见何萍、吴晓炜:《法兰克福学派与美国马克思主义》,人民出版社2014年版,第208页。

性"不仅指向"意识或思想的历史",而且决定性地受制并展开于资本主义文明历史进程。不仅如此,彻底现实地看,启蒙的出发点还蕴藏着认识和改造人自身,启蒙的目标也包含人和自然双重解放。可以说,"启蒙理性"的诞生和展开,特别地与包括艺术和"文化工业"在内的整个工业文明乃至整个资本主义文明等历史地缠绕和交融在一起。譬如,由"数字"的最一般性、普遍性意义看,启蒙深切地"支配着资产阶级的正义和商品交换"①。这里最需要警惕的是,为了人和自然的解放而步入了如此"彻底启蒙的世界":"劳动在社会上和心灵上的划分,这种分工使人类受到越来越大的压迫,甚至当它在为人类的解放创造日益增长的潜力时也是如此。"——与如此这般"作为罪恶之源的劳动分工"相伴生的,就是"人同自然的异化"。② 与此同时,霍克海默和阿多诺关于人与自然的支配和统治关系变异和衍化讨论,映射和暗示了人和人之间统治关系独特性的暗通性和亲合性,而且霍克海默和阿多诺这种讨论的根底就是人与人之间统治关系状况。譬如,被历史地揭示和昭示出来的"非人道""同一化""权力崇拜"以及"野蛮帝国主义"等危险性基底。阿多诺企图表明,对人的统治与对自然的统治复杂纠缠和扭结一起,特别地,对人的统治需要凭靠或借助于对自然的统治,而对自然的统治则被对人的统治所内化和神化。《最低限度的道德》《否定辩证法》和《美学理论》就深刻说明了这一点,马尔库塞《反革命和造反》对此亦有切实的反映和提示。③ 或许在如此意义上,启蒙根深蒂固地支配和贯透"文化工业",包括世俗化的艺术和审美生产、消费等过程。由此,"文化工业"批判便不可避免地蕴藏着认知性和拯救性隐秘企图,而这根本体现在:通过"艺术—哲学"而对"文化工业"所提喻的现代文明危机的本质性侦测、批判以及疗救,归根结底就是人与自然"双重异化"批判以及双重解放,而这一方面根植于阿多诺学术思想的文明史关怀,另一方面在于如霍克海默所言"形而上学以及其批判的科学"不仅阻碍发现,甚至毋宁说掩盖了现代文明

---

① [德] 马克斯·霍克海默、西奥多·阿道尔诺:《启蒙辩证法》,渠敬东、曹卫东译,上海人民出版社2003年版,第5页。

② [德] 西奥多·霍克海默、西奥多·阿道尔诺:《启蒙辩证法》,渠敬东、曹卫东译,上海人民出版社2003年版,第110页。

③ [美] 马尔库塞等:《工业社会和新左派》,任立编译,商务印书馆1982年版,第129页。

危机的真相或秘密。①

"文化工业"批判的核心突出为"进步拜物教"批判。"进步拜物教"提示出如下"疯狂"状况：一切都进步了，唯有人自身退步了，或者说为了进步，哪怕付出任何代价。这特别地指向"娱乐工业体系"的启蒙"幻象化"或"神话化"批判，而且关涉到艺术和审美世俗化批判以及乌托邦批判，而这根本上通向导致人与自然双重异化和压制危机的现代文明策源地和根据地：根源于资本主义文明的"启蒙理想"（"实践理性"极度匮乏）②，而哈贝马斯把它抽象地刻画为蕴含着按照其内在逻辑"发展客观科学、普遍化的道德与法律以及自律艺术的努力"，以及有利于这般领域认知潜能之解放和释放的"现代性的规范理想"或"现代性理想设计"③。"文化工业"提示的现代社会危机，绝非如哈贝马斯那样抽象地包庇"启蒙理想"而把问题推诿给资本主义这一实现形式和过程，实际上与如下状况存在决定性关联："启蒙理想"不仅扎根资本主义文明，而且为资本主义文明服务，同时其自身的根本特性、内在缺陷及其潜藏巨大危险性也在资本主义文明进程中缠绕展开。由此，包含艺术和审美危机在内的"文化工业"问题，乃启蒙和资本主义历史展开的一种内在必然："个体性危机"就是一个典型。④

阿多诺在《文化工业：作为大众欺骗的启蒙》和《再论文化工业》中，特别警惕地把"文化工业（Kulturindustrie）"由"大众文化（Massenkultur）"中剥离和区别出来，最关本质地强调"文化工业"绝非那种由大众自身中自发成长起来、满足大众真实内在需要、自由蓬勃向上的文化，或者"大众艺术的当代形态"。⑤ "文化工业"被阿多诺历史地刻画为悖逆和压制大众自身个性需要，同时又制造虚假需要和虚假满足的"艺术和文化生产的所有形

---

① [德] 霍克海默：《批判理论》，李小兵等译，重庆出版社1993年版，第5页。
② Michael J. Reno, *Adorno and the Possibility of Practical Reason*, Michigan State University, 2011. pp. 1 – 2.
③ Habermas, "Modernity versus Postmodernity", *New German Critique*, 1981, No. 22（winter）.
④ 参见 Marta Nunes da Costa, "Redefining Individuality: Reflections on Kant, Adorno and Foucault", *The New School for Social Research*, 2005. p. I – II. 这篇博士论文揭示了阿多诺对启蒙境域中个体性危机的历史必然性问题。
⑤ [德] 阿多尔诺：《再论文化工业》，王凤才译，载《云南大学学报》（哲学社会科学版），2012年第4期。

式",或者根本上说"技术化、标准化、商品化的娱乐工业体系"——同一性体系神话。根据阿多诺概述,"文化工业"历史而现实地体现出重复性、齐一性、欺骗性、辩护性以及强制性等显著特质。如此,"文化工业"典型而深层地反映和展示了资本主义现代文化蕴藏的阴暗性和危险性:形式理性或知性理性对实践理性的遮蔽和扼杀,而这建立在阿多诺对真正的"大众文化"及其蕴藏的生命力、革命性等坚定关怀和守护以及拯救的根基上,而绝非全盘否决和颠覆"大众文化":阿多诺和马尔库塞由强调"高雅文化"革命和解放潜能而后来同时转向"大众文化"之积极性力量的发掘和关注。①归根结底,"文化工业"批判指向"文化工业"对人、自然以及社会等所引致的危险性的坚定警惕和防御以及对"大众文化"的否定筹划,断非否决"艺术和文化生产"的形式本身,譬如电影、电视、音乐唱片等。

我们关注的焦点问题在于:"文化工业"作为同一性体系神话与大众及其复杂个性需要能否调和?或者为什么是"作为大众欺骗的启蒙",即启蒙固有特性和价值的展开却为何呈现为"文化工业"这般的"新神话"呢?"文化工业"批判就是对艺术生产和文化生产等困境的启蒙批判:蕴藏文明关怀以及拯救性企图,具有现实改造和革新意义的实践批判,因为对阿多诺而言思想和理论最终归宿在现实生活、历史实践。

我们将特别地由这一问题探讨来管窥艺术和审美乌托邦危机。启蒙乃"资本主义的一个异名"②——西方现代文明的"一体两面",同时与卡尔·马克思所言"商品拜物教"和"人之异化"、马克斯·韦伯所讲"新教伦理"和"社会合理化"以及米歇尔·福柯所说"社会权力"和"人之死"等历史缠绕:"娱乐工业体系"核心在于使艺术和文化乃至人自身如何变成同质化的"样品"或"产品",说到底即所谓"绝对主体的支配原则和精神"的资本主义展开——如削平拉齐之形式逻辑、正义和交换原则以及隐秘的神话逻辑或同一性逻辑等。在这里,"文化工业"作为"启蒙辩证法",把包括科学知识、技术、人和自然以及进步观念等统统吸附和抛入与资本主义

---

① 参见[德]阿多诺等:《社会水泥》,陈学明等编,云南人民出版社1998年版,第105、147页。

② 张亮:《"崩溃的逻辑"的历史建构》,江苏人民出版社2013年版,第190—191页。

意识形态共同体媾和的"娱乐工业体系",而且根深蒂固地蕴藏并且酝酿着"反启蒙"乃至"反文明"力量,尤其指向"文化工业"的"无边界性""独裁性"以及"道德理性缺失"等。由此,"文化工业"的危险性秘密在于:均质个性、伪新颖性以及伪特殊性等,具有根深蒂固的"启蒙属性"。"文化工业"承担的诸种启蒙允诺,归根结底恐怕不可避免地通向"启蒙神话"或"启蒙幻象"。现在问题是,"文化工业"所指向同一性体系神话与大众及其个性需要业已不可调和,那这种神话作为新文化和新艺术应当而且必须直面和承受的现代性灾难或"进步的代价"是否可能呢?按照阿多诺的设想,现代世界语境中艺术和文化首先要记忆和承受灾难现实时代及其带来的冲击和挑战,以更好地、真实地把握和反思这个时代,同时否定地安顿和预示一种新文化秩序。我们可以通过阿多诺关于审美真实性的论断来体悟这一设想:

> 审美的真实性是一种社会的必然性的幻象:没有什么艺术作品能在一个建立在强权之上的社会中良好地生长发育,同时又不坚持它自己的权利,但如果艺术能够在那样的社会中良好地生长发育,同时又放弃了自己固有的本质和权力(这是艺术在异化的社会中生存的条件,否则占统治地位的社会力量就会阉割艺术),那么它就处于与自己的真理的冲突之中,而艺术拥有对正在到来的社会的全部权力,这样的社会不再知道强权,也不再需要强权。远古的回声,对史前史(引者注:包括迄今的资本主义文明)的记忆——所有对审美真实性的要求都依赖于这种记忆——乃是被永恒化的非正义的痕迹,同时那种非正义在思想中被审美真实性扬弃了,但这种真实性直到今天仍把它的普遍性和约束力全部归因于那种永恒化的非正义。①

阿多诺绝非把"文化工业"及其基础刻画和构思为艺术和审美的纯粹外在危险性,更关紧要在于它被视为"现代艺术辩证法自行推演出来的",即

---

① [德]阿多诺:《新音乐的哲学》,曹俊峰译,中央编译出版社2017年版,第322—323页。

"文化工业"及其基础乃艺术和审美的内在要素或必然结果。① 关于这一点，阿多诺在被誉为阐发了"新历史哲学和美学理论"的《最低限度的道德》中深刻指出："文化工业"早已存在于现代独立艺术和审美之中——艺术和审美毋宁说蕴藏或安顿了"文化工业"所表征带有普遍性、同一性、强制性"社会生活形式"。与此同时更重要的是，如此这般状况透露出艺术和审美对作为"史前史"的资本主义社会情境（如文化工业状况）的记录、沉淀、积累和批判，同时也道出艺术和审美绝非"真空地带"或"宗教世界"，或许唯有如此，艺术与社会现实的"辩证法"才真正具有现实性和必要性。② 这由根底上映射出艺术和审美面对"强权社会"或"异化社会"的使命和意义等深层变迁和重铸：挖掘艺术面向苦难现实的反思性、颠覆性以及拯救性等潜能。这里势必引起如下问题：那种断定阿多诺"文化工业"批判抱持"保守主义"或"精英文化"态度的流行观点由此而遭到了撼动？此处有两点值得注意：一方面由最一般现实性意义上看，阿多诺"文化工业"批判矛头指向所谓现代"上流文化"或"精英文化"以及"进步文化"等蕴藏的启蒙和资本主义固有危险或隐忧，譬如现代艺术和审美内部的"文化工业倾向""功能化""虚假意识"等。③ 另一方面则在于"文化工业"批判的根本出发点和归宿点在于人、自然以及社会的疗救、解放和发展，由此而决定性地跃出和超出了"精英文化"与"大众文化"相对标、对举的思维惯性。不过尽管如此，以卢卡奇等左翼论者为代表的这一批评，确确实实地反映了阿多诺文化批判理论和意识中不时隐现的"精英文化"或"上流文化"情结，但是诚如马丁·杰所提示，这种情结和倾向需要置于"西方马克思主义""美学现代主义""上流文化保守主义""犹太情感"以及"拆构主义因素"等共同扭结和缠绕而形成的思想星丛中加以整体地、客观地权衡和评判。④

在这里艺术和审美批判，包括"文化工业"倾向的批判，而且特别地指

---

① ［德］施威蓬豪依塞尔：《阿多诺》，鲁路译，中国人民大学出版社2008年版，第195页。
② ［德］罗尔夫·魏格豪斯：《法兰克福学派》上册，孟登迎等译，上海人民出版社2010年版，第155页。
③ ［德］阿多诺：《美学理论》，王柯平译，四川人民出版社1998年版，第31、52页。
④ ［美］马丁·杰：《法兰克福学派的宗师——阿道尔诺》，胡湘译，湖南人民出版社1988年版，第16页。

向传统艺术对"文化工业"所暗喻和表征的灾难现实贯以漠视和遮蔽的批判。更为关键的是,如此批判不可避免地通向或关涉到受难者、无望者等的历史展露和拯救这一根本宗旨,无疑体现了阿多诺哲学和美学的文明史关切。

"文化工业"特别地凸显为对工具理性霸权主义、价值理性虚无主义和"理性帝国主义"以及"欲望和资本的逻辑"等的历史遵循和贯彻,那种多样性、新颖性和特殊性掩盖下的整合性、一体化和同一化以及冷漠性等精神特质,以启蒙大众的历史角色在现代文明进程中毫无顾忌地展示出来。"文化工业"的"崇高允诺"已经被"击碎":"文化工业"之所以得以流行和繁盛,其奥秘在于"文化工业"所深藏和展示的自由、平等、理性、个性以及幸福等,如此这般由启蒙那里挪用和窃取过来的肯定性或进步允诺已经由根底上悖逆和遮蔽了人与自然自身的复杂本真和本质状态,而实质地演化为对如此本真和本质状态施以抽象化甚至破坏和毁灭等的借口而已。或许正是在此意义上,阿多诺对"文化工业"境域中艺术和审美本身——被认为是自由、幸福等允诺的圣地——也保持警惕并且展开不折不扣地揭露和批判:幻象批判或乌托邦批判,阿多诺认为最好用深渊、灾难以及戒绝自由和否定幸福等来丈量和批判。难怪阿多诺不止一次说:"奥斯维辛之后写诗是野蛮的。"不过,这恰恰意味着整个社会现实情势和状况史无前例地需要艺术和审美。美国艺术史家巴尔赞(Jacques Barzun)《艺术的用途与滥用》由抵抗和防御灾难方面强调艺术与人类社会的本质关联——如果分道扬镳,社会将枯萎,人类会干出像战争和犯罪那样的傻事①,尽管艺术和审美不再被这情势和状况所容忍甚至面临"消亡和毁灭"命运。② 因为真正的艺术和审美既要承受、积累以及保存"虚弱不堪时代"或"充满莫名其妙恐怖与苦难的时代"的全部现实灾难经验③,同时更关键在于又蕴藏着直面和反思现实,以及揭橥和拯救受难者、遭剔除者等真理性。诚如阿多诺所警告:"奥斯维辛

---

① [美]雅克·巴尔赞:《艺术的用途和滥用》,严忠志译,浙江大学出版社2009年版,第161—162页。
② Adorno, Theodor W., *Gesammelte Schriften*: Bd 10.1, Frankfurt am Main: Suhrkamp Verlag, 2003, S. 452.
③ [德]阿多诺:《美学理论》,王柯平译,四川人民出版社1998年版,第33页。

之后不再写诗或许是错误的。"①

综上所述，文化批判和艺术批判的核心标靶或根系恐怕在于启蒙与资本主义共同构织的"社会娱乐工业体系"——根底上造成个性化、叛逆性、颠覆性、革命性等伦理和政治文化意义的匮乏和否定，普通大众活动领域遭到区隔和封存。或许唯有通过启蒙与资本主义双重批判，才可贯穿和刺透"文化工业"所表征的现代社会"进步拜物教"迷障、"形式理性帝国主义"符咒等。在这里，阿多诺之核心命意在于通过凿穿启蒙和资本主义双重"幻象"，而最关本质地呼唤、激发和开掘全面、完整的理性：包蕴和融通支撑人和自然之间支配关系的理性与支撑人和人间普遍自由关系的理性。由此，最终导向对人与自然的双重拯救和解放这一坚定但略显隐微的整体性常道的历史追寻和实现。

二、资本主义批判："资本神话"与商品审美批判

作为资本主义批判，"文化工业"批判突出表现为资本神话批判和"商品拜物教"批判，而这特别地依赖欲望逻辑和科技逻辑作为联结中介。"文化工业"批判由根源性上关涉到德国著名马克思主义美学家沃尔夫冈·弗里茨·豪格（Wolfgang Fritz Haug）所嗅到并加以阐释的"商品审美"（Warenästhetik）问题：制造者更多地将注意力放在如何满足人们的美学表象或幻象需要上，商品使用价值日益稀薄或弱化，因而并未兑现消费者的真正满足感。特别地，向来被认为富于反动性和颠覆性的"现代主义"也是与现代性一体的，包括艺术和文化在内的"现代主义"与"商品化倾向"源发性地链接在一起。② 就此而论，"文化工业"批判的责任恐怕特别聚焦于解构和铲除艺术和文化中资本神话、欲望和技术政治以及社会操控等力量，以及同时挖掘和把握自由地超克、驾驭与和谐安顿如此这般力量的潜能，而绝非在于彻底洗脱或割断艺术和文化与资本主义社会的复杂关联：把艺术和文化供奉入

---

① ［德］阿多尔诺：《否定的辩证法》，张峰译，重庆出版社1993年版，第363页。
② 参见［英］阿姆斯特朗：《现代主义：一部文化史》，孙生茂译，南京大学出版社2014年版，第1、93页。

所谓"神圣的领地"或"非功利主义保护区"。

"文化工业"本质地关涉到艺术和文化生产、分配以及消费等全部关系，特别是受到资本主义社会的"普遍性交换原则"和"剩余价值规律"等"支配和宰制"。①"文化工业"批判实质就是"政治经济学批判"，而且特别地通过"商品拜物教批判"反映出来："交换和平等原则"批判、"虚假意识"或"市场偶像"批判作为"虚假客观性的反映形式"的"物化"批判和"经济的先定统治"批判。像马克思一样，阿多诺拒绝作为神学家掩盖灾难，他作为真正辩证唯物主义者而指责和批判灾难及其基础。可由如下这段话来体味这一意蕴：

> ……商品的拜物教特性并不归罪于主观上迷路的意识，而是客观地从社会的先验、即交换过程中演绎出来的。
>
> 马克思已经表达了作为批判产物的客体的优先地位同现存的客体的讽刺画、商品特性对客体的歪曲之间的差别。交换作为一个过程有现实的客观性，但同时在客观上又是不真实的，违反了它自身的原则——平等的原则。这就是它为什么必然产生一种虚假意识、即市场偶像的原因。只是在讽刺的意义上，商品交换的社会的自然增长才是一种自然的规律，经济的先定统治不是不变的。思想家很容易宽慰自己，想象自己在消除物化、消除商品特性时拥有智者的宝石。但物化本身是虚假客观性的反映形式。以物化、意识的一种形式为中心的理论唯心主义地使批判理论成了统治的意识和集体无意识可接受的东西。马克思的早期著作——与《资本论》相区别——主要神学家那里被抬高到它目前的流行程度。②

不过需要说明，这里"工业"（Industrie）绝非限于所谓"真正的技术

---

① Kathleen League, *Utopia in the Map of the World: Adorno, Radical Negativity, and Cultural Critique*, DePaul University, 2009; Marta Nunes da Costa, *Redefining Individuality: Reflections on Kant, Adorno and Foucault*, The New School for Social Research, 2005, p. 193. 这两篇博士论文论及了"文化工业"作为西方现代文明的普遍性症状这一现象。

② ［德］阿多尔诺：《否定的辩证法》，张峰译，重庆出版社1993年版，第188页。

合理性生产",而是建基于"社会学意义上、在被观察到的工业组织形式的齐一性的意义上"。① 阿多诺"文化工业"批判,如德特勒夫·克劳森(Detlev Clauesn)所示,它主要致力于艺术和文化的"商品拜物教"特征批判,为"文化工业"重装和铸牢人文伦理防火墙。这里的秘密特别地反映在:今日艺术凭靠如此这般"商品特征"(蕴藏科技含量),经过启蒙和资本主义意识形态这一表征中介过滤和粉饰而通达和据有疏离人自身的"独立的假象"或"自律性的幻象",而这往往被视为真实的精神独立性、自由性诱惑以及肯定性乌托邦魅力之所在。由此,一方面需要猛烈地击碎"文化工业"的"资本帝国主义幻象",如霍克海默和阿多诺所说资本在这里业已成为"绝对的主人"②;另一方面更需要打破"文化工业"所由以合法生成的启蒙和资本主义铸造的表征体系神话。进言之,"文化工业"批判乃关涉到"大众活动领域"的现代性批判。因为现代性如阿姆斯特朗所言形成于"大众活动领域",而阿多诺洞穿了现代性的内在毁灭性、虚妄性以及"人的绝对至上性"等奥秘——归根到底,激活和解放大众及其经验和文化形态。这由根底上跟马尔库塞的《工业社会与新左派》和《单面人》等"革命和解放"观存在亲和性,与帕斯卡尔(Blaise Pascal)"无望救赎"时代里"对救赎的抽象渴望"③ 相区隔。

资本主义在艺术和文化的世俗化和商品化过程中,以及其启蒙功能反转和变异过程中扮演着本质性支撑和形塑的角色以及内在巩固作用。④ 这要求挖掘、激活和解放现代文明困境中艺术和文化认识和改造世界的实践潜能。我们将要特别地回答如下两个重要问题:一是在阿多诺所说"被彻底启蒙"的现代世界,艺术和文化何以沦为资本逻辑、欲望逻辑以及交换逻辑等的附属物或玩偶;二是进一步看,"文化工业"所制造和引致的预先固化和前定

---

① [德] 阿多尔诺:《再论文化工业》,王凤才译,载《云南大学学报》(社会科学版),2012年第4期。
② [德] 马克斯·霍克海默、西奥多·阿道尔诺:《启蒙辩证法》,渠敬东、曹卫东译,上海人民出版社2003年版,第139页。
③ 转引自 [德] 魏格豪斯:《法兰克福学派》上册,孟登迎等译,上海人民出版社2010年版,第159页。
④ Adorno, Theodor W., *Gesammelte Schriften*:Bd 20.2, Frankfurt am Main:Suhrkamp Verlag, 2003, S. 453f.

性的艺术和文化商品以及整个"技术化、标准化、商品化的娱乐工业体系",何以通向并且支持了对人和自然本身悖逆和宰制的"控制化的社会"神话。在这里,自然地延续了灾难现实对艺术和审美冲击和挑战这一核心议题:最关紧要地彰显和昭示阿多诺哲学和美学切合包括"文化工业"问题在内的"灾难、过剩现实"或"总体性现实"现代状况的革新性质与现实性意义。"商品审美"批判乃"文化工业"批判题中之意,因为这深切关涉到商品形式及其社会性呈现方式,包括生产和消费批判。①上述问题的奥秘特别地蕴藏于"文化工业"生产和消费过程,即生产经验和消费经验中。

艺术和文化作为人类精神文明高地缘何陷于坍塌和崩溃之境地,以及交换化、网络化和一体化现代境域中与资本主义的内在切合性途径及其固有危险性? 在这里,特别关键地指向如下几点:首先如阿多诺的《论音乐的社会情境》所示,艺术就是社会产物和社会事物,确切说就是资本主义社会产物。阿多诺的《文学笔记》《无调音乐》《音乐社会学导论》等著作竭力阐明艺术和审美进步过程与资本主义社会发展进程深度扭结和相互贯穿的矛盾关系状态②。或许正因如此,阿多诺的《美学理论》判定艺术具有"社会现实与自律性"双重属性。艺术和审美"沦陷或物化"危机由此便获得了客观的内在支撑和根据:包括资本神话、科技神话、欲望神话以及交换过程神话在内的资本主义"社会现实",历史地撕裂、支配和占有了艺术这一精神样式。这里典型地映射出《美学理论》所批判"把艺术当商品、既可占有亦可(通过反思)毁灭的拜物观念"。同时,如前所言在现代境域中艺术和文化受到启蒙理性的潜移默化地滋养、根基性地形塑,乃至矛盾性、悖反性地规约和支配:理性概念中孕育着"秘密的乌托邦"。③ 如此,艺术和文化进步过程一方面与社会发展(如科技更新、制度兴废、自然探秘和开发)糅合和熔铸在一起而呈现为所谓不断多元化、多样化以及新颖化的繁荣景象,而且指向

---

① 参见[德]阿多诺:《哲学的现实性》,张亮译,载《社会批判理论纪事》,2007年第2辑。
② 参见[德]阿多诺:《文学笔记》第1辑,上海外语教育出版社2009年版,第37—38页。
③ [德]马克斯·霍克海默、西奥多·阿道尔诺:《启蒙辩证法》,渠敬东、曹卫东译,上海人民出版社2003年版,第93页。

艺术和文化生产力与生产关系间的魔性或复魅关系状态。另一方面又由根本上展露和昭示阿多诺所说"进步拜物教"幽灵时代自然和人类自身所付出的惨重代价：特别地蕴藏并呈示于主体与客体的颠倒或反转辩证法及其历史展开过程。而这在工业社会里又最关本质地通过艺术和文化生产和消费等来实现的。譬如，艺术和文化蕴含的批判和颠覆潜能泯灭、乌托邦潜能缺失以及对人的根本意义和价值的漠视与阉割等，统统都是通过自由、幸福允诺等机械复制生产、眼花缭乱流通和谵妄式消费完成。

关于"文化工业"批判，需要澄清一个常见性误解："文化工业"批判，乃至《启蒙辩证法》言说"现代文化危机"或魏格豪斯所言"当代文化危机"批判，旨在证明和透视如此文化危机就是人对自然的支配权和统治权这一基本原则和精神的危机，"支配自然"在如此危机中扮演着"决定性角色"。① 霍耐特在《权力的批判》中也指出，霍克海默和阿多诺试图凭靠这一支配和统治关系来把脉和批判现代社会文化危机。② 问题关键在于：阿多诺似乎竭力地由人与自然之支配关系推导和演绎人与人之统治关系，而带有宿命论色彩地把西方当代文化危机归结到人与自然之支配关系上。在这里，需要特别强调两点。一是阿多诺扎实立足西方现代文明危机状况，尤其是启蒙和资本主义深度杂糅和纠缠这一核心境域。由《启蒙辩证法》《最低限度的道德》《棱镜》《再论文化工业》以及《美学理论》等著述中可以捕捉这一信息。二是立足全面、复杂理性概念，即特别地包含自我保存理性或形式理性与支撑人与人之间"普遍自由关系"的理性（如道德理性）。哈贝马斯强调的"启蒙理想"（特别强调"实践理性"或"交往理性"），恐怕其奥秘就在这里。唯有基于此，阿多诺才可能真正地洞悉和戳穿启蒙本身以及其与资本主义相缠绕的历史展开过程所隐藏的固有缺陷和矛盾性奥秘。罗尔夫·魏格豪斯提出"确立统治权"与"消解统治权"以及"错误启蒙"与"真

---

① ［德］罗尔夫·魏格豪斯：《法兰克福学派》上册，孟登迎等译，上海人民出版社2010年版，第440页。
② 参见［德］霍耐特：《权力的批判》，童建挺译，上海人民出版社2012年版，第49—52、95页。

正启蒙"①　两个启蒙的观点,毋宁说就客观地反映了这一点:"支配自然的理性"与"统治人的理性"处于相互缠绕、相互利用关系中。启蒙与资本主义历史缠绕,"支配自然的理性"与"统治人的理性"复杂关系,彻底失去批判性制衡和历史约束:前者获得了对后者的历史胜利,后者沦为"文化工业"的"皇帝新装"。

特别值得注意,阿多诺对"支配自然的理性"与"统治人的理性"复杂关系的反思和探索隐微地通向并呼吁乌托邦批判或"塑造性批判力量的需要"②。"文化工业"生产和消费批判旨在召唤和重塑这种意识形态意义上的"乌托邦批判"力量:生产和消费过程,连同商品和消费活动本身,已经被先验地社会规约、塑造以及整合和物化完成——交换价值战胜使用价值,主体受到"文化工业"过程的摆布和支配,个人缺席"合法性"。由根本上看,资产阶级社会中价值规律连同整个"商品交换社会"逼迫"个人毁灭和物化""生命的风暴"以及"主体的失落和功能化"。阿多诺说:"价值规律开始在形式上自由的个人头上起作用。按照马克思的见解,作为这一规律不自觉的执行者,他们是不自由的——越是彻底的不自由的,为了形成自由的概念而采取的社会对抗也就生长得越茂盛。个人独立的过程是商品交换社会的一种功能,终止于个人被一体化所毁灭。产生自由的东西将突变成不自由的。"③ 实际上,它更指向如下危险状况:"不仅生产、分配和统治的机器,而且经济的和社会的关系以及意识形态都无法解开地纠缠在一起,活生生的人成了意识形态的琐屑。"④ 从根本上讲,"文化工业"就是庞大的启蒙—资本主义机器:"世界甘愿受骗(mundus vult decipi)"与"死亡形而上学"。在这里,生产神话裹挟着资本神话("交换价值神话")不可阻挡地诞生:分配和消费等被迫卷入其中。阿多诺意味深长地说,"《资本论》中有一段话:'他狂热地追求价值的增殖,肆无忌惮地迫使人类去为生产而生产。'这给了在商品交换社会里对生产过程的崇拜当头一棒,但也违背了今天的普遍禁忌

---

① [德] 罗尔夫·魏格豪斯:《法兰克福学派》上册,孟登迎等译,上海人民出版社2010年版,第439页。
② [美] 理查德·沃林:《文化批评的观念》,张国清译,商务印书馆2000年版,第111页。
③ [德] 阿多尔诺:《否定的辩证法》,张峰译,重庆出版社1993年版,第259页。
④ [德] 阿多尔诺:《否定的辩证法》,张峰译,重庆出版社1993年版,第265页。

——禁止怀疑作为自在目的的生产。"通过"作为自在目的的生产"这一禁忌形式，分配和消费等被封禁于该形式内，"交换价值"在包括艺术和文化在内的一切领域内横冲直闯、所向披靡。在此意义上，"文化工业"最关本质地暴露出如下信息："生产力的解放、那种支配自然的精神的行动与对自然的暴力统治有密切关系"，"解放"蕴藏威胁和危险的含意。

阿多诺通过"文化工业"批判企图揭示和突出"支配自然的理性"和"统治人的理性"在现代文化危机中所扮演的角色及其作用和关系状况，并进而否定地展露和昭示如此危机语境中链接解放和救赎的稍显微弱的乌托邦图景。需要说明的是，这种经由《启蒙辩证法》和《否定的辩证法》而最终至《美学理论》中绽放的"否定性乌托邦"，本质有别于本雅明"黄金时代"，阿多诺将本雅明把远古与现代嫁接和结合而成的、历史辩证法彻底缺失的所谓"黄金时代"视为"灾难"而已。① "文化工业"批判揭示了如下恐怖性奥秘："支配自然的理性"或"自我保存理性"及其支撑和保障"形式理性帝国主义"，譬如生产力驱动的商品形式迷恋症，合法地僭越为人类遵奉的金科玉律。不过，这背后确实蕴藏着与"统治人的理性"所秉持的权力逻辑和欲望逻辑的合谋痕迹：人自身沦为最大牺牲者。基于此，阿多诺判定："一体化文化"或"文化工业"与奥斯维辛沆瀣一气。② 在如此形势可怖、希望黯淡的现实境域面前，"文化工业"批判对可塑造性批判力量和拯救性批判力量潜能的召唤和挖掘，已经变得极端棘手了。阿多诺何以要由根本上回返到艺术和审美，恐怕由此可管窥端倪。

进言之，艺术和文化在包括政治民主化、文化世俗化以及经济垄断化和自由化等在内的现代性历史进程中逐渐被赋予启蒙和资本主义双重结构、历史属性，而如此矛盾统一的双重结构和属性，却实际上促逼艺术和文化卷入"资本主义神话"——商品特征、欲望属性、权力属性（如阶级性）、冷漠意识形态属性等野蛮滋长和蔓延，连同美学和哲学自身，在资本精神客观化以及"展览品或商品的精神"表现过程中根深蒂固地沉沦了。通过阿多诺如下

---

① Adorno, et al., *Aesthetics and Politics*, Translated by Frederic Jameson, London: New Left Books, 1977. p. 112.
② [德] 阿多尔诺：《否定的辩证法》，张峰译，重庆出版社 1993 年版，第 367 页。

论断来领悟:

> 物质的环境补上了余额。资本被迫扩大自己的投资并自身拥有一种精神,这种精神的客观化刺激它把这些不可避免的对象化变成财产,变成商品。美学因其不感兴趣地认可了这种精神便同时既美化又贬低了这种精神,它满足于观察、赞美、最终盲目地和毫无联系地颠倒所有一度被创造和被思考的东西,而不管它们的真理内容如何。以客观上的嘲弄,文化的日渐增长的商品性为了功利的目的而使文化美学化。哲学成了作为展览品的精神的表现。①

在如此这般现代"装饰性倾向"狂潮中,形而上学、"解放武器的原理"、艺术,乃至"整个精神的舞台",越来越中立化为实践潜能缺失的"文化":资本神话与商品拜物教的融合。这历史地逼迫艺术和审美滑入最终困境:到底是"作自身"还是"作俗物"?② 艺术和审美"作为俗物"或"作为自身"在"形而上学的、冷漠的"现代社会境域中已经获得疯狂地扩张,根本上反映出艺术对待"不确定性或解体现代世界"的"非实体化"机制——"具体化[视艺术为物中之物(a thing among things)]和心理主义(视艺术为观众心理的载体)"。③ 这就是阿多诺何以不遗余力地强调艺术"社会现实和自律性"双重性的根源:"今日,诗歌的层面已经萎缩。诗歌若想继续生存,务必毫无保留地将自身投入已经吞没了传统诗学观念的幻灭过程(the process of disillusionment)中。"④ 与此同时,由"文化工业"整合、操纵和引起质变的庸俗艺术和娱乐活动看,这里蕴藏着商品拜物特性与"史初古风艺术拜物教"缠绕奥秘。在这里,艺术和审美自律性或他者性在科技逻辑、欲望逻辑、幻象逻辑以及交换逻辑等共同作用下而被商品生产、交换以及消费过程所挪用或征用。实际上连自诩"自律性艺术"本身以及那种直

---

① [德] 阿多尔诺:《否定的辩证法》,张峰译,重庆出版社1993年版,第396页。
② Adorno, Theodor W., *Gesammelte Schriften*: Bd 12, Frankfurt am Main: Suhrkamp Verlag, 2003, S. 19.
③ [德] 阿多诺:《美学理论》,王柯平译,四川人民出版社1998年版,第31页。
④ [德] 阿多诺:《美学理论》,王柯平译,四川人民出版社1998年版,第29页。

接的、以社会为导向的"文化工业批判",都未曾彻底摆脱"文化工业专制主义"和资本主义意识形态(如自由和平等拜物教)的支配性困扰。充斥号称生产过剩、流通过剩、消费过剩等"无意象的世界",消费成为"替代性的声誉享受和追赶时尚的欲望"、艺术模仿契机商品化即"模仿禁忌"以及等级固化的身份模拟等。

在前述基础上,我们将以资本精神或逻辑支配下艺术和文化的历史角色和功能的反转和变异为论述重点,进一步揭示和呈现阿多诺"文化工业"批判对受难者、被欺骗者以及被压迫者等的历史关注,以及由根底上所展露和昭示人与自然、人与人关系"解放乌托邦"企图以及艺术的真理性本质特征。

如施威蓬豪依塞尔所提示,阿多诺强调首先承受和正视现实灾难而非先行呈现更好理想状态的革命性重要性①:恐怕在于其竭力构建一种指向和通达"否定的道德哲学""否定的历史哲学""否定的社会学"的美学。阿多诺《新音乐的哲学》蕴含和展示的美学旨趣和方向已经约略折射和透露了这一信息。②"文化工业"批判由此特别关注艺术和文化的深层变异以及使命变迁等状况。

艺术和文化在"文化工业"对人与自然的双重施魅和囚禁中究竟扮演何种角色?"文化工业"以"产品"或"商品"示人,其中特别以解放、幸福、平等、自由等现代性宏大允诺作为愿景和福祉而华丽登场。这里根深蒂固地切入到现代社会的现代性根据——"资本和现代形而上学"③。在阿多诺这里多聚焦启蒙与资本主义历史缠绕状况和进程,阿姆斯特朗《现代主义》对此也有客观揭示和说明。④"文化工业"把启蒙神话和资本神话与"现代性理想"一道带入艺术和文化及其生产和消费等过程,艺术和文化成为"现代性"的中介物、"异名者"、殉道品和展览场:人人都能成为自由、幸福的

---

① [德]施威蓬豪依塞尔:《阿多诺》,鲁路译,中国人民大学出版社2008年版,第171页。
② [德]罗尔夫·魏格豪斯:《法兰克福学派》下册,孟登迎等译,上海人民出版社2010年版,第671页。
③ 吴晓明:《论马克思对现代性的双重批判》,载《学术月刊》,2006年第2期。
④ [英]阿姆斯特朗:《现代主义:一部文化史》,孙生茂译,南京大学出版社2014年版,第3页。

人。阿多诺警告人们,"艺术不可能像商品那样完全用于消费",因为艺术乃精神性、伦理性、对象性的"否定性实存"。《克尔凯郭尔:审美对象建构》和《阿多诺致克拉考尔的信》(1930年8月6日)等早期文献业已传递和提示出对诸如自由和幸福之类前景性承诺所蕴藏的危险性的焦虑和警惕。阿多诺以全部、彻底真诚重申了席勒的名言,"甚至美的东西也必定要消亡"①。恐怕阿多诺把"文化工业"与那种由大众自身而生发和形成的"大众文化"区隔开来的奥秘就在于此。更重要的是,这里隐藏并且提示阿多诺竭力凭靠"文化工业"批判而施行对艺术和审美生产以及消费过程等状况的反思,进而实现对生产经验、消费经验等否定吸纳、安顿和把握,以激活和拯救艺术肯定性潜能的坚定美学意图。实际上诚如阿多诺如下这番话所提示:"虽然艺术被逼进绝对否定性的境地,但它从来就不是绝对否定的,这主要是那种否定性所致。艺术总具有肯定性的残余。"② 与此同时,阿多诺对所谓强调"绝对建构性(absolute construction)"的"现代主义"艺术和文化也保持绝对警惕。因为作为对"工具理性的反动"和"启蒙失败的回应"以及区分和归类"他者"的现代主义:"希望"和"变革"与危险性和破坏性共存,譬如漠视自然或齐泽克所说的"大写的他者"等。③"文化工业"批判乃一种现代主义批判。

"文化工业"如此这般特性一方面确确实实、不可避免地指向和反映资本主义社会客观要求和历史趋向,与从众、求同、平等、原子等文化和政治心理同质同构,即便同个体化原则与商品交换社会普遍原则也是同一回事。另一方面艺术和文化把人与自然押送入"白日梦神话":"文化工业"操控属性或"死亡"(中立化、合理化)意识形态属性窃换成"超越、解放属性"。而这种合法性,一定意义上源于如下状况:"在生物学上,一切意识形态的迟钝可以归因于一种自我保护的必然性,而且绝不会随着社会的合理安排而消失。这是一种无望的前景——当然,只有在合理的社会中才会有合理的生活的可能性。目前的社会仍然对人们散布死亡不可怕的谎言,它破坏任何这

---

① 转引自[德]阿多诺:《美学理论》,王柯平译,四川人民出版社1998年版,第50页。
② [德]阿多诺:《美学理论》,王柯平译,四川人民出版社1998年版,第400页。
③ [英]阿姆斯特朗:《现代主义:一部文化史》,孙生茂译,南京大学出版社2014年版,第108、223页。

方面的反思。"而且更可怕的情形在于,"主观上得到解放的经验和形而上学的经验在人性中汇合起来"。① 难怪阿多诺把"目前的社会"称为"形而上学的社会"。阿多诺强调生产的根本性,绝非意识不到消费和传播等历史作用,由根底上看在于:西方极权主义社会乃是以资本主义核心规律即"剩余价值规律"为基础的"生产法则神话",同时"社会的生产过程一如既往地在基本的商品交换过程中保存了个体化的原则,即私有权,因而保存了被拘禁于自我中的人的一切恶的本能"② ——阿多诺道说"客观倾向、客观力量的社会"。"文化工业"本身乃根深蒂固地作为晚期资本主义社会中客观过剩和现实过剩的"提喻性幻象"。这里要害在于,以获得自由、幸福和解放等而著称的艺术和文化神圣事业(如普及化、大众化)为诱饵,而最终心甘情愿地臣服于"充满意义的合理化社会"。"文化工业"之反启蒙的"全部效益"摇身一变而成为"启蒙":肆意糟蹋自然、欺骗大众、意义和价值崩溃和泛滥甚至达到意识层面合理和均质控制等。一切都那么正常、自然。③ 难怪阿多诺斩钉截铁地把对自然的绝对支配和统治,视为唯心主义和资本主义的根基。舍勒(Max Scheler)深刻揭示了这一点:"只有对世界的控制意志才会产生下述结果:世界给予的东西在我们面前瓦解为'物'和'过程'单位(并在可分性的图表中又被分解),瓦解为均质空间;同时还产生下述结果:随着同一事物的再度出现世界中便存在因果性法则,因而存在可计算的事物和机械的事物。"④ "文化工业"提示出一种可怕倾向:人类信心满满地向所谓进步和正义的纯粹自然状态狂飙迈进——诚如阿多诺所言,后天产生的东西都已经成了先天的东西。也即说,它内在本质地巩固和实践"文化工业专制主义",即"娱乐工业体系"神话。

与此同时,面对"文化工业"那种以利润为导向商品生产原则魔法的侵蚀和渗透,以及消费和流通等遭到"同一性"异化和变形,艺术和文化应当

---

① 参见 [德] 阿多尔诺:《否定的辩证法》,张峰译,重庆出版社1993年版,第397、398页。
② [德] 阿多尔诺:《否定的辩证法》,张峰译,重庆出版社1993年版,第343页。
③ Adorno, Theodor W., *Gesammelte Schriften*: Bd 8, Frankfurt am Main: Suhrkamp Verlag, 2003, S. 140f.
④ [德] 舍勒:《资本主义的未来》,罗悌伦等译,生活·读书·新知三联书店1997年版,第46页。

如何应对呢？可以由如下一番话管窥一二："只要音乐不屈从于商品生产的戒律，它的社会责任感就被剥夺了而并被放逐到真空地带而掏空了内容。这是今天每一个不愿陷入欺骗的人对音乐的社会情境所持有的观念。"① 显然，这里传达出两个信息：一是艺术不应当企图以自律性和肯定性形式逃离或掩盖"商品交换社会"，否则走向崩溃和解体，因为艺术已经处于充满生产经验、消费经验、流通经验等交织的"交换社会"；二是艺术必须而且应当记录、保存、展露和批判它，以更好地把握和驾驭"凶残的现代性的历史力量"。这种出路可以由如下这段话来体认：

> 艺术若能一方面吸收处于资本主义生产关系下的工业化成果，另一方面又能遵从其自身的经验模式并且同时表现经验的危机，那便成了真正现代的艺术。这意味着要建立这么一条法则，即：现代艺术绝不能否认有关经验与技术的现代意义的存在。明确的否定几乎是一个积极的关于要干什么的法则。艺术中的现代性不仅是指人们模糊认识到的时代精神或追求时尚感，而且涉及生产力的解放。在社会意义上，现代艺术取决于它与生产关系的对立；在审美意义上，现代艺术则取决于一种内在的日益老化的过程，该过程使某些做法变得陈腐无用。可以说，现代艺术更有可能反对而非赞同其所在时代的精神。这在今天是必为之事……在现代艺术的质性魅力（qualitative attraction）中，最能清楚地见出艺术的历史本质。现在应当明确看到，关于物质生产领域中的诸多发明，并非出于偶然的心理联想，而是确实触及到某些相当根本的东西。②

如阿多诺所说，"音乐否定假象和游戏，走向认识的道路。"③ 此外，特别需要强调的是，"文化工业"批判被阿多诺赋予空前坚实的人学基础，由此艺术"走向认识的道路"，旨在与哲学一道拯救和捍卫人与自然。本雅明

---

① ［德］阿多诺：《论音乐的社会情境》，方德生译，载《社会批判理论纪事》，2007年第2辑，第274页。
② ［德］阿多诺：《美学理论》，王柯平译，四川人民出版社1998年版，第60—61页。
③ ［德］阿多诺、［美］马尔库塞等：《社会水泥》，陈学明等编，云南人民出版社1998年版，第63页。

像阿多诺一样意识到"拯救和捍卫"的紧迫性:人们往往"只看到人在支配自然方面取得的进步,而没有看到社会的退步"①——人类成为"具有支配对象之霸权"的"主人",即"自然界的主宰"②,归根到底乃人与自然的双重倒退。譬如,在一体化、合理化社会境域中,这种"主宰"扩大至个人范围,"把对个人的控制设定为一种不惜任何代价的适应过程"③。

综上所述,我们发现阿多诺隐微但具有根基性和革新意义的深层企图,即竭力尝试把美学触角切入、落实到现代文化历史实践进程,特别是晚期资本主义文化历史进程。该企图昭示和突出阿多诺哲学美学的根深蒂固文化基础和语境及其文化和经验阐释路向——"生存论路向"。"文化工业"批判之革新性意义最深刻体现在:艺术和文化生产经验和消费经验,特别是艺术和文化在当下"自然神话社会"或"自然封闭循环的社会"中承受和积累以及反映和揭露的如技术生产泛化、复制化,剥夺人权的操控或"不惜任何代价的适应"以及"野蛮的欺骗性"等否定性经验,被本质重要地、历史地引入美学。④ 或许阿多诺《美学理论》正基于此而断言本雅明《机械复制时代艺术品》充斥"神秘绝望和悲观"并寄望于"神学救赎企图"。这种引入之所以堪称革新性,最根本缘由在于它由根基意义上意味着:不仅凿开了一条面向、通达并实质地关注社会现实对象世界的道路,而且由此刺透和贯穿传统哲学美学那种凭靠抽象封闭性和强制性等铸造的隔离当下世界、忘却当下世界的坚固藩篱或壁垒,面向现实生活和预想克服如此现实的未来。⑤ 但是,这绝非意味着彻底否定、删除美学形而上之维度。因为如霍克海默所说,形而上学体系以"半神话形式"传递出自我保存需要凭靠"社会团结"或

---

① [德] 本雅明:《本雅明文集》,上海人民出版社2003年版,第409页。
② [德] 马克斯·霍克海默、西奥多·阿道尔诺:《启蒙辩证法》,梁敬东、曹卫东译,上海人民出版社2003年版,第7页。
③ [德] 阿多尔诺:《否定的辩证法》,张峰译,重庆出版社1993年版,第343页。
④ Allen, Richard W. "The Aesthetic Experience of Modernity: Benjamin, Adorno, and Contemporary Film Theory", *New German Critique*, 1987 (40), p. 240; Carl B. Sachs, "Adorno: The Recovery of Experience (review)", *The Journal of Speculative Philosophy*, 2007 (4), pp. 330—332. 这两篇文章对此具有一定参照性和启示性。
⑤ Douglas, Andrew J., "Democratic darkness and Adorno's redemptive criticism", *Philosophy & Social Criticism*, 2010 (7), p. 829.

"超越个体之秩序"来实现①,而这乃是阿多诺美学竭力批判地拯救和吸纳的本质要素。或许正是在上述意义上,阿多诺历史地提出"未来的美学"构想方法——"以生产为导向的经验与哲理性的反思这两者的良好结合"②。这里,最关本质地开显了阿多诺美学思想的现实性、开放性品格,其中包括文化诗学的思考和探索。③

---

① Max Horkheimer, *Eclipse of Reason*, New York: The Continuum Publishing Company, 1974, p. 119.
② [德] 阿多诺:《美学理论》,王柯平译,四川人民出版社1998年版,第562页。
③ 黄圣哲:《文化工业理论的重建》,见[德] 阿梅龙、[德] 狄安涅、刘森林:《法兰克福学派在中国》,社会科学文献出版社2011年版,第226页。

余论：灾难的引入与美学的革命性

通过灾难反思入手领会和把握阿多诺"否定美学"，最关本质地指向其美学的思想根基、核心原则以及价值取向等基本构件。而这根本地构筑在阿多诺哲学美学记忆、瞻望和抗拒灾难性现实以及竭力解救"受难者"和"无望者"，否定地预想和把握更好事物之可能性的核心动机和实践要求之上。需要指出，"否定美学"问题形成和确立于对近代以降以"自我意识反思"为根基的"主观主义"① 以及奠定在此基础上的哲学美学传统的历史回溯和批判过程中，而且特别历史地展开为哲学美学与人类灾难的复杂关系这一核心问题。

在哲学史、艺术史上，难觅灾难的踪迹。由灾难反思这一支点撬动整个西方哲学以及美学传统大厦的地基，撕开覆盖其上坚硬的"意识和概念拜物教"面纱，并由此而开启哲学和美学所谓"哥白尼的革命"②：阿多诺《美学理论》意味深长地判定，莎士比亚关注进步的受害者，而培根关注进步的胜利者，然而人类已经完全习惯于莎士比亚彻底缺失、沦为禁忌的世界。面对如此这般状况，阿多诺哲学和美学必须而且应当导致对常道的追寻和实践，即《论进步》和《否定的辩证法》等所提示出的，建立在整体性超越之常道的承认基础上具有整体性、总体性追求和担当的哲学和美学绝不限于"差异性"和"非同一性"，否则唯有导向并归于"虚无"。这构筑起阿多诺哲学和美学的终极底盘。

---

① 参见［德］伽达默尔：《哲学解释学》，夏镇平、宋建平译，上海译文出版社1994年版，第114、116页。

② 阿多诺在其《否定的辩证法》的"序言"和"主体和客体"中至少两次明确提出其思想开启了"哥白尼的革命"。

《启蒙辩证法》已经深刻揭示出，霍克海默和阿多诺的根本任务在于批判和超克以大规模工业联合、垄断控制、技术进步和标准化时代为显著特征的启蒙和资本主义文明状况，同时实现对包括人和自然的解放在内的拯救性预想和筹划。而这，如魏格豪斯和施威蓬豪依塞尔所示，历史地贯穿于阿多诺哲学和美学的艰辛思考和探索过程中。《美学理论》下了一个著名判断："古时的真正野蛮行径（如奴隶制、种族灭绝、对整个人生的蔑视）自古代雅典时期以来一直未在艺术中留下任何痕迹。艺术将所有这些东西拒于其神圣的领地之外，这一特征在激发对艺术的敬重方面无所作为。"① 这一判定最关本质地引出了阿多诺美学的核心问题：时至今日艺术和审美中缘何未留下人类灾难的痕迹，即长期搁置和忽视的艺术和审美与人类灾难之关系问题，在现代文明危机境域中已经极端紧迫到生死攸关地步。下面我们将补充性谈一谈阿多诺美学的"实践辩证法"以及"生存论路向"等问题。需要特别说明的是，阿多诺美学显然不再限于"艺术哲学"，而是业已"超越艺术作品现象学"②。

首先看"实践辩证法"问题。阿多诺美学的实践辩证法问题，根底上指向"哲学即经验"或"哲学经验概念"这一奥秘③："实践第一性"或"客体优先性"。我们可以通过如下这段话来领悟"实践辩证法"："否定的辩证法的……唯物主义基础"在于"实践的辩证法"，"实践的辩证法"要求废除和批判唯心主义"自我反思"及其"实践"（如"为生产而生产""错误实践""绝对精神""独立的自由"），而要真正关注"感觉领域""非同一物""有精神的人"等。阿多诺哲学、美学根本上就是"实践目的的理论"——"改变世界的理论"。④

> 也许有一天这种分离随着感觉领域的社会限制条件而消失……唯心

---

① ［德］阿多诺：《美学理论》，王柯平译，四川人民出版社1998年版，第278页。
② ［德］阿多诺：《美学理论》，王柯平译，四川人民出版社1998年版，第562页。
③ Carl B. Sachs, "Adorno: The Recovery of Experience (review)", *The Journal of Speculative Philosophy*, 2007 (4), p. 331. 该文深刻地提到了这一点。
④ Joan Always, *To Interpret and Change the World: Critical Theory as Theory with Practical Intent*, Brandeis University, 1992, pp. 1–2.

主义者努力把精神解释成它本身和它的非同一物相统一之物,但这种努力既是一贯的,也是无用的。这种自我反思甚至侵袭了实践理性的第一性命题。这一命题从康德开始,经过唯心主义者而直接通向马克思。实践的辩证法也要求废除实践,废除为生产而生产,废除错误实践的一般封面。这就是否定的辩证法具有反对官方唯物主义学说概念的特性的唯物主义基础。精神中的独立性和不可还原性的因素完全可以和客体的优先性地位相一致。一旦精神冲破了它的枷锁并用这枷锁来束缚别的东西时,精神此时此刻也就成了独立的,它开始去期望。它期望的是自由,不是纠缠不清的实践。唯心主义者把精神捧上了天,却想使有精神的人受难。"①

灾难的引入和在场意味着阿多诺在认识论层面已经意识到并且本质重要地刺破哲学美学"主体第一性"传统。这里蕴含政治伦理维度。② 因为如果要使蕴含着非同一性、特殊性、个体性以及不确定性等质性要素的灾难现实在艺术和审美领域能够自由显现,就必须刺透和颠覆作为资本主义思想体系附庸的主体形而上学传统或同一性霸权主义。③ 由此,阿多诺特别地强化"客体优先性"概念。"客体优先性"首先指向"主体—客体",即"实践关系或活动"。也就是说,阿多诺企图强调主体与客体相互缠绕和纠结的实践关系状况,主体与客体互为历史中介、互相生成。但同时这绝不意味着,主体与客体可以互相代替、主体可以言说或等同"直接性",概念可以独裁地代替非概念物、所指的对象,单凭概念系统就可以演绎客体或对象世界。这里意味着,在认识论层面应当由过去主体中心论转向主体与客体相互独立、相互矛盾、相互缠绕之关系为枢轴。与此同时,阿多诺说:"'通向客体的自由'——在黑格尔那里导致主体的无能——应该确立起来。如不这样,作为

---

① [德]阿多尔诺:《否定的辩证法》,张峰译,重庆出版社1993年版,第390—391页。
② Morton, "Toward a Politics of Darkness: Individuality and Its Politics in Adorno's Aesthetics", *Political Theory*, 1997 (1), p. 57. 该文独到地发现了这一点,与其历史境域相关。
③ Feola, Michael, " 'Redemption of the Many in the One': Adorno, Damaged Life, and Aesthetic Reparation", *Soundings － An Interdisciplinary Journal*, 2010 (3), p. 238.

方法的辩证法和事物的辩证法之间的歧异就将持续下去。"① 在这里,"客体优先性"特别地突出为对"方法的辩证法"与"事物的辩证法"之歧义的缝合和沟通,最关本质地保证和开显阿多诺理论的开放性和现实性指向:"通向客体的自由"——"方法的辩证法"根底上以"事物的辩证法"为基础。"主体—客体"在阿多诺这里既指向认识论层面的"具体乌托邦思维形式",而且也指向人的感性活动或实践。同时需要强调的是,阿多诺又绝非只是由客体的形式去领会和把握对象、现实以及感性。如果不如此,那么阿多诺不仅无法击中传统哲学美学的要害,而且自身也会重蹈覆辙而陷入瘫痪和无能状态。正如马克思《关于费尔巴哈的提纲》所言:"从前的一切唯物主义(包括费尔巴哈的唯物主义)的主要缺点是:对对象、现实、感性,只是从客体的或直观的形式去理解,而不是把它们当作感性的人的活动,当作实践去理解,不是从主体方面去理解。因此,和唯物主义相反,能动的方面却被唯心主义抽象地发展了,当然,唯心主义是不知道现实的、感性的活动的。"② 或许在此意义上,阿多诺哲学美学已经由传统哲学美学的所谓认识论转向或主体转向,最关本质地迈向"实践辩证法"。而"实践辩证法"又特别地聚焦于阿多诺关于哲学美学与人类灾难关系问题的反思和探索过程:既由灾难反思所激发,也是应对灾难的本质要求。

再看一下"生存论路向"问题。在理论路向上,阿多诺哲学美学竭力抵制和拒斥知识论或范畴论路向,特别体现在"概念拜物教"批判,而且积极努力尝试"生存论路向"。从早期《克尔凯郭尔:审美对象建构》到晚期《美学理论》,阿多诺整体思想脉络呈现出朝向"生存论路向"迈进和靠拢的倾向:现代形而上学传统批判和资本主义现代文明危机批判。为应对"持续性灾难现时代",阿多诺开辟出独特的"艺术—哲学"道路,而这特别地践行了"生存论路向"。"审美幻象是艺术作品对待现实的态度,它通过自身成为一种实在否定前一种实在。艺术正是通过客观化对现实提出抗议的。"③

通过灾难反思入手领会和把握阿多诺否定美学,深刻地触及并揭示出阿

---

① [德]阿尔诺:《否定的辩证法》,张峰译,重庆出版社1993年版,第47页。
② 《马克思恩格斯选集》第1卷,人民出版社1995年版,第54页。
③ [德]阿多诺:《美学理论》,王柯平译,四川人民出版社1998年版,第472页。

多诺美学的革命性：灾难的引入和在场，或灾难在艺术和审美中自由的感性显现。① 而迄今为止艺术和审美中难觅灾难的踪迹。譬如，"主宰文化景观之审美注意的东西，在于它们表现以往历史之苦难历程的方式"②。特别地，这历史地指向自然美和艺术美双重革命："自然美"可能需要重新赋形与赋义，根因在于人们面对的天然状态意义上的"自然"业已通过启蒙和资本主义历史地转换或兑现为"后自然"，而且人类也在逐步迈向"后人类"。而与此同时，艺术美与自然美又相互历史缠绕③，即便主体甚至"主体和主体的共同体"也成为"自然的一部分，他们无力反对已独立于他们的社会"④。

总之，阿多诺美学是一种具有不彻底革命性的"否定美学"。⑤

我们应当在通过如下这番话对阿多诺美学基本性质和意义的领会和把握中结束论述："时至今日，告别的经验已不复存在。这经验藏在人性深处："不在者之在（Gegenwart des Nichtgegenwartigen）"。人性作为交通条件的一种功能，以及：没有告别，还有希望吗？"⑥

---

① Allen, Richard W. "The Aesthetic Experience of Modernity: Benjamin, Adorno, and Contemporary Film Theory", *New German Critique*, 1987 (40), p. 230. 该文在一定意义上呼吁否定性经验的引入和在场。

② [德] 阿多诺：《美学理论》，王柯平译，四川人民出版社1998年版，第115页。

③ [德] 阿多诺：《美学理论》，王柯平译，四川人民出版社1998年版，第110页。

④ [德] 阿多尔诺：《否定的辩证法》，张峰译，重庆出版社1993年版，第216页。

⑤ 参见 Pauline, "An Aesthetics of Negativity/An Aesthetics of Reception: Jauss's Dispute with Adorno", *New German Critique*, 1987 (42), p. 51. 该文对此有一定的提示意义。

⑥ [德] 阿多诺：《贝多芬：阿多诺的音乐哲学》，彭淮栋译，联经出版事业股份有限公司2009年版，第314页。

主要参考文献

一、经典著作

《马克思恩格斯选集》第 1 卷，人民出版社 1995 年版。
《马克思恩格斯全集》第 3 卷，人民出版社 1979 年版。

二、译著

[德] 阿多尔诺：《否定的辩证法》，张峰译，重庆出版社 1993 年版。

[德] 阿多诺：《美学理论》，王柯平译，四川人民出版社 1998 年版。

[德] 马克斯·霍克海默、西奥多·阿道尔诺：《启蒙辩证法》，渠敬东、曹卫东译，上海人民出版社 2003 年版。

[德] 阿多诺：《文学笔记》第 1、2 辑，上海外语教育出版社 2009 年版。

[德] 阿多诺：《贝多芬：阿多诺的音乐哲学》，彭淮栋译，联经出版事业公司 2009 年版。

[德] 阿多诺：《道德哲学的问题》，谢地坤、王彤译，人民出版社 2007 年版。

[德] 沃尔夫冈·韦尔施：《重构美学》，陆扬、张岩冰译，上海人民出版社 2006 年版。

［德］阿梅龙、狄安涅等编：《法兰克福学派在中国》，社会科学文献出版社 2011 年版。

［德］哈尔哈特·施威蓬豪依塞尔：《阿多诺》，鲁路译，中国人民大学出版社 2008 年版。

［德］维尔默：《论现代和后现代辩证法》，钦文译，商务印书馆 2003 年版。

［德］哈贝马斯：《现代性的哲学话语》，曹卫东等译，译林出版社 2004 年版。

［德］魏格豪斯：《法兰克福学派》，孟登迎等译，上海人民出版社 2010 年版。

［德］霍耐特：《权力的批判》，童建挺译，上海人民出版社 2012 年版。

［德］霍克海默：《批判理论》，李小兵等译，重庆出版社 1993 年版。

［美］马丁·杰：《阿多诺》，瞿铁鹏、张赛美译，中国社会科学出版社 1992 年版。

［美］马丁·杰：《法兰克福学派的宗师——阿道尔诺》，胡湘译，湖南人民出版社 1988 年版。

［美］理查德·沃林：《文化批评的观念》，张国清译，商务印书馆 2000 年版。

［美］杰姆逊：《晚期马克思主义》，李永红译，南京大学出版社 2008 年版。

［美］沃林：《瓦尔特·本雅明：救赎的美学》，吴勇立、张亮译，江苏人民出版社 2008 年版。

［美］马尔库塞等：《工业社会和新左派》，任立编译，商务印书馆 1982 年版。

［美］安东尼·J. 卡斯卡迪：《启蒙的结果》，严忠志译，商务印书馆 2006 年版。

［美］马丁·杰伊：《法兰克福学派史（1923－1950）》，单世联译，广

东人民出版社 1996 年版。

[法] 马克·杰木乃兹：《阿多诺：艺术、意识形态与美学理论》，乐栋等译，远流出版事业股份有限公司 1991 年版。

[英] 巴托莫尔：《法兰克福学派》，廖仁义译，桂冠图书股份有限公司 1998 年版等。

[英] 耶格尔：《阿多诺》，陈晓春译，上海人民出版社 2007 年版。

[英] 威尔逊：《导读阿多诺》，路程译，重庆大学出版社 2016 年版。

[日] 细见和之：《阿多诺》，谢海静、李浩原译，河北教育出版社 2002 年版。

[瑞士] 布什：《法兰克福学派》，郭力译，社会科学文献出版社 2014 年版。

[奥地利] 康拉德·保罗·李斯曼：《克尔凯郭尔》，王彤译，中国人民大学出版社 2010 年版。

[丹麦] 克尔凯郭尔：《颤栗与不安》，阎嘉等译，陕西师范大学出版社 2002 年版。

[匈] 阿格尼丝·赫勒：《现代性理论》，李瑞华译，商务印书馆 2005 年版。

三、中文著作

陈学明等：《社会水泥阿多诺、马尔库塞、本杰明论大众文化》，云南人民出版社 1998 年版。

何萍、吴昕炜主编：《法兰克福学派与美国马克思主义》，人民出版社 2014 年版。

张一兵：《无调式的辩证想象》，生活·读书·新知三联书店 2001 年版。

曾庆豹：《上帝、关系与言说》，华东师范大学出版社 2000 年版。

洪翠娥：《霍克海默与阿多诺对"文化工业"的批判》，唐山出版社 1988 年版。

黄瑞祺：《批判理论与现代社会学》（增订版），巨流图书公司 1990 年版。

陈刚：《穿越现代性苦难》，中国工人出版社 2002 年版。

孙斌：《守护夜空的星座——美学史问题域中的阿多诺》，复旦大学出版社 2004 年版。

高宣扬：《福柯的生存美学》，中国人民大学出版社 2005 年版。

上海社会科学院哲学研究所外国哲学研究室：《法兰克福学派论著选辑》上卷，商务印书馆 1998 年版。

复旦大学国外马克思主义研究中心：《国外马克思主义研究报告 2008》，人民出版社 2008 年版。

谢永康：《形而上学的批判与拯救》，江苏人民出版社 2008 年版。

张亮：《"崩溃的逻辑"的历史建构》，江苏人民出版社 2012 年版。

郑伟：《经验范式的辩证法解读》，北京师范大学出版社 2015 年版。

俞吾金、陈学明：《国外马克思主义哲学流派新编》上卷，复旦大学出版社 2002 年版。

曹卫东等：《20 世纪德国马克思主义文艺理论研究》，北京大学出版社 2012 年版.

陈瑞文：《阿多诺美学论：评论、模拟与非同一性》，远足文化事业有限公司 2004 年版.

陈瑞文：《阿多诺美学论：双重的作品政治》，五南图书出版股份有限公司 2014 年版。

陈波：《真理与批判》，四川大学出版社 2011 年版。

杨丽婷：《虚无主义的审美救赎：阿多诺的启示》，社会科学文献出版社 2015 年版。

张静静：《艺术·真理·审美乌托邦：阿多诺〈美学理论〉研究》，安徽大学出版社 2010 年版。

李弢：《非总体的星丛：对阿多诺〈美学理论〉的一种文本解读》，上海人民出版社 2008 年版。

王才勇：《现代审美哲学新探索》，中国人民大学出版社 1990 年版。

王才勇等：《法兰克福学派美学研究》，上海交通大学出版社 2016 年版。

凌海衡：《交往自由与现代艺术》，中国社会科学出版社 2009 年版。

王凤才：《批判与重建：法兰克福学派文明论》，社会科学文献出版社 2004 年版。

王凤才：《蔑视与反抗》，重庆出版社 2008 年版。

朱立元：《法兰克福学派美学思想述评》，复旦大学出版社 1997 年版。

四、外文著作

Adorno, Theodor W., *Gesammelte Schriften*：*Bd* 3, Frankfurt am Main：Suhrkamp Verlag, 2003.

Adorno, Theodor W., *Gesammelte Schriften*：*Bd* 4, Frankfurt am Main：Suhrkamp Verlag, 2003.

Adorno, Theodor W., *Gesammelte Schriften*：*Bd* 5, Frankfurt am Main：Suhrkamp Verlag, 2003.

Adorno, Theodor W., *Gesammelte Schriften*：*Bd* 6, Frankfurt am Main：Suhrkamp Verlag, 2003.

Adorno, Theodor W., *Gesammelte Schriften*：*Bd* 7, Frankfurt am Main：Suhrkamp Verlag, 2003.

Adorno, Theodor W., *Gesammelte Schriften*：*Bd* 8, Frankfurt am Main：Suhrkamp Verlag, 2003.

Adorno, Theodor W., *Gesammelte Schriften*：*Bd* 10.1, Frankfurt am Main：Suhrkamp Verlag, 2003.

Adorno, Theodor W., *Gesammelte Schriften*：*Bd* 10.2, Frankfurt am Main：Suhrkamp Verlag, 2003.

Adorno, Theodor W. , *Gesammelte Schriften*: Bd 12, Frankfurt am Main: Suhrkamp Verlag, 2003.

Adorno, Theodor W. , *Gesammelte Schriften*: Bd 16, Frankfurt am Main: Suhrkamp Verlag, 2003.

Adorno, *Dialectic of Enlightenment*, Translated by John Cumming, London and New York: Verso, 1995.

Adorno, *Negative Dialectics*, Translated by E. B. Ashton, New York: Seabury Press, 1973.

Adorno, *Aesthetic Theory*, Translated by Robert Hullot-Kentor, London and New York: Continuum, 2002.

Adorno, *Hegel: Three Studies*, Translated by Shierrry Weber Nicholsen, Cambridge and London: The MIT Press, 1993.

Adorno, *Minima Moralia: Reflections on a Damaged Life*, Translated by E-. F. N. Jephcott, London and New York: Verso, 2005.

Adorno, et al. , *Aesthetics and Politics*, Translated by Frederic Jameson London: New Left Books, 1977.

Adorno, *Against Epistemology: A Metacritique*, London: Polity Press, 2013.

Adorno, *Kierkegaard: Construction of the Aesthetic*, Translated by Robert Hullot – Kentor, Minnesota: University of Minnesota Press, 1989.

Eric Oberle, *Theodor Adorno's Negative Dialectics and the Reconstruction of German Philosophy*, Stanford University, 2005.

Dennis Robert Redmond, *Global Storm: Theodor Adorno's Negative Dialectics*, University of Oregon, 2000.

Christopher Cutrone, *Adorno's Marxism*, The University of Chicago, 2013.

Marcia Morgan, "The Aesthetic-Religious Nexus in Theodor W. Adorno's Interpretation of the Works of Soren Kierkegaard and its Influence on Adorno's Aesthetic Theory", *The New School for Social Research*, 2002.

Christopher A. Fontanella, *On the Notion of Artistic Truth in the Work of Hegel, Heidegger, and Adorno*, The Temple University, 2005.

Tanja Mirjana Juric, *The Aesthetics of Ethical Subjectivity: Ethics & Aesthetics in the Work of Immanuel Kant, Friedrich Nietzsche, and Theodor Adorno*, University of Toronto, 2005.

Heather Anne Thiessen, *Messianic Light: Utopian Discourse in the Work of Theodor W. Adorno, Luce Irigaray and Giorgio Agamben*, University of Louisville, 2010.

Kathy J. Kiloh, *Embodied Ethics and Corporeal Conscience: Levinas & Adorno Within & Beyond Totality*, York University, 2011.

Joan Always, *To Interpret and Change the World: Critical Theory as Theory with Practical Intent*, Brandeis University, 1992.

Tania Roy, *Domainless Sovereignty: Art and the Place of memory in the political Thought of T. W. Adorno*, Duke University, 2003.

Bryan Lee Wagoner, *The Subject of Emancipation: Critique, Reason and Religion in the Thought of Theodor W. Adorno, Max Horkheimer and Paul Tillich*, Harvard University, 2011.

Joseph Richard Winters, *Remembering the Dismembered: The Work of Mourning and Hope in Adorno and Morrison*, Princeton University, 2009.

Asha Varadharajan, *Theorizing the Subject: Theodor Adorno, Edward Said, Gayathri Spivak and Contemporary Critical Discourse*, University of Saskatchewan, 1992.

Kathleen League, *Utopia in the Map of the World: Adorno, Radical Negativity, and Cultural Critique*, DePaul University, 2009.

Michael R. Kilivris, *Elective Affinities: Heidegger and Adorno*, Duquesne University, 2010.

Daniel Barber, *The Production of Immanence: Deleuze, Yoder, and Adorno*,

Duke University, 2008.

Stefano Giacchetti, *Critique of Rationality in Schopenhauer, Nietzsche and Adorno: Aesthetics and Models of Resistance*, Loyola University, 2009.

Marta Nunes da Costa, Redefining Individuality: Reflections on Kant, Adorno and Foucault, *The New School for Social Research*, 2005.

Michael J. Reno, *Adorno and the Possibility of Practical Reason*, Michigan State University, 2011.

Jeffrey C. Alexander, *The Dark Side of Modernity*, London: Polity Press, 2013.

Neiman, Suman. *Evil in Modern Thought*, Princeton: Princeton University Press, 2002.

Bernstein, Richard J. *Radical Evil.* London: Polity Press, 2002.

Buck-Morss, *The Origin of Negative: Adorno, Walter Benjamin, and the Frankfurt Institute*, New York: Free Press, 1977.

O'Conner, *Adorno's Negative Dialectic: Philosophy and the Possibility of Critical Rationality*, Cambridge and London: The MIT Press, 2004.

Bernstein, *Adorno: Disenchantment and Ethics*, Cambridge: Cambridge University Press, 2001;

Zuidervaart, *Social Philosophy After T. W. Adorno*, Cambridge: Cambridge University Press, 2007;

Gerhard Schweppenhäuser, *Ethik nach Auschwitz: Adorno's Negative Moralphlosophie*, Hamburg: Argumant-Verlag, 1993.

Gillian Rose, *The Melancholy Science: An Introduction to the Thought of Adorno*, London: The MacMillan Press, 1978.

Cohen Josh, *Interrupting Auschwitz: Art, Religion, Philosophy*, London and New York: The Continuum Publishing Company, 2005.

Dussel, *Towards an Unknown Marx: A Commentary on the Manuscripts of*

1861-1863, Edited by Fred Moseley, London: Routledge, 2001.

Max Horkheimer, *Eclipse of Reason*, New York: The Continuum Publishing Company, 1974.

Axel Honneth, *Die zerrissene Welt des Sozialen. Sozialphilosophische Aufsätze*, Frankfurt am Main: Suhrkamp Verlag, 1999.

Giorgio Agamben, *Remnants of Auschwitz: The Witness and the Archive*, New York: Zone Books, 2002.

Adorno and Benjamin, *The Complete Correspondence* 1928-1940, Translated by Nicholas Walker, London: Polity Press, 1999.

五、中文论文

陈旭东:《奥斯维辛创伤与否定的哲学》,复旦大学博士论文,2012年。

郑海婷:《文学介入理论研究——以萨特、阿多诺、朗西埃为样本》,福建师范大学博士论文,2016年。

龚义昭:《否定之路——尼采、马库色、阿多诺到傅科:关于一种等待美学的创作伦理与自我技术》,"国立"台南艺术大学博士论文,2009年。

杨忠斌:《阿多诺的美学及其美育意涵》,"国立"台湾师范大学博士学位论文,2002年。

曾庆豹:《班雅明、阿多诺论批判与拯救》,载《哲学与文化》,2001年第12期。

陈瑞文:《工具理性与实验理性:阿多诺的美学纲领》,载(台湾)《艺术观点》,1999年第4期。

陈瑞文:《阿多诺的艺术真理趋向》,载(台湾)《高雄师大学报》,2002年第13期。

吴晓明:《阿多诺对概念帝国主义的抨击及其存在论视域》,载《中国社会科学》,2004年第3期。

王凤才:《关于阿多尔诺否定辩证法的三个问题》,载《山东济南市委党校》，2003 年第 3 期。

赵勇《"奥斯维辛之后"命题及其追加意涵》，载《文艺研究》，2015 年第 11 期。

张文喜：《现代性的幻象：同一哲学和主体哲学批判》，载《天津社会科学》，2001 年第 6 期。

欧阳谦：《文化的救赎——评阿多尔诺的文化工业理论》，载《东岳论丛》，2010 年第 9 期。

孙承叔：《否定的辩证法与非同一性的哲学地位——阿多诺〈否定的辩证法〉研究》，载《河北学刊》，2012 年第 6 期。

[英] T·伊格尔顿：《奥斯维辛之后的艺术，阿多诺的美学》，载《国外社会科学》，1994 年第 12 期。

何萍：《阿多尔诺与马克思的批判的历史哲学传统》，载《哲学研究》，2015 年第 5 期。

[德] 乌特·古佐尼：《"朝向对象的悠长而温和的目光"：关于海德格尔与阿多诺之思的思考》，载《求是学刊》，2005 年第 6 期。

谢永康：《从非概念物的"踪迹"到客体优先性——阿多诺唯物主义观念的逻辑运作》，载《社会科学辑刊》，2008 年第 5 期。

[瑞士] 剃洛·威舍：《道德与幸福——康德与阿多诺论"希望"》，载《东吴学术》，2013 年第 2 期。

倪梁康：《过渡与间域——阿多诺的哲学定位》，载《读书》，2001 年第 11 期。

Thorsten Benkel：《毫无保留服从预期和思想的艺术作品——阿多诺与美学的矛盾》，载《现代哲学》，2009 年第 1 期。

[德] 君特·费伽尔：《论非同一物——阿多诺的辩证法》，载《求是学刊》，2009 年第 1 期。

[斯洛文尼亚] 阿列西·艾尔雅维奇：《美学和审美：阿多诺之后》，载《学术月刊》，2013 年第 1 期。

［德］阿多诺：《哲学的现实性》，张亮译，载《社会批判理论纪事》，2007年第2辑。

［德］阿多诺：《论音乐的社会情境》，方德生译，载《社会批判理论纪事》，2007年第2辑。

［德］阿多尔诺：《再论文化工业》，王凤才译，载《云南大学学报》（社会科学版），2012年第4期。

六、外文论文

Habermas, "Modernity versus Postmodernity", *New German Critique*, 1981, No. 22 (winter).

Rolf Tiedemann, "Not the First Philosophy, But a Last One: Notes on Adorno's Thought", *Can One Live after Auschwitz? A Philosophical Reader*, New York: Stanford University Press, 2003.

Raymond Geuss, "Art and Criticism in Adorno's Aesthetics", *European Journal of Philosophy*, 1998 (3), pp. 297 – 303.

Peter Uwe, "Aesthetic Violence: The Concept of the Ugly in Adorno's *Aesthetic Theory*", *Cultural Critique*, 2005 (60), pp. 170 – 177.

Ross, "Dialectical Aesthetics and the Kantian Rettung: On Adorno's *Aesthetic Theory*", *New German Critique*, 2008 (104), pp. 55 – 60.

Richard Wolin, "Utopia, Mimesis, and Reconciliation: A Redemptive Critique of Adorno's Aesthetic Theory", *Representations*, 1990 (1), pp. 33 – 37.

Julia Rothenberg, "Form, Utopia, and Feminist Performance Art: Toward a Rehabilitation of Adorno's Aesthetic Theory", *Telos*, 2006 (137), pp. 36 – 40.

Willlam D., "Art as a Form of Negative Dialectics: Theory´in Adorno's Aesthetic Theory", *Journal of Speculative Philosophy*, 1997 (1), pp. 40 – 47.

Jennifer A. McMahon, "Aesthetic Autonomy and Praxis: Art and Language in Adorno and Habermas", *International Journal of Philosophical Studies*, 2011 (2), pp. 155 – 162.

Gerhard, "Aesthetic Theory and Nonpropositional Truth Content in Adorno", *New German Critique*, 2006 (97), pp. 119 – 125.

Marder, Michael, "On Adorno's 'Subject and Object'", *Telos*, 2003 (126), pp. 41 – 52.

Douglas, Andrew J., "Democratic Darkness and Adorno's Redemptive Criticism", *Philosophy & Social Criticism*, 2010 (7), pp. 819 – 829.

Lui, Catherine, "Art Escapes Criticism, or Adorno's Museum", *Cultural Critique*, 2005 (60), pp. 217 – 244.

Brian O'Connor, "Adorno, Heidegger and the Critique of Epistemology", *Philosophy & Social Criticism*, 1998 (4), pp. 43 – 50.

Carl B. Sachs, "Adorno: The Recovery of Experience (review)", *The Journal of Speculative Philosophy*, 2007 (4), pp. 330 – 332.

Espen Hammer, "Adorno and Extreme Evil", *Philosophy & Social Criticism*, 2000 (4), pp. 75 – 85.

Feola, Michael, "'Redemption of the Many in the One': Adorno, Damaged Life, and Aesthetic Reparation", *Soundings – An Interdisciplinary Journal*, 2010 (3), pp. 213 – 238.

后 记

不论依惯例，还是就现实需要而言，书稿末尾总得交代点什么。

首先，需要说明的是，这部书稿是在博士论文基础上修改、增补而成。这里面既有自己的艰辛探索，也有导师朱立元先生和论文指导小组，以及盲审、明审和答辩委员会诸位专家的宝贵建议和启示。这些专家包括陆扬、汪涌豪、王才勇、方克强以及王纪人等著名学者。

其次，谈一下研究的基本原则或姿态。在20世纪西方思想史上，阿多诺思想以艰涩、深奥而著称，关于它的解读和研究总是伴随着争议甚至误解。因此，解读或研究的原则或姿态就显得尤为重要。著名史学家陈寅恪在关于冯友兰《中国哲学史》上册审查报告中提出"了解之同情"一说，即唯"真了解"，"方可下笔"。著名哲学家斯宾诺莎也有类似的言说，即"不嘲笑，不悲哀，不怨天尤人，而要理解"。我们的研究竭力恪守并贯彻这一"真了解"或"理解"原则。

再次，简说研究的任务、目的。我们把将顺阿多诺关于艺术和审美与灾难关系问题的思考和探索确定为自己的核心任务。某种意义上讲，这项任务就是艺术的伦理问题研究。这项研究欲达到两个目的：一是在于深入、真切地挖掘和展现阿多诺美学的革新性质和文明史意义；二是在于揭橥直面现代性危机时哲学与艺术之间的互通性、互补性奥秘，为阿多诺在思想整体上向美学"退却"提供一种批判性回应。

最后，研究的结果评估。从整体上看，《T. W. 阿多诺否定美学探奥：从灾难反思入手》或许算是关于阿多诺美学思想的一次具有独到性的尝试性探索。这种探索，聚焦于阿多诺美学思想的哲学根基、理论旨趣等基础性构件，旨在刻画阿多诺美学思想革新性的大体根脉。尽管业已如此简略，但其中还是累积了不少本该展开、深化却未来得及实现的重要议题或问题。这些仅是提及或引出来，以及其他根本未涉及的相关重要问题，恐怕只能留待下一部著作来完成了。

不过，这与其说是因为思考的懒惰、局限，毋宁说是思考的勤勉。然而不得不承认的是，不论如何严谨、客观，这归根到底都是一种不折不扣的自我辩护。

刘阳军
2018 年 9 月 5 日于贵阳